21世纪软件工程专业规划教材

软件开发过程及规范

厉小军 潘云 谢波 邓阿群 编著

清华大学出版社

北京

内 容 简 介

本书针对外包软件开发的特点,系统地阐述软件开发过程以及各环节的规范和文档要求。全书共6章,首先概要介绍软件服务外包及其与软件开发过程和规范的关系,然后分别介绍软件开发过程以及常用的软件过程模型、软件开发规范、软件管理规范、传统软件开发过程及其规范、统一过程及其规范。本书结合软件开发中的主要知识,基于实际项目案例开发流程和文档,着重介绍软件开发的工程化方法。

本书既可以作为高等学校软件工程、计算机科学与技术及相关专业的教材,也可以作为从事软件开发特别是软件服务外包工作的工程技术人员的参考资料。

图书在版编目(CIP)数据

软件开发过程及规范/厉小军等编著. --北京:清华大学出版社,2013.6(2025.1重印)
21世纪软件工程专业规划教材
ISBN 978-7-302-31906-1

Ⅰ. ①软… Ⅱ. ①厉… Ⅲ. ①软件开发—高等学校—教材 Ⅳ. ①TP311.52

中国版本图书馆 CIP 数据核字(2013)第 074798 号

责任编辑:焦 虹 战晓雷
封面设计:傅瑞学
责任校对:焦丽丽
责任印制:沈 露

出版发行:清华大学出版社
    网   址:https://www.tup.com.cn,https://www.wqxuetang.com
    地   址:北京清华大学学研大厦 A 座   邮 编:100084
    社   总   机:010-83470000   邮 购:010-62786544
    投稿与读者服务:010-62776969,c-service@tup.tsinghua.edu.cn
    质 量 反 馈:010-62772015,zhiliang@tup.tsinghua.edu.cn
    课 件 下 载:https://www.tup.com.cn,010-62795954
印 装 者:三河市春园印刷有限公司
经   销:全国新华书店
开   本:185mm×260mm   印   张:20.25   字   数:468 千字
版   次:2013 年 6 月第 1 版   印   次:2025 年 1 月第 7 次印刷
定   价:59.00 元

产品编号:044061-03

前 言

PREFACE

　　软件产业是我国战略性新兴产业,是国民经济和社会信息化的重要基础。近些年来,我国软件产业在国家重点扶持下得到了快速发展,产业规模迅速扩大,技术水平显著提升,有力地推动了国家信息化建设和经济社会发展。随着经济全球化的发展和全球产业结构调整,软件外包作为我国软件产业的一个重要组成部分也得到了快速发展,但与印度等软件外包发达国家相比还有较大的差距。印度能在欧美软件外包市场占据垄断地位,固然与其地缘和语言方面的优势有关,但更重要的是印度软件企业在质量方面要优于我国。而影响软件质量的一个主要因素是软件开发过程(流程)的规范性,这也是目前我国软件企业的软肋,必须得到加强。因此,越来越多的高校和职业院校为适应软件企业对人才的需求,在培养学生时不仅重视编程能力和软件技术应用能力的培养,同时也注重规范性和职业素养方面的教育,《软件开发流程及规范》就是在此背景下应运而生的。本教材编写的主导思想是,针对软件开发的特点,系统阐述软件开发各环节的规范和文档要求,以使学生更好地掌握软件开发过程及相关规范的知识,并能在实际的软件开发中灵活运用。

　　目前,国内已出版了一些有关软件开发过程及规范方面的教材,但在软件开发过程方面,介绍的软件开发模型以传统的开发模型为主,缺少现代开发模型的介绍,如统一过程模型、极限编程等;在软件工程文档书写规范方面,更多地借鉴国家软件工程标准,而软件企业在实际应用中还需根据该标准再细化,与企业实际使用的文档还有区别。另一方面,我国软件外包主要面向欧美和日本,欧美的软件企业和日本的软件企业在软件开发过程及规范方面都有严格的要求,与我国的软件工程标准有所不同,因此培养软件服务外包人才不仅需要学生掌握软件开发相关的各种知识、工具和方法,而且还需要熟悉对日或对欧美软件外包的开发流程及各环节的规范和文档要求。因此,本教材针对外包软件开发特点,主要介绍企业常用的开发流程模型,如瀑布模型、迭代模型、统一过程和敏捷开发模型等;针对对日、对欧美软件外包开发实践,结合实例系统阐述软件开发各环节的规范和文档要求。本教材从结构上分为以下6章。

　　第1章概述:主要阐述软件服务外包的概念、内涵和市场情况,软件服务外包与软件开发过程、软件开发规范间的关系。

　　第2章软件开发过程:主要介绍软件生命周期,以及常用软件过程模型,包括瀑布模型、增量模型、演化模型、螺旋模型和统一过程模型。

　　第3章软件开发规范:包括软件过程规范、软件文档规范和软件支持过程规范等内容。

第 4 章软件管理规范：主要描述软件开发过程中如何进行实际的开发管理，以及各管理活动的实施方法和要求，包括项目计划、项目监控、变更管理、沟通管理和风险管理。

第 5 章传统软件过程及其规范：主要介绍传统软件开发过程所包括的软件需求分析、软件设计、软件编码、软件测试、软件发布与维护等各个阶段的主要工作、成果、评审以及开发原则及规范。

第 6 章统一过程及其规范：主要介绍现软件企业使用最广泛的统一过程所包括的初始阶段、细化阶段、构造阶段和交付阶段的主要工作、成果、评审以及开发原则及规范。

本书由浙江工商大学的厉小军主编，参加本书编写的还有富士电机（杭州）软件有限公司的邓阿群，浙江工商大学的潘云、谢波。其中厉小军编写了第 1 章，谢波编写了第 2 章，邓阿群编写了第 3 章、第 4 章和第 5 章，潘云编写了第 6 章。

本书既可以作为高等院校软件工程、计算机科学与技术及相关专业的教材，也可以作为从事软件开发，特别是软件服务外包工作的工程技术人员的参考资料。

在本书编写过程中，参考了一些图书资料和网站资料，在此向这些文献的作者表示感谢。由于时间与作者水平所限，书中难免有不足之处，恳请读者批评指正。

编　者

2013 年 3 月

目 录

CONTENTS

第1章

概　述

1.1　软件服务外包

1.1.1　服务外包

随着经济全球化的发展和全球产业结构调整,以服务外包和高科技、高附加值的高端制造及研发环节转移为主要特征的新一轮全球产业结构调整正在兴起,而服务外包是这一轮产业转移的重要推动因素,蕴藏着巨大的发展机遇。所谓服务外包,是指企业为了将有限资源专注于其核心竞争力,以信息技术为依托,利用外部专业服务商(接包方)的知识劳动力,来完成原来由企业内部完成的工作,从而达到降低成本、提高效率、提升企业对市场环境迅速应变能力并优化企业核心竞争力的一种服务模式。

目前,服务外包可以分为信息技术外包(Information Technology Outsourcing,ITO)、业务流程外包(Business Process Outsourcing,BPO)和知识流程外包(Knowledge Process Outsourcing,KPO),如表 1-1 所示[1]。ITO 强调技术,服务内容包括信息技术基础设施、互联网应用、信息管理、软件开发、网络、计算机硬件保养维护等,对服务承接方的IT 知识技术及软件技术要求较高。从市场结构看,ITO 市场又可以分为软件外包市场、硬件外包市场、IT 培训和 IT 咨询。而 BPO 更强调业务流程,关注企业内部运作或客户的后端活动,服务内容包括企业内部管理服务、企业业务运作服务和供应链管理服务等,注重解决业务和运营的效率问题。KPO 是继 ITO、BPO 之后出现的新型服务外包,其核心是通过提供业务专业知识而不是流程专业知识来为客户创造价值。

表 1-1　服务外包分类

类　　别	特　　征	实　　例
信息技术外包	强调技术领域的外包	日本 NEC 公司将软件开发工作外包给中国公司
业务流程外包	强调业务流程,解决业务效果和运营效益问题	软通动力为瑞银集团全球证券衍生品交易部门提供交易运营服务,业务包括交易支持、交易信息获取/录入、交易结算、交割以及交易过程中的信息核对与对账
知识流程外包	更注重高端的研发活动外包	美国医院将病人资料通过网络传到印度,由印度医生提供初步诊断

现在,在服务外包领域还有一种最为高端的服务外包,即信息技术驱动的服务外包(Information Technology Enabled Services,ITES),主要是为 ITO、BPO 和 KPO 无缝联合提供服务,为客户提供全面的解决方案。

近几年来,服务外包产业在我国得到了快速的发展。2009 年全年,全国新增服务外包企业 4175 家,新增从业人员 71.1 万人,其中新增大学毕业生从业人员 49 万人,占新增从业人员的 68.9%,约占全国大学生毕业总数的 9%。2009 年全年,全国服务外包企业承接服务外包合同金额 200 亿美元,合同执行金额 138.4 亿美元,同比分别增长 185.6% 和 181.8%,其中承接国际(离岸)服务外包合同金额 147.7 亿美元,合同执行金额 100.9 亿美元,同比分别增长 153.9% 和 151.9%。截至 2009 年底,全国服务外包企业共 8950 家,从业人员 154.7 万人,其中大学毕业生从业人员 116.5 万人。

发展服务外包有利于提升我国服务产业的技术水平和服务水平,推动服务产业的国际化和出口,从而促进服务产业的发展。其对经济的具体作用表现为以下 4 个方面[2]。

(1) 有利于提升产业结构。承接服务外包,可以增大服务业占 GDP 的比重,提升产业结构,节省能源消耗,减少环境污染。软件外包产业是现代高端服务业的重要组成部分,具有信息技术承载度高、附加值大、资源消耗低等特点。承接服务外包对服务业发展和产业结构调整具有重要的推动作用,能够创造条件促进以制造业为主的经济向服务经济升级,推动增长方式向集约化发展。

(2) 有利于转变对外贸易增长方式,形成新的出口支撑点。承接外包服务可以扩大服务贸易的出口收入。近几年来我国外贸出口在稳步发展,但同时也遇到许多问题。如出口退税政策的调整、国外贸易设限不断增强、贸易摩擦不断增多、人民币汇率不断提高等,要保持持续快速增长已经越来越困难。而发展服务外包,因其对资源成本依赖程度较低、国外设限不强,具有快速增长的余地,从而有望成为出口新的增长动力。

(3) 有利于提高利用外资水平,优化外商投资结构。中国制造业利用外资有二十多年的历史,取得长足进步。随着经济的不断发展,各个城市都将面临或已经面临着能源资源短缺、土地容量有限的现实问题。而服务外包项目由于对土地资源要求不高,一旦外商有投资意向,落户概率将远高于二产项目。我国下一轮对外开放的重点是服务业,服务业的国际转移主要就是通过服务外包来实现的,承接服务外包产业,就能够实现国际先进服务业逐步转移,从而优化利用外资的结构,更加适合城市经济的和谐发展。

(4) 有利于提高大学生的就业率。20 世纪 80 年代以来,服务业吸收劳动力就业占社会劳动力比重逐年提高,而服务外包作为现代服务业的推动器,将创造大量的就业岗位,缓解知识分子尤其是大学生的就业压力。据统计,2010 年离岸服务外包为中国创造大约 100 万个直接和 300 万个间接的稳定的高质量的就业机会。IT 服务和 IT 相关服务与其他制造业相比,是典型的高收入行业。同时,它还将带动政府、高校和企业加强人才培训,提升劳动力素质,培养一批精通英语、掌握世界前沿科技且与海外市场联系广泛的人才。

1.1.2 软件服务外包的内涵

软件服务外包(software outsourcing)是信息技术外包的一部分,是指软件开发商(简称"发包方")为了专注核心竞争力业务和降低软件项目成本,将软件项目中的全部或部分工作发包给提供外包服务的软件企业(简称"接包方")完成的软件需求活动。对于发包方而言,可以将软件转包给更加专业、开发成本更低的软件企业,有效地降低软件开发成本和风险,提高利润;对于接包方,则是利用自身的人力资源以及专业知识,根据客户需求,为客户提供软件开发服务和软件维护服务,通过软件开发获取利润[2]。除此之外,软件外包为中国软件业带来先进的软件开发管理流程以及严格的软件质量控制体系。通过发展软件外包产业,我国的软件产业将逐渐地告别手工作坊式的开发时代,进入工程化、规模化的开发领域。

根据软件服务外包涉及的发包方、接包方的地理分布状况,软件外包可分为离岸外包、近岸外包和在岸外包。离岸外包(offshore outsourcing)是指发包方与接包方来自不同国家,外包工作跨国完成。由于劳动力成本的差异,发包方通常来自劳动力成本较高的国家,如美国、欧洲和日本,接包方则来自劳动力成本较低的国家,如印度和中国。近岸外包(nearshore outsourcing)是指发包方与接包方来自邻近国家,在语言和文化方面比较类似,提供了某种程度的成本优势,如日本和中国、美国和墨西哥。在岸外包(onshore outsourcing,也称为境内外包)是指发包方与接包方来自同一个国家,因而外包工作在国内完成。

软件外包结合了软件业、加工业和对外贸易的特点。软件业的特点要求企业具有一定的技术水平、项目管理水平和人力资源。加工业的特点要求企业具有一定的成本和质量控制能力。对外贸易的特点要求企业具有一定的国际市场开拓能力(包括业务能力、交流能力和关系、信誉等)。要形成产业化,还要求形成良好的环境(政府、资金、相关行业)、行业整合度和管理水平。

1.1.3 软件服务外包市场

美国 EDS(Electronic Data System)公司被认为是第一家从事软件服务外包的软件公司。20 世纪 60 年代,它曾为菲多利(Frito-Lay)、蓝十字(Blue Cross)和蓝盾(Blue Shield)提供各种数据处理服务,但是它同其他企业一样,直到 20 世纪 80 年代后期软件外包市场正式形成后才开始逐渐壮大。

1989 年,美国 Eastman Kodak 公司将其主要 IT 项目外包给 IBM 公司,这标志着软件服务外包的正式形成。随后,美国、欧洲和日本等国的大的软件公司纷纷效仿,为了降低软件的开发成本将软件项目进行外包,从而推动了全球软件服务外包市场的形成。

全球软件服务外包市场主要由两部分构成,作为发包方的美国、欧洲和日本,以及作为接包方的印度、爱尔兰和中国[1]。

1. 主要发包市场

全球软件外包市场中,美国、欧洲和日本是主要的需求方,美国约占发包市场 65% 的份额,欧洲约占 15%,日本约占 10%。随着信息技术在各行各业的广泛应用,欧美和日本的软件服务业得到高速增长,造成了国内软件人才的严重短缺。而过高的本地软件人才成本,使这些国家需要从海外进口大量的软件服务。到 20 世纪 90 年代,由于互联网的快速发展和普及,使企业有能力管理离岸关系的外包业务,从而越来越多的欧美和日本的软件企业将非核心的软件编码、软件测试与维护等业务外包给印度、爱尔兰和中国等国家,以削减成本。到了21世纪,随着合作的深入,发包方开始与接包方建立战略联盟,组建专门的离岸信息服务中心,或者全资组建本地化离岸服务中心,加强信息传递与业务协调。

欧美式软件服务外包和日本式软件服务外包尽管有相似的发展历程,但仍有很大的差异。欧美软件外包一般以整体外包的方式提供给接包方,也就是发包方提出需求后,要求接包方分析需求并提出解决方案,完成系统设计、编码、测试、系统集成和维护等一系列工作。而日本软件外包项目一般先由日本企业承包,经过分解后,将其中技术含量较低、人工需求量较高的系统编码、测试等业务分包给其他的接包方。因此,欧美的软件外包项目通常含有技术含量较高的工作,要求接包方具有一定的规模和开发大型项目的经验。但是,近两年来由于受金融危机的影响,越来越多的日本企业开始外包系统设计等高端的业务。

2. 主要接包市场

1) 印度

印度软件业起步于20世纪80年代中期,其发展历史并不长,但其软件产业的成长力却是惊人的,现已是世界软件大国和强国。据IDC的一份研究报告,2008年印度软件业产值将达到850亿美元,其中出口500亿美元,仅次于美国位居第二。印度的软件出口主要是依靠软件服务外包,大概经历了两个发展阶段。

第一阶段,20世纪80—90年代中期的专业代工(body shopping)。20世纪80年代,美国和欧洲各国出现了个人计算机普及的高潮,随着而来的是局域网的流行和大众BBS网络的兴起。印度抓住这个机遇,利用语言相通的优势,向美国派出大量的工程技术人员,一边学习美国的软件技术,一边提供技术产品和劳动,获得了印度软件产业在美国的最初业务机会。进入20世纪90年代,随着海湾战争和冷战的结束,美国开始实行以知识经济为基础的新经济政策,军用工业转为民用工业的重点就是以互联网为基础的通信技术和太空技术,印度再次抓住机会,输出大量的软件劳动力。

第二阶段,20世纪90年代后期到21世纪初的离岸服务。20世纪90年代,在全球产业链重组、制造业与服务业国际转移加速的大背景下,西方的大公司纷纷把一部分业务外包给发展中国家。由于信息技术的迅速发展和互联网的广泛应用,又恰逢"千年虫"危机和欧洲统一货币,国际软件业务急增,印度的软件产业借此机会迅速成长、壮大,出现了Infosys、Wipro、TCS(塔塔)和Satyam(萨帝扬)等国际著名的软件公司。

印度软件外包业如此成功,要归功于对质量的重视、软件技术人才的培养和政府的支持。印度软件企业力争在每个角度和领域都能够做到最好的质量,他们在提交完成的软件系统时会给客户演示每一个步骤的编程时间、修改时间以及用到了什么技术等。同时,印度企业非常重视软件开发过程的质量,大部分的软件企业都通过了CMM(Capability Maturity Model,能力成熟度模型)3级论证,而Wipro是全球第一个通过CMM 5级认证的信息技术服务软件外包公司。这些都为他们赢得了不少的客户。除了对质量的关注,印度软件企业还大力培养软件技术专业人才。目前印度的软件公司拥有超过65万名工程师,其雇员总数仅次于美国,印度全国的160所大学和500所学院均设有软件方面的专业,每年从大学毕业的软件技术人员约为 17.8 万人,而每年进入到软件行业的专业人员也高达 7.3 万～8.5 万人。在信息基础建设方面,印度政府投巨资为软件企业和海外的研发机构、客户提供高速可靠的数据通信连接。现在印度的卫星通信设施和互联网不仅使国内的各个软件科技园区的联系变得极其方便,而且可以使其联系到世界上的任何角落。为了促进软件出口,政府还成立了专门的中介服务机构,如印度全国软件和服务公司协会和电子与计算机软件出口促进会等。与此类似的一些科技园还设立自己的国际商务支持中心,以及时反馈来自美国的市场信息,加强本国公司与美国企业界的联系与沟通。这些机构都为印度软件业的发展做出了突出贡献。不仅行动上有支持,在一些法规文件的制订上,印度政府也花了很大的力气。20 世纪 90 年代初就制订了《信息技术法》、《软件技术园区(SPT)计划》等法规,并成立软件科技园以促进印度软件的出口。此外政府还给予出口导向型软件公司 5 年的特别免税优惠,实施政府采购和促进消费政策,强制性购置国产 IT 产品。这些政策也极大地刺激了印度软件产业的发展。

印度最为著名的软件之都就是班加罗尔。面积仅为 1.5km^2 的班加罗尔软件科技园区现在是全球第五大信息科技中心和世界十大硅谷之一,被公认为软件外包产业的发源地,同时也是软件外包产业发展最成功的地方。现有种说法,如果印度的外包产业停止了运转,那么全球 500 强企业里大部分企业的信息化将面临瘫痪的状态。由此可见目前印度软件外包业的发达程度。

2)爱尔兰

爱尔兰软件服务外包产业起源于 20 世纪 50 年代末,自 1994 年以来,凭借与其他欧洲国家文化联系紧密的优势,爱尔兰政府抓住了美国软件产业向欧洲转移的机遇,走出了一条外向型需求的软件产业之路,形成了爱尔兰式的"本地化"软件产业模式。爱尔兰软件产业目前已成为该国支柱产业之一,形成了令人瞩目的国际竞争能力。目前,爱尔兰软件出口主要集中在欧洲和美国,其中在欧洲主要集中在英国、德国和荷兰等国。如今,爱尔兰已经成为世界大型软件公司进入欧洲市场的门户和集散地,是全球最大的软件本地化供应基地,其软件在欧洲市场占有率超过 60%,全球排名前 10 位的软件企业在爱尔兰都设有分支机构。

爱尔兰软件企业规模较小,主要从事技术支持和业务咨询以及全套的软件开发和测试,在与跨国公司合作的过程中形成了自己的核心竞争力,爱尔兰知名度较高的软件公司都拥有自己的主导产品和服务,如 Iona 的中间件、Smartforce 的基于计算机的培训、Trintech 的货币传输银行系统等。整体来看,为更好地适应国际市场的多样化特点,爱尔兰软件行业呈现出发展的多样性和业务范围的广泛性,很少有多家公司在完全相同的细分市场中进行竞争,在全国范围内形成了协同发展的格局。

3)中国

中国企业近年来加入承接软件外包的竞争行列,属于全球软件外包市场的后起之秀。日本是中国最大的外包市场,约占 60%。这与文化相近、长期合作、地理位置等优势有关,印度和越南等竞争对手难以仿效。欧美出于防范风险、降低成本和开拓中国市场的需要,也将有意分流订单到中国。同软件外包大国印度相比,中国软件行为的人力成本优势明显,仅相当于印度同类人员的 40%。因此,尽管中国软件外包业务启动较晚,但一直呈高速增长态势,被认为是新兴的国际软件外包中心。

近年来,国家高度重视服务外包产业的发展,2009年1月,国务院办公厅下发了《关于促进服务外包产业发展问题的复函》,同意北京、天津、上海、重庆、大连、深圳、广州、武汉、哈尔滨、成都、南京、西安、济南、杭州、合肥、南昌、长沙、大庆、苏州、无锡20个城市为中国服务外包示范城市,深入开展承接国际服务外包业务,促进服务外包产业发展试点。对试点城市的服务外包企业,在税收、员工培训等方面给予政策优惠,给予服务外包企业通信、融资、通关和外汇等方面的便利。这些政策促进了我国的服务外包市场的快速发展。到2010年,中国软件服务外包企业总数达到8000家,离岸外包市场规模达到56亿美元。但与印度相比,国内软件服务外包企业的规模较小,接包能力有限,相对地,企业抗风险能力较弱,追求短期利益的功利趋向明显,软件外包市场还不够规范。全球权威的CMM 5级认证,全球共57家,印度占42家,而中国仅东软和华信两家,大部分企业连CMM底线都没达到。

1.2 软件外包与软件开发过程

软件外包作为一种软件开发形式,与其他软件开发一样,也是以软件项目的形式存在的。软件外包项目是接包方(软件企业)通过与发包方(咨询公司或其他软件企业)签订合同,以专业的、高效的软件开发技术承包一部分本来由业主内部来完成的项目。接包方软件企业必须对软件开发成本进行控制才能实现企业的利润最大化,而发包方又非常重视软件产品的质量,希望对接包方的软件开发过程进行监控,所以建立有效的软件过程管理规范,以保证企业以更低的成本生产出更高质量的产品,是软件外包项目成功的关键因素。

1.2.1 软件外包项目特点

软件外包项目与传统的软件项目相比,有着以下特点。

1. 外包项目的类型多种多样

从项目生命周期覆盖角度看,有的外包项目是全生命周期外包给外包企业,有的则是做好业务需求和系统设计后,把开发和测试工作外包给外包企业,有的则是纯粹的测试外包。另外,从合同签署方式看:有的是按照实际人天数付费的;有的是按照项目范围签署一个总价合同;还有的是总价合同加人天付费的综合合同,即在项目范围内按照总价合同付费,项目范围外的变更按照实际人天数付费。这种差异决定了外包项目的生命周期管理存在着巨大的差异性。

2. 外包项目的规模和质量要求差别很大

外包项目中,大的项目有长达好几年的实施周期,几千人月的规模;小的项目则几个月的实施周期,十多个人月的规模,有些外包甚至更小。有的项目是简单的代码测试项目,相对质量要求不高,而有的则是电信、银行和嵌入式控制软件等质量要求较高的系统。

不同的项目规模和质量要求,决定了外包项目的过程管理策略方面要有很大的包容性。

3. 发包方对接包方的软件开发过程管理及规范要求严格

发包方为了控制软件开发的成本和质量,一方面要求接包方有完整的开发流程定义,另一方面要求严格执行各种规范,包括管理规范、过程规范、设计规范、文档和代码规范,以更好地监控外包项目的执行过程。接包方的流程和规范是否完善得体,已经成为发包方考察接包方是否具备相应资格和能力的重要标准和参数。软件外包的双方需要对软件外包管理规范和流程达成共识,才可能有效地管理整个外包过程,从而使双方共同获益。

4. 全球协作,沟通难度增大

软件外包项目往往最常见的情况是发包方和接包方分别位于世界的不同角落,是真正意义上的全球协作,沟通的渠道繁杂而且障碍较多,比如时差、文化差异、法律政治因素和语言障碍等,使得项目干系人之间的沟通变得复杂而且困难。而且往往是多个地区进行同步开发和测试,协调的难度可想而知。

1.2.2　软件外包项目全过程管理

软件外包项目按其生命周期可划分成 8 个阶段,包括外包决策、选择接包方、签订合同、项目计划、软件开发、软件验收交货、项目收尾和软件维护[4,5]。软件外包项目全过程管理模型如图 1-1 所示。

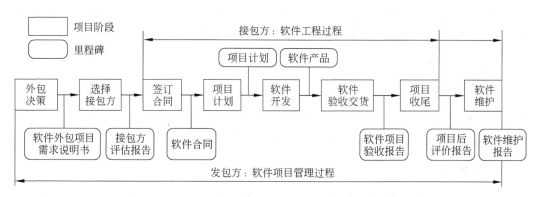

图 1-1　软件外包项目全过程管理

1. 外包决策

发包方根据企业战略和市场/产品需求,首先对软件产品或部件的取舍进行决策,一旦决定上马该项目或者该产品,将会面临进行自制还是采购的决策(Make or Buy)。在这个阶段,出于成本考虑或资源考虑形成明确的外包需求。一般地,发包方会由专门负责外包业务的高层管理者或者专门委员会(可称之为外包管理小组)来讨论和决定外包事务。一旦决定将部分或者整个项目外包,甚至整个产品线或者部分业务流程外包,那么流程上就进入选择接包方阶段。

2. 选择接包方

选择接包方阶段主要包括如下几个子活动。

1）竞标邀请

外包管理小组准备《外包项目竞标邀请书》，然后与候选接包方建立联系，分发《外包项目竞标邀请书》以及相关材料。感兴趣的候选接包方与发包方有关人员及时交流，进一步了解外包项目，在指定期限之内撰写《应标书》，并将《应标书》及相关材料（用于证明自身能力）提供给发包方外包管理小组。《应标书》的主要内容有技术解决方案、开发计划、维护计划和报价等。

2）评估候选接包方

为了有效地评估候选接包方的综合能力，外包管理小组对候选接包方进行初步筛选，剔除明显不合格的接包方。只对通过了初步筛选的候选接包方进行综合评估，包括接包方的技术能力、过程能力、人力资源能力、企业规模和国际化能力等。

3）确定接包方

外包管理小组给出候选接包方的综合竞争力排名，并逐一分析与候选接包方建立外包合同的风险，挑选出最合适的接包方。

在全球软件外包市场上，发包方在选择接包方时往往都比较谨慎。他们大都先把不太重要的软件进行外包，"先探一下路子"，在判断接包方确实有能力承接外包订单后再追加外包量。因此，接包方在合作初期必须与发包方建立了解和信任。同时，发包方在选择软件外包国家或地区时，主要会考虑政府支持度、软件从业人员数量、基础设施、教育制度、成本优势、软件品质、文化兼容性和外语（英语或日语）纯熟度等因素。

3. 签订合同

外包管理小组和接包方会就合同的类型及合同的主要条款进行协商谈判，以便达成共识。发包方会把工作任务和要求提供给接包方，而接包方应提供方案和建议，将原来协商好的报价和承诺等条文内容文档化，经过几轮的反复后双方签署，成为外包服务合同。

4. 项目计划

接包方根据项目合同中有关工期、费用和质量等的要求，制订进度、费用和质量等相关计划，用以指导项目的进程进展和作为项目跟踪控制的依据。

5. 软件开发

对于发包方来说，该阶段主要是里程碑监控和评估过程，目的是对接包方的软件开发过程进行监控、评估和纠偏。而对接包方而言，主要是软件项目的开发过程，依据软件工程中特定的软件生命周期开发模型（如传统瀑布型、V型和RUP等）来进行，目标是开发出使用户满意的软件产品。此部分在2.2节详细介绍。

6. 软件验收交货

软件验收交货阶段包括以下工作：

（1）验收准备。发包方和接包方确定验收的时间、地点和参加人员等。接包方将待验收的工作成果准备好。

（2）成果审查。发包方验收人员审查接包方交付的成果，如代码、文档等，确保这些成果是完整的并且是正确的。

（3）验收测试。发包方验收人员对待交付的产品进行全面测试，确保产品符合需求。

（4）问题处理。如果验收人员在审查与测试时发现工作成果存在缺陷，则退回给接包方。接包方应当给出纠正缺陷的措施，双方协商第二次验收时间。如果给发包方带来损失，应当依据合同对接包方做出相应的处罚。

（5）成果交付。当所有的工作成果都通过验收后，接包方将其交付给外包管理小组。双方的责任人签字认可。外包管理员通知本机构的财务人员，将合同余款支付给接包方。

7. 项目收尾

软件验收通过后，发包方和接包方都要做好项目相关文档、代码、相互交流的文件等归档保存，对项目中遇到的问题及解决方法、有效的创新技术进行及时的总结。项目结束后，接包方可从发包方那里收集反馈信息，并做成文档，作为开发团队的绩效考核依据。发包方也可以从接包方那里获取有关信息，总结有关发包和过程监管等方面的经验。

8. 软件维护

软件最终交付用户使用后，接包方要配合发包方做好软件维护工作。

在软件外包项目的各阶段，都有与各主体利益相关、质量相关的关键检查点——里程碑，它们是保证项目顺利实施的关键，参见图 1-1。其中，图 1-1 上部的里程碑由接包方负责产生，下部的里程碑由发包方负责产生。

1.2.3　软件工程过程

软件的工程过程可分为需求分析、设计、实现、测试和维护 5 个阶段。在需求分析阶段，软件开发者根据客户提出的要求，对业务需求、用户需求和软件需求进行分析，形成需求分析报告。设计阶段包括概要设计和详细设计等环节，形成软件设计报告。软件设计完成后，进入编码实现阶段，编码是整个软件开发中相对简单的一个环节。编码实现结束后进入测试阶段，包括单体测试、功能测试、集成测试和性能测试等，是一个复杂的过程。在软件投入使用之后还会涉及软件的维护。各个阶段的具体内容在后续章节还会具体介绍，在这里就不再详述。具体工程过程如图 1-2 所示。

根据软件外包项目所涉及的开发阶段，可把软件外包项目分为 3 个层次：第一层，低端的软件外包，接包方不参与需求分析和设计，仅负责系统某些模块的编程和测试，或将设计结果转换为相应的程序代码；第二层，中端的软件外包，接包方不参与需求分析，只参与系统设计后的各个活动；第三层，高端的软件外包，接包方参与整个软件开发过程，包括需求分析、设计、编码和测试,其中重点是参与客户的需求分析过程,包括问题分析和需求分析。

在不同的企业中,软件工程过程中各个阶段的执行顺序会有所不同,即有不同的软件工程过程模型。软件工程过程模型确立了软件开发和演绎中各阶段的次序限制以及各阶段或机动的准则,确立开发过程所遵守的规定和限制,便于各种活动的协调,便于各种人员的有效沟通,有利于活动重用,有利于活动管理。目前,常见的软件工程过程模型有瀑布模型、V 模型、原型模型、迭代模型、统一过程模型(RUP)和敏捷模型等,各个模型都有各自的优缺点。在全球软件外包市场,日本的软件企业用瀑布模型比较多,欧美的软件企业则用统一过程模型较多。因此,对于从事软件外包的人员来讲有必要重点了解和掌握瀑布模型和统一过程模型,本书在后续章节重点介绍这两种模型的具体应用,在此就不再详述。

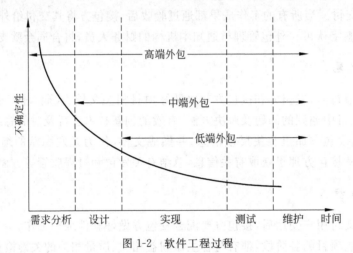

图 1-2 软件工程过程

1.3 软件外包与软件开发规范

为了提高产品生产效率和保证产品质量,进而取得规模化生产,所有的生产和工程活动都必须有它自己的规范。软件开发当然也需要有自己的规范,也就是"软件开发规范"。对于软件外包来讲,不仅要提高软件开发效率和保证软件的质量,而且涉及多个团队间的协作和沟通,尤其需要软件开发规范。

所谓规范是指群体所确立的行为标准,相应地,软件开发规范就是软件企业所确立的软件开发全过程的行为标准。

1.3.1 软件性能

软件开发规范是由软件开发的需求决定的。软件需求主要包括功能和性能两个方面,而性能又是功能的延伸和反映。软件的性能大致上可分为以下几个方面。

1. 软件的内在和外在性能

健壮性：也叫鲁棒性，是软件遇操作错误或数据错误不发生崩溃，保持数据完整性，并给出温馨提示，指导用户重新操作的能力。简言之，软件的健壮性就是软件的出错处理能力。比如说，在输入错误、磁盘故障、网络过载或有意攻击情况下，能否不死机、不崩溃，就是该软件的鲁棒性。

可靠性：可靠性是软件在规定的时间内及规定的条件下，正确完成规定功能的能力。例如，软件崩溃、造成系统死机、不能输入输出数据、计算有误、决策不合理以及其他削弱或使软件功能丧失的事件或状态，都说明软件可靠性低。软件的健壮性越低，可靠性也越低。

安全性：软件安全性包括数据的安全性、软件代码的安全性和用户操作的安全性。软件安全性是软件保护自身和数据以及抵御外来入侵的能力。

人机友好性：使用户更方便、更容易地操作和使用软件，可通过使用的难易程度、学习的难易程度、人机界面的复杂程度、操作速度、人机界面的控制方式等方面来衡量。

其中，健壮性、可靠性和安全性是软件的内在性能，是软件的基本性能要求以及软件功能正确性的保障；人机友好性是软件的外在性能，好的外在性能给人以舒适感，能大大提高客户对软件的注意力。

2. 软件的应变性能

软件的应变性能反映软件适应各种变化的能力，包括功能需求的变化、平台的变化、开发人员的变化和用户数的变化等。具体包括以下几个特性。

可维护性：维护人员对该软件进行维护的难易程度，具体包括理解、改正、改动和改进该软件的难易程度；另外还包括文档和代码的易读性。

可扩展性：软件所能支持的负载可扩充能力和功能可扩展能力。前者如增加存储空间以及增加处理器，后者如增加功能模块。

可重用性：软件所涉及的模块、组件、文档和架构等可在多种场合应用的程度。可重用性有助于提高软件产品的质量和开发效率，有助于降低软件的开发和维护费用。

灵活性：软件组合成多种功能的难易程度。灵活性通常基于一种高度抽象的软件体系结构。

可伸缩性：是指客户端数量增加时，系统维持其原先性能的能力。例如，某 Web 网站的用户增加时其响应能力不会降低，表明软件的伸缩性强。

可移植性：是指将软件从一种平台移植到另一种平台的难易程度。平台包括操作系统（Windows、UNIX 和 Linux）、开发平台（Java 和 .NET）、数据库系统（Oracle 和 SQL Server）等。

开放性：指与其他系统集成或耦合的难易程度。

先进性：包括软件设计思想的先进性和采用技术的先进性。先进性是设计和技术创新的体现。

目前，软件开发规范有国际标准、国家标准、行业标准和企业标准。如软件开发中涉及的文档规范就有国际标准 ISO/IEC 6592:2000、国家标准 GB 8567—88 和我国军用标准 GJB 438B—2009。企业会根据各种不同的标准以及企业自身的特点制订企业的软件开发规范,但不管怎样都要从上述的软件需求出发,其目的是提高软件开发效率和保证软件质量。

1.3.2 软件开发规范

软件开发规范可分为软件过程规范、编码规范、文档规范、界面规范和测试规范等。

1.软件过程规范

软件过程管理中的一个很重要的工作就是制订项目和组织的过程规范,它是软件开发组织行动的准则与指南。软件过程包括管理过程和工程过程两部分,相应地有管理过程规范和工程过程规范。

1)管理过程规范

管理过程规范包括项目管理过程规范、需求变更管理过程规范和配置管理过程规范。

(1)项目管理过程规范

项目管理过程主要包括 3 个阶段:项目计划、项目实施和项目结束。项目管理过程规范就是要定义此 3 个阶段的参与人员、出口准则、入口准则、输入、输出和相应活动等内容。以项目实施阶段为例,某企业的项目实施规范包括如下内容[5]。

参与人员:项目经理,项目组成员。

入口准则:项目计划基线已建立,并通过立项申请人确定,带有工作进度要求的《工作任务卡》已下发到每个项目成员。

出口准则:立项申请人在《验收报告》上签字确认。

输入:《软件需求规格说明书》、《软件项目计划》和《工作任务卡》。

输出:经验收测试的可交付的程序、源代码及相关文档。

活动:在开发期间,项目成员每周需上交一份《工作日志》和《缺陷日志》,每天向项目经理汇报工作任务进度;项目经理负责填写《项目进度周报》报给技术开发部经理和立项申请人;项目经理必须根据实际的进度情况及时调整项目计划,若发现进度延误,需采取措施。

相关模板:《软件项目计划》、《开发任务卡》、《工作日志》、《缺陷日志》和《项目进度周报》。

(2)需求变更管理过程规范

需求变更在软件开发中是普遍存在的,软件需求变更管理的目的不是为了避免变更的产生,而是产生变更时应如何做才能使项目顺利地进行。需求变更管理过程规范就是要定义一系列活动,当有新的需求或对现有需求进行变更时应该执行这些活动。

(3)配置管理过程规范

软件项目在其实施过程中会产生大量的工件,包括各种文档、程序、数据和手册。所有这些工件都是会变化的。而配置管理就是帮助开发团队对软件开发过程的各种变化进行控制,以高效地开发高质量的软件。配置管理过程规范就是要定义一系列活动,以系统

地控制项目进行中发生变化的那些部分,以达到如下目标:

◆ 能够随时给出程序的最新版本;

◆ 能够处理并发的文档和程序的更新/修改请求;

◆ 能够根据需要撤销程序的修改;

◆ 能够有效防止未授权的程序员对文档和程序进行变更或删除;

◆ 能够有效地显示变更的情况。

2) 工程过程规范

有关软件工程过程在 1.2.3 节已做了介绍,现在比较通行的工程过程模型包括瀑布模型、增量模型和统一过程模型等。所谓工程过程规范,就是企业根据项目特点、队伍规模和组队情况等实际因素,决定选择何种模型,然后根据企业特点,进行合理的修改,并规定每个阶段的活动,使其成为企业软件工程过程的规范。

2. 编码规范

编码规范或编程规范是项目开发团队对编码的约定,其目的有两点:提高程序的可靠性、可读性、可修改性、可维护性和一致性,以保证程序代码的质量;提高程序的可继承性,使开发人员之间的工作成果可以共享和重用。对于软件外包来讲,涉及多个组织一起参与软件开发,因此,发包方一般都会制订统一的编码规范,要求接包方共同遵守。编码规范主要是对源文件的管理、编辑风格(缩进、换行等)、符号名的命名(类名、变量、方法名等)和编程的技巧等做出规定,与具体使用的编程语言有关。因此,目前没有统一的编码规范,不同的企业使用的编码规范都有所不同,但一般都遵循以下原则:

(1) 遵循开发流程规范,在设计的指导下进行代码编写。

(2) 代码的编写以实现设计的功能和性能为目标,要求正确完成设计要求的功能,达到设计的性能。

(3) 程序应具有良好的程序结构,以提高程序的封装性,降低程序的耦合度。

(4) 程序可读性强,易于理解;方便调试和测试,可测试性好。

(5) 程序可维护性好,可扩展性好,可重用性强,移植性好。

(6) 在不降低程序可读性的情况下,尽量提高代码的执行效率。

(7) 占用资源少,以低代价完成任务。

3. 文档规范

软件是程序、数据和文档的完整集合,三者缺一不可。文档是对软件功能、性能、软件各组成部分之间的关系,以及整个软件生命周期中软件的设计策略、实现过程、采用的方法和技术的完整记录和描述[7]。文档对于一个软件产品来说具有至关重要的作用和价值。好的文档可以提高软件的可读性、继承性、维护性和移植性;相反,坏的文档会产生误导。从这个意义上说,坏的文档甚至比完全没有文档的情况更坏。因此,软件开发过程中,文档的规范化问题是值得软件开发者以及管理人员广泛关注的重要问题。

根据文档的作用不同,软件文档可分为 3 类。

1）开发文档

开发文档是描述软件开发过程，包括软件需求、软件设计和软件测试，保证软件质量的一类文档，开发文档也包括软件的详细技术描述（程序逻辑、程序间相互关系、数据格式和存储等）。

开发文档起到如下作用：

（1）它们是软件开发过程中包含的所有阶段之间的通信工具，它们记录生成软件需求、设计、编码和测试的详细规定和说明。

（2）它们形成了维护人员所要求的基本的软件支持文档，而这些支持文档又可作为产品文档的一部分。

（3）它们记录软件开发的历史。

基本的开发文档有软件需求说明书、详细设计说明书、数据库设计说明书、数据要求说明书和测试用例说明书等。

2）产品文档

产品文档规定关于软件产品的使用、维护、增强、转换和传输的信息。产品文档起到如下作用：

（1）为使用和运行软件产品的任何人提供培训和参考信息。

（2）使得那些未参加本软件开发的程序员能方便地维护它。

（3）促进软件产品的市场流通或提高可接受性。

常见的产品文档有操作手册、用户手册或用户指南等。

3）管理文档

管理文档建立在项目管理信息的基础上，用于记录开发过程的每个阶段的进度、进度变更信息、软件变更情况和项目组成员的职责等。常见的管理文档有项目开发计划、开发进度报告和项目开发总结报告等。

4．其他规范

除了软件开发过程规范、编码规范和文档规范外，在软件工程领域还有用户界面设计规范、数据库设计规范和软件测试规范等。

1）用户界面设计规范

用户界面设计规范对用户界面设计进行一定程度上的规范，主要内容为用户界面设计总体原则、窗体布局、界面配色、控件风格、字体、交互信息以及其他等方面。

2）数据库设计规范

数据库设计规范是对数据库设计进行规范，包括数据库表的命名以及如何合理地划分表、添加状态和控制字段等。

3）软件测试规范

软件测试规范是对软件测试的指导性文件，对软件测试过程中所涉及的测试理论、测试类型、测试方法、测试标准、测试流程以及软件产品开发组织所承担的职责进行总体规范，以有效保证产品的质量。

1.3.3　软件工程标准

在软件工程领域,通过建立相应的软件工程标准来实现软件开发的规范化。根据软件工程标准制订的机构和标准适用的范围,软件工程标准可分为 5 个层次,即国际标准、国家标准、行业标准、企业标准及项目(课题)标准。

1. 国际标准

国际标准是由国际联合机构制订和公布的标准,供各国参考。ISO(International Standards Organization,国际标准化组织)是目前具有广泛的代表性和权威性的国际机构,它所公布的标准有较大影响。目前,ISO 和 IEC(International Electrotechnical Commission,国际电工委员会)发布的软件工程国际标准有 70 多项,如表 1-2 所示。

表 1-2　现行 ISO/IEC 软件工程国际标准

	标 准 代 号	标 准 名 称
1	ISO 3535:1977	格式设计表和布局图
2	ISO 5806:1984	信息处理—单命中决策表规范
3	ISO 5807:1985	信息处理—数据、程序和系统流程图、程序网络图以及系统资源图表用的文档符号和约定
4	ISO/IEC 6592:2000	信息处理—基于计算机的应用系统的文档编制指南
5	ISO 6593:1985	信息处理—按记录组处理顺序文件的程序流
6	ISO/IEC 8631:1989	信息处理—程序结构和它们的表示的约定
7	ISO 8790:1987	信息处理系统—计算机系统配置图符号和约定
8	ISO 8807:1989	信息处理系统—开放系统互连—LOTOS—基于观察行为的暂时排序的形式描述技术
9	ISO/IEC 9126-1:2001	软件工程—产品质量—第 1 部分:质量模型
10	ISO/IEC TR 9126-2:2003	软件工程—产品质量—第 2 部分:外部度量
11	ISO/IEC TR 9126-3:2003	软件工程—产品质量—第 3 部分:内部度量
12	ISO/IEC TR 9126-4:2004	软件工程—产品质量—第 4 部分:使用中的质量度量
13	ISO 9127:1988	信息处理系统—顾客软件包的封面信息和用户文档
14	ISO/IEC TR 9294:1990	信息技术—软件文档管理指南
15	ISO/IEC 10746-1:1998	信息技术—开放分布式处理—参考模型:综述
16	ISO/IEC 10746-2:1996	信息技术—开放分布式处理—参考模型:基本原则
17	ISO/IEC 10746-3:1996	信息技术—开放分布式处理—参考模型:体系结构
18	ISO/IEC 10746-4:1998 10746-4:1998 的补篇 1 计算形式化	信息技术—开放分布式处理—参考模型:体系结构语义 ISO/IEC 10746-4:1998 Amd1:2001

	标 准 代 号	标 准 名 称
19	ISO/IEC 11411:1995	信息技术—软件状态转换的人类通信表示形式
20	ISO/IEC 12119:1994	信息技术—软件包—质量要求和测试
21	ISO/IEC TR 12182:1998	信息技术—软件分类
22	ISO/IEC 12207:1995	信息技术—软件生存周期过程
	ISO/IEC 12207:1995 Amd1:2002	12207 补篇 1
	ISO/IEC 12207:1995 Amd2:2004	12207 补篇 2
23	ISO/IEC 13235-1:1998	信息技术—开放分布式处理—贸易功能—第 1 部分：规范
24	ISO/IEC 13235-3:1998	信息技术—开放分布式处理—贸易功能—第 3 部分：使用 OSI 目录服务的贸易功能规定
25	ISO/IEC 14102:1995	信息技术—CASE 工具评价和选择指南
26	ISO/IEC 14143-1:1998	信息技术—软件度量—功能规模度量—第 1 部分：概念定义
27	ISO/IEC 14143-2:2002	信息技术—软件度量—功能规模度量—第 2 部分：用于 ISO/IEC 14143-1：1998 的软件规模度量方法的符合性评价
28	ISO/IEC TR 14143-3:2003	信息技术—软件度量—功能规模度量—第 3 部分：功能规模度量方法的验证
29	ISO/IEC TR 14143-4:2002	信息技术—软件度量—功能规模度量—第 4 部分：参考模型
30	ISO/IEC TR 14143-5:2004	信息技术—软件度量—功能规模度量—第 5 部分：使用功能规模度量时功能域的确定
31	ISO/IEC TR 14471:1999	信息技术—软件工程—CASE 工具采用指南
32	ISO/IEC 14568:1997	信息技术—DXL：树形结构化图表用的图形交换语言
33	ISO/IEC 14598-1:1999	信息技术—软件产品评价—第 1 部分：综述
34	ISO/IEC 14598-2:2000	信息技术—软件产品评价—第 2 部分：策划和管理
35	ISO/IEC 14598-3:2000	信息技术—软件产品评价—第 3 部分：开发者用的过程
36	ISO/IEC 14598-4:1999	信息技术—软件产品评价—第 4 部分：采购者用的过程
37	ISO/IEC 14598-5:1998	信息技术—软件产品评价—第 5 部分：评价者用的过程
38	ISO/IEC 14598-6:2001	信息技术—软件产品评价—第 6 部分：评价模块的文档编制
39	ISO/IEC 14750:1999	信息技术—开放分布式处理—接口定义语言
40	ISO/IEC 14752:2000	信息技术—开放分布式处理—计算交互的协议支持
41	ISO/IEC 14753:1999	信息技术—开放分布式处理—接口参考和联编
42	ISO/IEC 14756:1999	信息技术—基于计算机的系统的性能的度量和等级
43	ISO/IEC TR 14759:1999	软件工程—样板和原型—软件样板和原型模型及其用法的分类
44	ISO/IEC 14764:1999	信息技术—软件维护

	标 准 代 号	标 准 名 称
45	ISO/IEC 14769:2001	信息技术—开放分布式处理—类型库功能
46	ISO/IEC 14771:1999	信息技术—开放分布式处理—命名框架
47	ISO/IEC 15026:1998	信息技术—系统和软件完整性级别
48	ISO/IEC TR 15271:1998	信息技术—ISO/IEC 12207 指南
49	ISO/IEC 15288:2002	系统工程—系统生存周期过程
50	ISO/IEC 15414:2002	信息技术—开放分布式处理—参考模型—企业语言
51	ISO/IEC 15437:2001	信息技术—增强型 LOTOS
52	ISO/IEC 15474-1:2002	信息技术—CDIF 框架—第 1 部分:综述
53	ISO/IEC 15474-2:2002	信息技术—CDIF 框架—第 2 部分:建模和可扩展性
54	ISO/IEC 15475-1:2002	信息技术—CDIF 传输格式—第 1 部分:语法和编码通则
55	ISO/IEC 15475-2:2002	信息技术—CDIF 传输格式—第 2 部分:语法 SYNTAX.1
56	ISO/IEC 15475-3:2002	信息技术—CDIF 传输格式—第 3 部分:编码 ENCODING.1
57	ISO/IEC 15476-1:2002	信息技术—CDIF 语义元模型—第 1 部分:基本原则
58	ISO/IEC 15476-2:2002	信息技术—CDIF 语义元模型—第 2 部分:公共要求
59	ISO/IEC 15504-1:2004	信息技术—过程评估—第 1 部分:概念和词汇
60	ISO/IEC 15504-2:2003	信息技术—过程评估—第 2 部分:执行评估
	ISO/IEC 15504-2:2003 Cor1:2004	15504-2:2003 勘误
61	ISO/IEC 15504-3:2004	信息技术—过程评估—第 3 部分:执行评估的指南
62	ISO/IEC 15504-4:2004	信息技术—过程评估—第 4 部分:用于过程改进和过程能力评定的指南
63	ISO/IEC TR 15504-5:1999	信息技术—过程评估—第 5 部分:评估模型和指示符指南
64	ISO/IEC TR 15846:1998	信息技术—软件生存周期过程—配置管理
65	ISO/IEC 15909-1:2004	软件系统工程—高级 Petri 网—第 1 部分:概念、定义和图形标注法
66	ISO/IEC 15910:1999	信息技术—软件用户文档编制过程
67	ISO/IEC 15939:2002	软件工程—软件度量过程
68	ISO/IEC 16085:2004	信息技术—软件生存周期过程—风险管理
69	ISO/IEC TR 16326:1999	软件工程—ISO/IEC 12207 在项目管理领域的应用指南
70	ISO/IEC 18019:2004	软件和系统工程—应用软件用户文档的设计和编制指南
71	ISO/IEC 19500-2:2003	信息技术—开放分布式处理—第 2 部分:通用 ODP 间协议(GIOP)/互联网 ODP 间协议(IIOP)
72	ISO/IEC 19760:2003	软件工程—ISO/IEC 15288 的应用指南

	标 准 代 号	标 准 名 称
73	ISO/IEC 19761:2003	软件工程—COSMIC-FFP——种功能规模度量方法
74	ISO/IEC 20926:2003	软件工程—IFPUG 4.1 未调整的功能规模度量方法—计算实践手册
75	ISO/IEC 20968:2002	软件工程—Mk Ⅱ功能点分析—计算实践手册
76	ISO/IEC 90003:2004	软件工程—ISO 9001:2000 在计算机软件领域的应用指南

2. 国家标准

国家标准由政府或国家级的机构制订或批准,适用于全国范围。中华人民共和国国家技术监督局(简称 GB)是我国的最高标准化机构,它所公布实施的标准简称为"国标"。美国国家标准协会(American National Standards Institute,ANSI)是美国一些民间标准化组织的领导机构,具有一定的权威性。除此,还有日本工业标准(Japanese Industrial Standard,JIS),英国国家标准(British Standard,BS),德国标准协会(Deutsches Institut für Normung,DIN)等。

我国自 1983 年起至今,已陆续制订、发布了 30 多项软件工程国家标准,主要分为基础标准、开发标准、文档标准和管理标准 4 种。

1) 基础标准

规定了信息加工处理和软件工程领域的术语、符号、表示、构造、分类级约定。常见的基础标准如下:

◆ GB/T 11457—89,软件工程术语。

◆ GB 1526—89,信息处理—数据流程图、程序流程图、系统结构图、程序网络图和系统资源图的文件编制符号及约定。

◆ GB/T 15538—95,软件工程标准分类法。

◆ GB 13502—92,信息处理—程序构造及其表示法的约定。

◆ GB/T 14085—93,信息处理—计算机系统配置图符号及其约定。

2) 开发标准

规定了软件生存期过程、软件支持环境、软件记录处理流程和软件维护等的工作规范。常见的开发标准如下:

◆ GB 8566—88,软件开发规范。

◆ GB/T 15532—95,计算机软件测试规范。

◆ GB/T 15853—95,软件支持环境。

◆ GB/T 14079—93,软件维护指南。

3) 文档标准

规定了软件产品、需求、测试和管理等文档的编制规范。常见的文档标准如下:

◆ GB 8567—88,计算机软件产品开发文件编制指南。

◆ GB 9385—88,计算机软件需求说明编制指南。

◆ GB 9386—88,计算机软件测试文件编制规范。

◆ GB/T 16680,软件文档管理指南。

4）管理标准

规定了软件配置管理计划、质量保证计划、产品质量特性、软件可靠性和可维护性管理等的规范和工作要素。常见的管理标准如下：

◆ GB/T 12505—90,计算机软件配置管理计划规范。

◆ GB/T 16260—96,信息技术—软件产品评价—质量特性及其使用指南。

◆ GB/T 12504—90,计算机软件质量保证计划规范。

◆ GB/T 14394—93,计算机软件可靠性和可维护性管理。

◆ GB/T 19000-3—94,质量管理和质量保证标准第三部分：在软件开发、供应和维护中的使用指南。

3. 行业标准

行业标准是由行业机构、学术团体或国防机构制订的适用于某个业务领域的标准。比较知名的有美国电气与电子工程师学会（Institute of Electrical and Electronics Engineers, IEEE），该学会有一个软件标准分技术委员会,负责制订软件标准化活动。IEEE 公布的标准常冠有 ANSI 的字头,如 ANSI/IEEE Str828—1983 是软件配置管理计划标准。

GJB 是我国国家军用标准,是由中国国防科学技术工业委员会批准,适合于国防部门和军队使用的标准。如 GJB 437—88 是军用软件开发规范。

4. 企业标准

企业标准是一些大型企业或公司由于软件工程工作的需要制订的适用于本部门的规范。

5. 项目（课题）标准

项目（课题）标准是由某一项目组或课题组组织制订的为该项目专用的软件工程规范。

第2章

软件开发过程

软件开发过程又被称为软件开发的生命周期,它是软件系统开发过程的一个重要组成部分。一些生命周期模型被用于描述该过程,这些模型描述了在软件开发过程中为完成某些任务或活动可以采用的方法和步骤。通常软件生命周期模型的概念比软件开发过程更宽泛。例如,螺旋模型就包含了多个特定的软件开发过程。国际标准化组织(ISO)针对软件的生命周期制订了国际标准 ISO 12207,其目标是为软件开发与维护过程中的所有任务定义一个标准规范。

2.1 软件生命周期

在计算机技术发展的早期阶段,软件开发主要由个人完成,每个开发人员都采用他所习惯或喜欢的方式来完成软件开发。在多数情况下,这些个人的开发方式主要是编码+纠错,即开发人员编写一段代码,然后测试它能否正常工作,如果代码运行不正常,则根据具体情况来排错并修改代码,然后重复测试过程。当时,开发人员用这种方式能够应对大多数软件开发任务,其原因主要有两点:当时没有更好的软件开发方法;所开发的软件本身不复杂。但是随着软件复杂度的增加,同时越来越多的机构、企业甚至个人开始依赖计算机来完成其工作,软件开发人员开始摒弃原先随心所欲的开发方式,取而代之的是受到规范的软件开发方法。这种涵盖了从软件构思、开发到维护等各个阶段的软件开发框架就是所谓的软件开发的生命周期(Software Development Life Cycle,SDLC)。软件生命周期模型定义了软件开发过程中的各个阶段、里程碑、可交付的成果和评价标准,它们构成了软件项目计划与管理中的工作任务细分结构。

软件生命周期通常以模型的形式展现出来。简单的软件生命周期可以只包含 3 个阶段:设计、开发和维护。但是复杂的软件生命周期则可能包含 20 个以上的阶段。在多数情况下,软件生命周期包含如图 2-1 所示的若干个阶段。

这些传统的软件生命周期阶段常常被进一步划分,以便更好地定义和控制软件开发过程。根据不同的软件开发复杂度和采用的生命周期模型,这些阶段还可能被以一种迭代的方式不断重复。多数软件生命周期模型都拥有与图 2-1 相同或相近的阶段划分,因此,下文对于软件生命周期各个阶段的介绍适用于多数模型。特别需要指出的是,软件生命周期的某个阶段包含了多个活动。

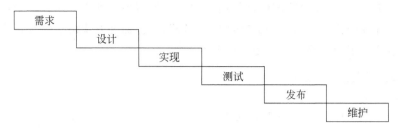

图 2-1　常见软件生命周期的各个阶段

需求阶段包括对问题和用户需求的分析。这个阶段分析系统的活动,了解用户的需要,最终明确软件应实现的功能。除了用户阐明的需求,需求分析还应获取用户没有明确陈述,但是可以通过高层次分析得到的需求。

设计阶段对整个软件的结构进行定义。该阶段选择将要采用的技术手段,并从概念上对要解决的问题进行分析并提供解决方案。这一阶段常常被进一步分为概要设计和详细设计。前者设计软件的整体架构,后者定义软件的功能模块、用户界面和模块之间的接口。

实现阶段(又被称为编码阶段)的主要工作是编码,即把软件设计方案转换成可以运行的软件。这个阶段常常是往复迭代的,直到软件构建好之后的集成测试为止。

测试阶段主要测试软件的功能是否能满足用户的需求。软件测试常常被分成 3 个阶段:单元测试、集成测试和系统测试。前两种测试包含在"编码-测试"这一循环周期中,而系统测试则判断整个软件是否满足需求。

发布阶段将软件安装在目标系统中,并且对用户进行培训以熟练使用新开发的软件。至此,可以视为软件开发工作的结束。

维护阶段包括修正软件使用过程中发现的错误、修改或升级软件以满足用户新的需要。例如,修改软件以使其能够在新的计算机平台上运行。这一阶段所花费的时间和精力要远远大于软件开发阶段。软件维护人员必须重新阅读已有的代码,理解其工作机制,然后才能对特定的模块进行修改。在保证修改后的代码使现有软件更完善的同时,不会对已有的其他功能造成任何影响。对于软件开发而言,在开发的早期改变需求其难度要远远小于在后期修改代码。任何软件开发人员在进行软件开发时都应该牢记这一点。

2.2　常用软件过程模型

目前存在着许多软件过程模型,它们中的大多数都是下面 3 种经典软件过程模型的变种:瀑布模型、迭代模型和螺旋模型。本节对这 3 种模型和由它们演化出来的一些模型做一介绍。

2.2.1　瀑布模型

瀑布模型是一种线性的顺序结构的模型,如图 2-2 所示。在图中描绘出了该模型的主要阶段、里程碑和各阶段的主要成果。这是一种高度结构化的开发过程,其首次被采用是在 20 世纪 70 年代美国国防部的软件项目中。该模型现在被视为一种传统的软件开发过程,在软件开发中优于前面提到的"编码＋纠错"方式,那种方式由于缺少正式的分析和设计,已经不适用于现在复杂的大型软件开发。

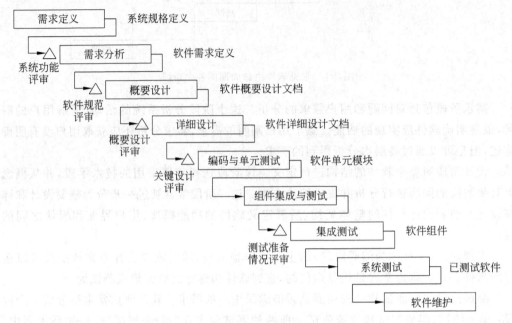

图 2-2　瀑布模型

瀑布模型是以文档为中心的。在瀑布模型的早期阶段就必须形成文档,然后在接下来的各个阶段对早期形成的文档进行补充和完善,最终的文档描述了软件应该如何实现。在这种模型中,一个阶段得到的成果被作为下一个阶段的输入,整个软件项目的进展像瀑布一样从一个阶段流向下一个阶段。所有阶段都是按顺序排列的,只在阶段转换时存在一些局部的反馈,这些反馈通过阶段性的评审得以实现。阶段性评审是对某一阶段全面的评审,在这种评审中,要求这一阶段的所有问题都解决了之后,才能够让项目进行到下一阶段。

瀑布模型最让人担忧的是对错误的修正和软件的修改常常被拖延至维护阶段。由于软件存在的问题在软件开发的每个阶段都会被放大,因此这会导致很大的修改代价。

瀑布模型的优点如下:

(1) 系统拥有完整的文档。

(2) 模型的各个阶段与软件项目管理的各个阶段吻合。

(3) 较容易进行费用和进度估算。

(4) 如果软件规模庞大或很复杂时,可以通过工程方法来描述清楚软件的细节。

瀑布模型的缺点如下:

(1) 软件开发中的风险控制手段单一。

(2) 由于这是一种顺序模型,所以只在阶段转换时存在局部的反馈。

(3) 只有当项目接近尾声时,才能得到一个可用的软件产品。

（4）只有在项目后期才能评价项目的进展和成功的可能性。如果在项目早期的文档中存在错误和缺陷，那么直到软件分发给用户使用时才能发现这些问题。

（5）对各种问题的纠正常常只有到维护阶段才能进行。

瀑布模型适用于那些能够在软件开发的早期就能够很好地理解并且明确需求的应用，而且用户的需求在整个软件生命周期中并不发生变化。在这种类型的软件项目中，项目的风险可以降至很低，但是，这一类软件项目并不多见。

2.2.2 增量模型

增量模型从本质上来说就是一系列循环的瀑布模型（如图 2-3 所示）。用户的需求在项目开始时被获取，并且这些需求被分散到后续的各次增量开发中。在第一个循环周期中，就应该识别出软件的核心功能并将其实现，这些核心功能被作为开发过程中的第一个发行版本发布出来。这种软件开发周期不断循环重复，每一次发布的版本都加入一些实现的功能直到满足所有的用户需求。在开发过程中，每一次循环开发周期都可被视为前一个版本的维护阶段。虽然，在某个循环周期中可能会发现新的用户需求，而且这些新需求可以在下一个循环周期中实现，但是总而言之，增量模型假设在软件开发的最初，大部分的用户需求就已经被确定了。所以，增量模型的主要任务还是实现软件项目开发之初就被明确定义好的用户需求。一种略作修改的增量模型允许循环的开发周期存在交叠，即后续的循环周期可以在前面的循环周期结束前开始。

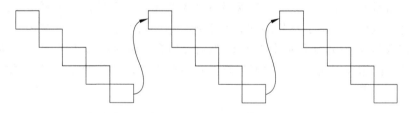

图 2-3 由一系列瀑布构成的增量模型

增量模型的优点如下：

（1）在开发过程中提供了一些反馈，使得后续的开发循环可以从前面的循环中获得新的内容。

（2）需求相对稳定，而且在每一次增量开发中被开发人员更好地理解。

（3）允许对需求做一些修改，也允许在增量开发过程中增加一些新的需求。

（4）相对于瀑布模型，增量模型能够更好地响应用户需求的变化。

（5）在第一次循环周期结束时就能够得到一个可用的版本，并且在以后的每一次增量开发结束时都能够得到一个具有更多功能的版本。

（6）在第一次循环结束后，软件项目可以随时终止，同时仍能提供一个可用版本。

（7）项目的风险被分散到多个循环周期中。

（8）增量模型需要的开发人员比瀑布模型少。

（9）在项目开发的早期就能够看到投资的回报。

（10）对于较小的、增量开发的项目，对其进行项目管理更容易。

（11）对软件系统的一小部分进行测试更加容易。

增量模型的缺点如下：

（1）在项目开始时就必须了解大多数的用户需求。

（2）对于增量发布的软件版本进行正式评审，其难度要大于评审一个完整系统。

（3）由于开发工作被分散到多次循环迭代中，所以在软件开发之初就必须对模块之间的接口做出良好的设计和定义。

（4）经费超支或开发进度滞后可能导致系统最终无法完成。

（5）每一次发布的新版本都会对用户现有的操作产生影响。

（6）每一次发布新版本时，用户都必须学习如何使用新版本。

如果开发人员在项目开始时就能确定用户的需求，了解要实现的功能或在早期的循环周期中就能获得来自用户的有价值的反馈，那么增量模型对于一个项目而言是合适的。而且每一次循环就能产生一个可用的软件系统，这会增强用户和投资方对于软件产品的信心。增量模型最适合用于中等风险以下的软件开发项目。如果一个项目的开发风险很高，以至于在一次瀑布周期中无法完成整个项目，那么把这个项目的开发工作分解成多个较小的周期可以把风险降低到一个可控的程度。

2.2.3 演化模型

演化模型又被称为原型模型，采用该模型开发软件产品需要经过多个循环周期，在这一点上它与增量模型相似。但与增量模型在每次循环周期中只是增加更多功能不同，演化模型的每次迭代产生出了更精细的原型系统。这一过程在图 2-4 中描述。在图中，得到初始的需求和计划后，演化从中心开始，然后经历多个包含项目计划、风险分析、工程开发和用户评估的循环周期。每一次循环都得到一个供用户评估的原型，然后据此原型进一步细化用户的需求。

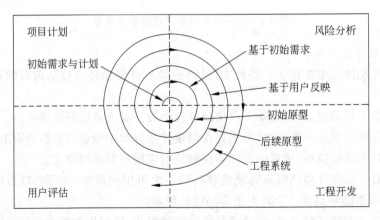

图 2-4　演化模型

在模型的工程开发部分，软件的规格陈述、开发和测试工作同时进行，与这些工作相伴的是及时、快速的用户反馈。由于用户的需求会不断地变化，所以只保留最少的文档。这些文档中包含软件最基本、最重要的信息，以便开发人员理解整个系统，同时对将来的系统支持也有重要作用。为了让软件原型能够工作,在实现时常常需要某种程度的妥协,比如,为了让用户乐意使用新的原型系统,往往会优先考虑向原型中加入新的功能,而对一些软件问题的彻底修正则可能会被推迟到下一个原型中完成。

在每一次开发之前,必须明确最基本的系统需求。这在将演化技术引入到项目中时特别重要。为了能够顺利地进入下一阶段的演化开发,每一次针对细化需求开发出来的新原型都必须得到用户有价值的反馈,这对于演化模型特别重要。

演化模型的优点如下:

(1) 在尚未完整定义或理解需求时就可以着手软件开发。

(2) 最终得到的用户需求比初始用户需求有较多的改进,而且更接近用户的真实需求。

(3) 开发风险被分解到多个原型开发周期中,这样更容易控制风险。

(4) 在早期的开发中就能得到可用的功能。

(5) 在后续的原型开发中可以将较新的技术引入到系统中来。

(6) 软件文档主要针对最终产品,而不是演化中的产品。

(7) 模型将正式的软件规格描述与可用的原型结合在一起。

演化模型的缺点如下:

(1) 由于模型中的活动与变化更多,所以与瀑布模型相比,该模型在时间和经费上的开销更大。

(2) 项目管理活动增加了。

(3) 需要协调更多的开发资源。

(4) 用户如果把不完善的原型与最终系统混淆起来,会给软件带来负面的印象和影响。

(5) 每一个提供给用户的原型都增加了用户的学习和使用成本。

(6) 下面这些问题有可能增加开发风险:

① 需求的明确定义可能会被推迟。

② 计划进度难以控制,需要更好的项目管理者来进行管理。

③ 项目的出资方对软件项目的认可有可能推迟。

④ 初始的软件架构必须能够适应未来的变化。

⑤ 短期利益可能会导致项目被一些操作上的需求所驱动,而不是由软件的目标驱动。

⑥ 为了规避风险,开发人员倾向于将有风险的功能推迟到以后实现。

⑦ 补丁效应:对于开发过程中出现的变化,如果不能很好地控制和管理,解决手段仅停留在表象,甚至因此产生了大量的衍生工作,则很可能导致组织臃肿、效率低下、管理成本上升,进而给软件质量带来负面影响。

演化模型适用于大多数的应用场景。但多数情况下,该模型通常被用在中高风险的系统开发中。在这类系统中,软件项目的需求通常还不明确或尚未细化,但最终的需求通常可以从最初的需求演化而来。

2.2.4 螺旋模型

螺旋模型是一种演化软件开发过程模型,它兼顾了演化模型的迭代的特征以及瀑布模型的系统化与严格监控。螺旋模型最大的特点在于风险分析,使软件在无法排除重大风险时有机会停止,以减小损失。同时,在每个迭代阶段构建原型是螺旋模型用以减小风险的途径。螺旋模型更适合大型的昂贵的系统级的软件应用,该模型的螺旋特征可用图 2-5 表示。软件项目由螺旋模型的中心部分开始,然后经过不同的迭代周期,每个周期都由以下若干步骤构成。

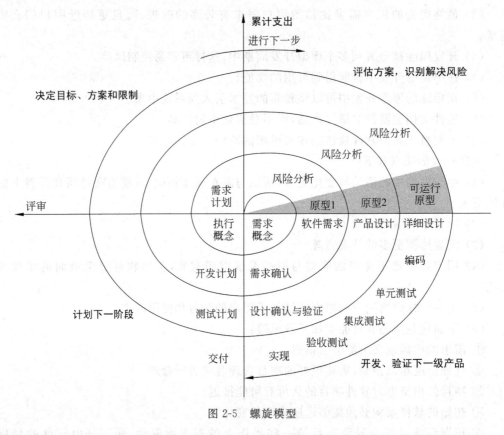

图 2-5 螺旋模型

(1)决定目标、方案和限制:明确本次迭代阶段的目标、备选方案以及应用备选方案的限制。

(2)评估方案,识别解决风险:对备选方案进行评估,明确并解决存在的风险,建立原型。

(3)开发、验证下一级产品:当风险得到很好的分析与解决后,应用瀑布模型进行本阶段的开发与测试;与客户一起对本阶段进行评审。

(4)计划下一阶段:对下一阶段进行计划与部署。

在市场主导的环境下,螺旋模型得到较广的应用,这是因为该模型显著地降低了技术风险,而且也更容易与新技术、新方法相结合。但同时它也会带来成本增加和计划风险的副作用。

螺旋模型的优点如下：

(1) 通过原型的建立，使软件开发在每个迭代的最初明确方向。

(2) 通过风险分析，最大程度地降低软件彻底失败造成损失的可能性。

(3) 在每个迭代阶段植入软件测试，使每个阶段的质量得到保证。

(4) 整体过程具备很高的灵活性，在开发过程的任何阶段自由应对变化。

(5) 每个迭代阶段累计开发成本，使支出状况容易掌握。

(6) 通过对用户反馈的采集，与用户沟通，以保证用户需求的最大实现。

螺旋模型的缺点如下：

(1) 过分依赖风险分析经验与技术，一旦在风险分析过程中出现偏差将造成重大损失。

(2) 过于灵活的开发过程不利于已经签署合同的客户与开发者之间的协调。

(3) 由于只适用于大型软件，过大的风险管理支出会影响客户的最终收益。

螺旋模型适用于高风险的软件开发项目。应用该模型时，必须非常仔细地做好需求分析工作，而且用户的意见对于软件的成功与否起到非常重要的作用。

2.2.5　统一过程模型

统一过程(Unified Process，UP)是 Rational 软件公司(Rational 公司现已被 IBM 公司并购)创造的软件工程方法。因此，统一过程也可以用 Rational 公司命名，即 Rational 统一过程(Rational Unified Process，RUP)。RUP 描述了如何有效地利用商业的可靠的方法开发和部署软件，是一种重量级过程，因此特别适用于大型软件团队开发大型项目。RUP 模型作为软件工程的过程模型，提供了在开发组织中分派任务和责任的规范化方法。它的目标是在可预见的日程和预算前提下，确保满足最终用户需求的高质量产品。

采用 RUP 模型的开发团队与顾客、合作伙伴、产品小组及顾问公司共同协作，确保开发过程持续地更新和提高以反映新的经验和不断演化的实践经验。RUP 模型提高了团队生产力。对于所有的关键开发活动，它为每个团队成员提供了使用准则、模板和工具指导来进行访问的知识基础。而通过对相同知识基础的理解，无论开发人员是进行需求分析、设计、测试项目管理或配置管理，均能确保全体成员共享相同的知识、过程和开发软件的视图。

RUP 模型强调开发和维护过程，而不是大量的文本工作。该模型使用 UML 来实现良好沟通的需求，并进行满足工业标准的体系结构和软件设计。

RUP 模型能对大部分开发过程提供自动化的工具支持。它们被用来创建和维护软件开发过程(可视化建模、编程和测试等)的各种各样的产物(特别是模型)。另外，RUP 在每个迭代过程的变更管理和配置管理相关的文档工作支持方面也是非常有价值的。

由于没有一个开发过程能适合所有的软件开发，所以软件过程模型应该是可配置的。RUP 的可配置性使得它既适合小的开发团队也适合大型开发组织。RUP 模型可以建立简洁和清晰的过程结构，并且，它可以被调整以适应不同的情况。RUP 模型还包含了开发工具包，可以被配置为支持特定组织机构的开发过程。

RUP 模型以适合于大规模项目和开发团队的方式集成了许多现代软件开发过程的最佳实践经验和方法。以 RUP 模型作为指南，部署这些最佳实践经验和方法，可以给开发团队带来大量的开发优势。这些经验和方法是 RUP 描述的"如何为软件开发团队有效地部署经过商业化验证的软件开发方法"。之所以称为"最佳实践经验和方法",不仅因为开发团队可以准确地量化它们的价值,而且它们拥有许多成功的实践案例。为使整个团队能够有效利用这些经验和方法,RUP模型为每个团队成员提供了必要的准则、模板和工具指导。RUP模型包含了6个基本最佳实践经验。

1. 迭代开发

面对当今的复杂软件系统,使用连续的开发方法,如首先定义整个问题,设计完整的解决方案,编制软件并最终测试产品,是不可能的。需要一种能够通过一系列细化和若干个渐进的反复过程而生成有效解决方案的迭代方法。RUP模型支持迭代开发方法。该方法专注于处理生命周期中每个阶段的最高风险,从而极大地降低了项目的风险性。在迭代过程中,开发团队通过经常性地提交可执行版本,使最终用户不断地介入软件开发过程并及时给出反馈。同时,频繁的状态检查帮助项目团队确保项目能够按计划进行。由于每个迭代过程的成果即为软件的一个可执行版本,所以这可以让开发团队将注意力集中于每次迭代的最终结果,并帮助项目团队减少开发风险。另外,迭代开发还能够减少因软件需求、功能及开发日程上的变化而带来的冲突。

2. 需求管理

RUP模型描述了获取和组织用户需求,并为其编写文档的方法,还描述了如何对项目的折中方案和关键决策点进行跟踪并形成文档,以及如何获取并交流业务需求的方法。需求管理中的某些概念,如用例(use case)和场景(scenarios)等对于获取功能性需求非常有用。而且,这些概念确保了软件的设计、实现和测试的实施,使得最终完成的系统能够最大程度地满足用户的需求,为软件的开发和部署提供了持续的、可追踪的主线。

3. 使用基于构件的体系结构

RUP模型支持基于构件的软件开发。在全面展开开发工作之前,该过程重点关注早期的开发工作和建立健壮的、可付诸实施的软件体系结构。它描述了如何设计一个灵活的、能适应变化的、易于理解的、能提升可重用性的软件体系结构。构件是实现明确功能的模块和子系统,RUP模型提供的系统化的方法可以使用新创建的或已有的软件构件来定义软件体系结构。构件被组装在一个良好定义的软件系统结构中,这些体系结构可以是专用架构或是如Internet、CORBA和COM这样的基础架构。工业级的可重用构件可以用在这些架构中。

4. 可视化软件建模

开发过程显示了对软件如何可视化建模,捕获体系结构和构件的构架和行为。可视化允许开发者隐藏细节和使用"图形构件块"来书写代码。可视化抽象帮助开发者沟通软件的不同方面,观察各元素如何配合在一起,确保构件模块一致于代码,保持设计和实现的一致性,促进明确的沟通。Rational软件公司创建的工业级标准 Unified Modeling Language(UML)是成功可视化软件建模的基础。

5. 验证软件质量

应用软件的低下性能和不可靠性已经极大地妨碍了应用软件的使用。从而,质量应该基于可靠性、功能性、应用和系统性能,根据需求来进行验证。RUP 帮助计划、设计、实现、执行和评估这些测试类型。质量评估被内建于过程和所有的活动,包括全体成员,使用客观的度量和标准,并且不是事后型的或单独小组进行的分离活动。

6. 控制软件的变更

管理变更的能力,即确定每个修改是可接受的和能被跟踪的,在变更不可避免的环境中是必需的。开发过程描述了如何控制、跟踪和监控修改以确保成功的迭代开发。它同时指导如何通过隔离修改和控制整个软件产物(例如模型、代码和文档等)的修改来为每个开发者建立安全的工作区。另外,它通过描述如何进行自动化集成和建立管理使开发团队如同单个单元来工作。

2.2.6　敏捷过程

敏捷过程又称敏捷软件开发,是一种从 20 世纪 90 年代开始逐渐引起广泛关注的新型软件开发方法,是一种应对快速变化的需求的软件开发能力。“敏捷”一词来源于 2001年初美国犹他州雪鸟滑雪圣地的一次敏捷方法发起者和实践者的聚会,这些人发起组成了敏捷联盟(Agile Alliance,http://www.agilealliance.org)。

敏捷过程的具体名称、理念、过程和术语都不尽相同。相对于“非敏捷”而言,它更强调程序员团队与业务专家之间的紧密协作、面对面的沟通(认为比书面的文档更有效)、频繁交付新的软件版本、紧凑而自我组织型的团队、能够很好地适应需求变化的代码编写和团队组织方法,也更注重软件开发中人的作用。

在敏捷联盟的网站上有这样一段话,清楚地概括了敏捷过程的核心内容:

敏捷软件开发宣言

我们一直在实践中探寻更好的软件开发方法,
在身体力行的同时也帮助他人。由此我们建立了如下价值观:

个体和互动	胜于	流程和工具
可工作的软件	胜于	详尽的文档
客户合作	胜于	合同谈判
响应变化	胜于	遵循计划

也就是说,尽管右项有其价值,
我们更重视左项的价值。

上述敏捷软件开发宣言包括以下 12 条原则：

（1）对我们而言，最重要的是通过尽早和不断交付有价值的软件来满足用户的需要。

（2）即便到了开发的后期，也要积极地面对需求变化。敏捷过程能够驾驭变化，并保持客户的竞争优势。

（3）频繁交付可以工作的软件，时间跨度可以从几星期到几个月，间隔越短越好。

（4）在整个项目过程中，业务人员和开发人员一定要每天都在一起工作。

（5）激发开发人员的积极性，并以他们为核心来构建项目。给每个开发人员提供所需的工作环境和支持，并相信他们能够完成任务。

（6）在开发团队中最有效率也最有效果的信息传递方式是面对面的交流。

（7）可以工作的软件是衡量项目进度的主要标准。

（8）敏捷过程提倡可持续开发。投资方、开发人员和用户要能够维持稳定的开发节奏。

（9）坚持不懈地追求卓越技术和良好设计有助于提高敏捷性。

（10）以简洁为本，只做那些必不可少的工作，尽力减少不必要的工作。

（11）最好的架构、需求和设计都源自自我组织的团队。

（12）团队应该定期地反思如何提高成效，然后相应地调整自己的行为。

敏捷过程和其他的方法（如迭代开发）相比有一些共同之处，如关注互动沟通，减少中介过程的无谓资源消耗等。通常可以在以下方面衡量敏捷方法的适用性：从产品角度看，敏捷方法适用于需求萌动并且快速改变的情况，如果系统有比较高的关键性、可靠性和安全性方面的要求，则可能不完全适合；从组织结构的角度看，组织结构的文化、人员和沟通决定了敏捷方法是否适用。与这些相关联的关键成功因素有：

（1）组织文化必须支持谈判。

（2）人员彼此信任。

（3）人少但是精干。

（4）开发人员所作决定得到认可。

（5）环境设施满足成员间快速沟通的需要。

最重要的因素是项目的规模。规模增长，面对面的沟通就更加困难，因此敏捷方法更适用于较小的队伍，40、30、20、10 人或者更少。大规模的敏捷软件开发尚处于积极研究的阶段。另外的问题是项目初期的大量假定或者快速收集需求可能导致项目走入误区，特别是客户对其自身需求毫无概念的情况下。与之类似，人类天性中的弱点很容易造成某个人成为主导并将项目目标和设计引入错误的方向。开发者经常会把不恰当的项目方案提交给客户，并且直到最后发现问题前都能获得客户认同。虽然理论上快速交互的过程可以限制这些错误的发生，但前提是有效的负反馈，否则错误会迅速膨胀。

有一些项目管理工具用于敏捷开发，可以用它们来帮助规划、跟踪、分析和整合工作。这些工具在敏捷开发中扮演了重要的角色，也是知识管理的一种方法。应用于敏捷开发的项目管理工具通常包括版本控制整合、进度跟踪、工作分配、集成发布、迭代规划以及论坛和软件缺陷的报告和跟踪。

软件开发规范

工业界有一句名言：好的产品是生产出来的，而不是检查出来的。产品的检验固然非常重要，但仍然不能说"好的产品是检查出来的"，否则就本末倒置了。为了提高产品的生产效率和保持产品质量的稳定，进而取得规模化生产，所有的生产和工程活动都必须有它自己的规范。比如，以造楼、筑路、造桥等建筑工程来说，建筑要实现一定的功能，外观要符合审美要求，具有较高的安全性，使用方便且满足一定的使用寿命，等等，都需要有相应的建筑规范。没有规范，就没有工业化；没有规范，企业组织就不可能成长。

同样，软件也是一种产品，好的软件也是做出来的，当然也需要有自己的规范。要做出好的软件产品的前提是什么？那就是确立并严格地执行规范，也就是我们所说的"软件开发规范"。

软件开发规范是由软件需求决定的。软件需求是市场对软件产品的要求描述的总和，或者说是软件产品满足市场要求的规划说明。而软件开发则是把软件需求转化成为可运行的软件系统（包括软件程序和开发、运用软件程序的文档）的全过程，这个过程的主要活动包括软件过程（即软件程序开发及管理活动）、文档编写及支持过程（比如配置管理和质量保证活动）。因此软件开发规范是实现优良产品和服务的前提，是软件产品和服务满足客户需求的一系列标准，是从需求、设计到实现全过程的软件过程、文档编写和支持过程的工作标准。

本章从软件过程规范、软件文档规范和软件支持过程规范3个方面介绍软件开发规范。

3.1 软件过程规范

3.1.1 软件过程概要

最大限度提高软件质量和生产效率（Quality and Productivity，Q&P），提高Q&P的可预见性，是每一个软件组织的最大目标。根据卡内基·梅隆大学软件工程研究所（SEI）提倡的质量三角形理论（如图3-1所示），Q&P的提高依赖于3个因素：过程（Process）、人（People）和技术（Technology）。在质量三角形中，技术和人是影响产品质量的先决条件，而过程是影响产品质量的第三个重要因素。因此，要实现Q&P的提高，除了加强技术能力，引进和培育更多的优秀技术人才以外，规范和改进组织的过程是一个十分重要的手段。

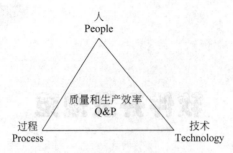

图 3-1　质量三角形理论示意图

目前在我国,软件开发模式相当独特,与国外的软件开发过程有很大的差异,我们的技术人员更注重技术的应用。随着软件产品规模和团队规模的增大以及技术的成熟化,软件过程的瓶颈问题越来越突出。事实也证明,随着软件技术的成熟以及产品规模和团队规模的扩大,原来试图通过改进技术来改变软件生产状况的努力最后都变成徒劳,最终发现软件危机的根本原因不在于技术,而在于对过程的管理。如果开发人员没有很好地理解过程和利用过程,对过程缺乏很好的管理的话,即使有最好的人员以及很好的技术和方法也不能发挥其最佳状态,因此软件过程是人和技术的黏合剂,成为决定产品质量和生产效率的主要因素。

现代项目管理理论认为,任何项目都是由两个过程构成的:实现过程和管理过程,其中项目的实现过程是指人们为创造项目的产出物而开展的各种活动所构成的过程,一般用项目的生命周期来描述它们的活动和内容。同理,软件过程主要由软件工程过程和软件管理过程两个部分构成。

3.1.2　工程过程规范

软件工程过程是提炼用户需求,设计、构建和测试满足这些需求的软件并最终将其交付给客户的过程,是软件过程中的主体过程之一。

软件工程过程模型又称软件生命周期模型,经典的软件生命周期模型包括瀑布模型、增量模型、迭代模型、原型模型和螺旋模型等。项目具体实施时,应该根据项目的特点和项目团队的具体情况(团队规模等)等实际因素,选择项目开发的生命周期模型。选择项目生命周期模型时可参考以下内容进行:

(1)在前期需求明确的情况下尽量采用瀑布模型。

(2)在用户无软件系统使用经验,或者需求分析人员技能不足的情况下可选用原型模型。

(3)在不确定性因素很多,前期无法做计划的情况下尽量采用增量模型或螺旋模型。

(4)在需求不稳定的情况下尽量采用增量模型。

(5)在资金和成本无法一次到位的情况下可以采用增量模型,软件产品分多个版本进行发布。

(6)对于多个完全独立的功能,可以在需求阶段就分功能并行开发,但每个功能都可采用瀑布模型。

（7）对于全新系统的开发，总体设计可以采用瀑布模型进行，总体设计完成后视情况可采用增量开发。

（8）在项目编码人员经验较少的情况下建议不要采用迭代开发。

（9）必要时可以对上述流行的生命周期模型进行组合或更改。

软件工程过程根据选定的软件生命周期模型不同而不同，比如选择了传统的瀑布模型作为工程过程模型时，软件的工程过程可以被划分为需求、分析、设计、测试和维护等过程阶段，而采用统一软件开发过程（RUP）开发时，软件工程过程可以被划分初始阶段、细化阶段、构造阶段和交付阶段。根据软件工程过程的不同，其工作标准和规范也不尽相同，因此，本节不详细介绍软件工程过程规范的具体细节。

由于软件工程过程模型种类繁多，不可能详述各种软件工程过程模型的规范，本书以传统软件开发过程和统一软件开发过程（RUP）为例详细介绍这两种模型的软件工程过程规范供读者参考，在具体项目实施时可根据具体情况进行考虑。第 5 章详细介绍采用瀑布模型的软件开发过程及其规范，第 6 章详细介绍采用 RUP 的软件开发过程及其规范。

3.1.3　管理过程规范

软件开发的管理过程主要包括 3 个阶段：项目立项、项目实施和项目结项，下面详细介绍各阶段的管理规范。

1. 项目立项管理

对一个软件组织来说，软件项目通常有两种形态：一种是接受组织外部的委托承担软件系统的一部分或者全部的开发，称为委托型软件项目，通常外包服务型软件组织多为委托型软件项目；另一种就是组织根据市场需求自主调查、构思和规划的软件系统开发，称为自主研发型软件项目。不论是委托型软件项目还是自主研发型软件项目，在项目正式启动前都有一个立项管理工作，其目的是：判断立项建议是否符合组织目标利益，采纳符合组织目标利益的立项建议并使之成为正式项目，防止并杜绝不符合组织目标利益的立项建议被采纳，避免浪费组织人力、物力、财力和时间等资源。

【参与人员】
◆ 立项申请人（通常为组织的市场人员或者资深的技术专家）；
◆ 技术部门指定的项目负责人（包括前期负责人、后期正式的项目经理）；
◆ 技术部门负责人；
◆ 质量部门负责人；
◆ 组织负责人（如公司总经理）；
◆ 最终客户。

【开始准则】
受到客户委托或存在市场需求。

【结束准则】

软件项目开发团队组建完成并开始软件项目实施工作。

【输入】

与软件项目需求相关的业务资料（如客户资料）。

【输出】

◆《软件项目立项建议书》；

◆《软件需求规格说明书》；

◆《软件项目开发方针书》；

◆《软件项目开发体制》。

【主要活动】

[Step1] 立项建议。

立项申请人接受客户委托或者充分进行市场调查后，提出软件项目的构思，并在进行可行性分析的基础上制作《软件项目立项建议书》。

[Step2] 立项申请。

立项申请人向组织提交《软件项目立项建议书》进行立项申请，立项申请取得相关责任人批准后被分配到相应的技术部门进行实施（此过程一般会由组织相关负责人组织相关的专家进行评审并最终决定是否批准立项）。

[Step3] 前期调查。

技术部门指定项目的前期负责人，项目前期负责人阅读《软件项目立项建议书》后，通过与立项申请人沟通、阅读立项申请人提交的材料、与相关客户直接交流等方式，了解该软件项目的目标、项目范围与基本需求，并形成最初的《软件需求规格说明书》。

[Step4] 制订项目开发方针。

项目前期负责人制订《软件项目开发方针书》，其内容包括：该软件项目采用的生命周期模型，项目在功能（function）、质量（quality）、成本（cost）和交货期（delivery）等方面所要达到的要求，软件项目开发的概要日程，重要项目产物及重要的评审（包括里程碑评审）计划等内容，并组织技术部门负责人及相关专家进行评审。

[Step5] 项目开发方针的确认。

项目前期负责人提交《软件项目开发方针书》，取得立项申请人或者最终客户的认可。

[Step6] 确定项目开发体制。

技术部门负责人指定项目经理和项目开发人员，质量部门负责人指定项目 QA 人员共同组成项目组并在《软件项目开发体制》中明确人员职责。为了保证项目进展过程中得到客观、公正的监察，QA 人员必须独立于技术部门。

项目组的组成人员视项目具体情况进行设置，但除了项目经理及 QA 人员以外，一般还应该包括以下角色：需求调研员、系统分析员、构架设计师、系统设计师、模块设计师、程序员、测试人员、系统实施人员和配置管理员。各种角色及其职责如表 3-1 所示，不过在软件外包服务中，经常发生一人担当多个角色的情况。

表 3-1　软件开发各种角色职责表

开发角色	主 要 职 责
项目经理	• 组织制订项目的总体计划和阶段计划 • 协调项目组资源和内部工作关系,安排项目组成员工作 • 跟踪、检查项目组成员工作质量 • 为保障项目正常运作,与客户和项目组成员进行必要的沟通 • 负责控制项目,保证项目在预算成本范围内达成既定的质量和进度目标
需求调研员	• 进行需求调研,收集整理客户需求 • 就客户需求的内容与项目组和客户达成一致并得到客户的确认
系统分析员	• 深入分析和归纳客户需求,总结软件系统需求 • 必要时负责向架构设计师或系统设计师说明软件系统需求
构架设计师	• 深度剖析软件系统需求,抽象出应用系统架构模型并确定系统实现模式 • 利用当前先进、成熟的计算机技术,负责设计和实现稳健、实用、灵活、高效的应用系统(技术)架构 • 指导项目组相关人员了解并灵活使用系统(技术)架构 • 协助测试人员进行系统架构测试
系统设计师	• 深入分析软件系统需求,剖析出界面层、业务层和数据层应用模块 • 针对选定的系统(技术)架构,负责完成系统的概要设计和详细设计 • 负责完成系统的数据库逻辑设计和物理设计 • 指导项目组相关人员完成模块设计
模块设计师	• 在系统设计师的指导下负责进行模块设计(包括功能界面布局设计和人机交互界面设计)和编写设计文档 • 在系统设计师的指导下,负责编写集成测试用例和集成测试脚本 • 指导程序员根据模块设计进行代码实现
程序员	• 在模块设计师指导下,根据模块设计进行代码实现 • 编写单元测试用例和单元测试脚本 • 负责执行代码走查和单元测试,记录单元测试结果
测试人员	• 编写测试计划 • 执行测试工作 • 总结和编写测试报告
系统实施人员	• 负责制订项目实施计划 • 在项目实施计划的约束下,协调项目组相关资源,完成系统实施相关工作(包括系统安装、用户培训、系统上线和系统试运行等) • 负责编写用户手册、操作手册和相关培训教材 • 负责协助客户进行验收测试和编写验收测试报告
配置管理员	• 负责项目配置管理库的管理 • 编写配置管理计划并实施配置管理活动(基线的生成、变更管理等) • 为项目组提供 SCM 理论和相关工具的培训,并提供技术支持 • 对配置管理流程进行监督和跟踪,并提供优化改进建议
QA 人员	• 对项目的开发过程及工作产品进行监察

[Step7] 确保资源,组建团队。

项目经理根据实际需要向技术部门负责人或组织申请资源(包括人力、物力和财力等资源),组建项目开发团队,开始正式开发工作。

项目立项管理的活动流程如图 3-2 所示。

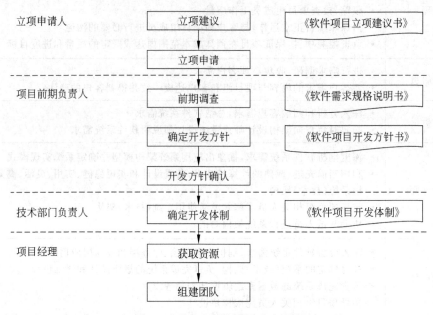

图 3-2　项目立项管理活动流程图

2. 项目实施管理

项目立项后,随着项目开发团队组建完成,开始正式的项目开发工作,主要包括软件程序开发及程序开发管理活动。

【参与人员】
- ◆ 项目经理;
- ◆ 项目组成员;
- ◆ 项目 QA 人员;
- ◆ 项目其他利害关系人(如客户等)。

【开始准则】
项目开发团队组建完成并正式开始开发工作。

【结束准则】
项目开发工作结束。

【输入】
- ◆《软件需求规格说明书》;
- ◆《软件项目开发方针书》;

◆《软件项目开发体制》。

【输出】

软件可执行程序、源代码及各类相关文档。

【主要活动】

主要活动包括软件程序开发和程序开发管理。软件程序开发管理的活动规范在本章后续篇幅中进行详细介绍。软件程序开发活动规范分别在第 5 章和第 6 章中进行详细介绍。

3. 项目结项管理

项目立项管理与项目结项管理是前后呼应的两个过程,使得项目管理过程有始有终。项目结束通常有两种情况:正常结束和异常结束。前者是指项目按预定计划完成后结束,后者是指项目因各种原因被中途中止。导致项目异常结束的原因有很多,归根结底都是因为该项目不再符合公司的目标利益,例如,软件产品不适应市场而被中途淘汰,或者在执行过程中因大大偏离计划(如进度延误、费用超支等)而被取消。

不论项目正常结束还是异常结束,都要按照项目结项管理活动规范处理。项目结项管理目的就是对项目过程和产品进行总结,以便项目成果能够在整个组织中进行共享。

【参与人员】

◆ 项目经理;

◆ 项目组成员;

◆ 项目 QA 人员;

◆ 立项申请人;

◆ 技术部门负责人;

◆ 质量部门负责人;

◆ 组织负责人(如公司总经理);

◆ 项目其他利害关系人。

【开始准则】

项目结束(包括正常结束和异常结束)。

【结束准则】

《项目完了总结报告书》形成,项目相关数据保存完毕。

【输入】

所有与项目相关的过程和产品的数据资料。

【输出】

《项目完了总结报告书》。

【主要活动】

[Step1] 综合评估项目。

项目经理和项目组成员对该项目进行综合评估,主要包括项目完成情况、项目质量、投入产出分析、项目的市场价值以及项目对组织的贡献等。

[Step2] 总结经验教训。

项目组对项目开发中的主要活动进行回顾,找出项目过程中出现过的问题和处理问题的经验;对项目开发中的主要资产进行回顾,找出项目开发中使用过的新技术、新知识及应用的经验;项目异常结束时,项目组还应分析项目异常结束原因、可吸取的经验教训等。

[Step3] 整理资产。

项目经理和项目组成员整理和梳理该项目的有形资产和无形资产,并共同商讨如何有效地利用这些资产,特别是对今后有可能重复利用的资产(如产品架构、组件和技术要点)进行梳理。为了能更好地利用这些资产,应该对可重复利用的资产制作面向第三者的说明资料(软件外包服务中更应该加强这方面工作)。

[Step4] 召开项目总结会议。

项目经理召集项目组成员和其他利害关系人进行项目总结会议,重点讨论项目开发过程中所有利害关系人的心得体会(必要时可以使用书面材料)和改善事项(可采用"头脑风暴"的形式进行)。

[Step5] 撰写项目总结报告。

项目经理撰写《项目完了总结报告书》,主要内容包括:

◆ 项目介绍;

◆ 项目完成情况(计划与实际情况对比);

◆ 项目质量情况;

◆ 主要工作成果(项目资产);

◆ 专利与版权情况;

◆ 项目主要资产及处理意见;

◆ 项目经验教训;

◆ 改善事项。

[Step6] 保存项目资产和项目过程数据。

项目经理组织项目组成员对项目过程中的文档和源程序等资料进行整理、归档,由项目经理或者组织的相关部门根据组织资产和过程数据库的需要,整理相应的数据,存入组织资产库和过程数据库。

项目结项管理的活动流程如图 3-3 所示。

3.1.4 管理过程的主要成果

综合上述管理过程规范,管理过程的主要成果有《软件项目立项建议书》、《软件需求规格说明书》、《软件项目开发方针书》、《软件项目开发体制》和《项目完了总结报告书》。《软件需求规格说明书》在后续的章节谈及,本节详细介绍其余 4 种文档的模板供读者参考。

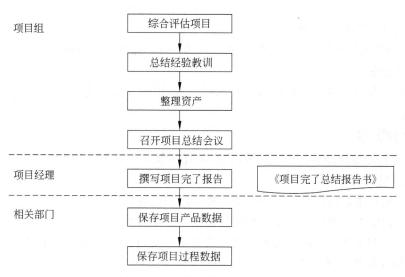

图 3-3　项目结项管理活动流程图

1. 软件项目立项建议书

该文档建议采用 Word 文档格式进行制作。

软件项目立项建议书

1. 引言

1.1　目的

〔说明本文档的编写目的,指出预期的读者。〕

1.2　背景

〔(1) 所建议的开发项目的名称。

(2) 本项目的任务提出者、客户及实现该软件项目的相关信息。

(3) 该项目范围及和其他系统或其他机构的基本的相互关系。〕

2. 项目介绍

2.1　项目定义

〔用简练的语言说明本软件系统"是什么"及"有什么用途"。〕

2.2　项目开发背景

〔从内因和外因两方面阐述软件系统开发背景,重点说明"为什么"要开发本软件系统。内因比如组织的长期发展战略,外因比如市场及发展趋势、技术状况及发展趋势。〕

2.3 项目主要功能和特色

〔给出软件系统的主要功能列表(feature lists)并说明本产品的特色。〕

2.4 项目范围

〔说明本软件系统的适用领域和不适用领域,以及本系统应当包含的内容和不包含的内容。〕

3. 市场概述

〔自主研发型软件项目需要本节内容,委托型软件项目不需要本节内容。〕

3.1 客户需求

〔(1) 阐述本软件产品面向的消费群体(客户)的特征。

(2) 说明客户对软件产品的功能性需求和非功能性需求。

(3) 说明本软件产品如何满足客户的需求以及给客户带来什么好处。〕

3.2 市场规模与发展趋势

〔(1) 分析市场发展历史与发展趋势,说明本软件产品处于市场的什么发展阶段。

(2) 本软件产品和同类产品的价格分析。

(3) 统计当前市场的总额和竞争对手所占的份额,分析本软件产品能占多少份额。

注意:引用数据应当写明数据来源,最好有直观的图表。〕

4. 产品发展目标

〔说明本产品的短期目标和长期目标,绘制产品的 Roadmap。目标必须清晰且可度量。自主研发型软件项目需要本节内容,委托型软件项目不需要本节内容。〕

5. 项目技术方案

5.1 软件体系结构

〔(1) 绘制软件的体系结构。

(2) 阐述设计原理。

(3) 如果有多种体系结构,需比较优缺点。〕

5.2 关键技术

〔阐述项目的关键技术,评价技术实现的难易程度。〕

6. 产品优缺点分析

〔综合考虑软件系统的功能、质量、价格和品牌等因素,分析优缺点。自主研发型软件项目需要本节内容,委托型软件项目不需要本节内容。〕

7. Make-or-Buy 决策

〔确定哪些部件应当采购、外包开发或者自主研发,说明理由,分析相应的风险。〕

8. 开发计划

8.1 项目团队建议

〔说明项目团队的角色、知识技能要求、建议人选、人数和工作时间。如下表所示。〕

角　　色	知识技能要求	建议人选、人数	工 作 时 间

8.2　软件硬件资源估计

〔(1) 估计项目所需的软件和硬件资源,说明主要配置。

(2) 说明以何种方式获得,如已经存在、可以借用或需要购买等。

(3) 资源级别为"关键"和"普通"两种,如果关键资源不能及时到位可能危害项目。〕

资 源 名 称	级　　别	详 细 配 置	获 取 方 式	费　　用

8.3　成本估计

〔估计项目的人力资源成本、软硬件资源成本和商务活动成本等。〕

成 本 分 类	成本/人民币元	备　　注
人力资源成本		
软硬件资源成本		
差旅费		
会议费		
接待费		
协作费		
...		

8.4　进度表

〔绘制项目开发的进度表,建议用甘特图。〕

9.　市场营销计划

〔自主研发型软件项目需要本节内容,委托型软件项目不需要本节内容。〕

9.1　产品赢利模式和销售目标

〔(1) 给出产品的赢利模式和价格结构。

(2) 给出短期和长期销售目标。〕

9.2　促销和渗透方式

〔给出本软件产品的促销和渗透方式,如参加会展、与相关单位合作等。〕

9.3 销售方式和渠道

〔给出本软件产品的销售方式和渠道,如直销、代理销售或联盟销售。〕

10. 成本效益分析

〔分析本项目的成本和效益,总成本是开发、营销和维护的成本之和;效益包括可量化的经济效益和不可量化的好处。〕

11. 总结

〔给出清晰的结论,便于上级领导决策。〕

2. 软件项目开发方针书

该文档建议采用 Excel 文档的格式进行制作。

软件项目开发方针书

1. 项目基本信息

项目编号		项目生命周期模型	
项目名称			

2. 开发方针概要

〔从功能、质量、成本和交货期 4 个方面阐述项目开发的方针。〕

	背　　景	开发方针	达成策略	完成期限
功能(F)				
质量(Q)				
成本(C)				
交货期(D)				

3. 预定日程

〔用 Excel 表格形式对开发过程中重要的工程阶段、重要的评审或者其他标志性事件(里程碑)给出其预定的开始日期、完成日期及所需要的资源。〕

4. 预定工作成果

〔用 Excel 表格的形式描述该项目开发过程中的预定开发成果及其质量要求。〕

3. 软件项目开发体制

该文档建议采用 Excel 文档的格式进行制作。

软件项目开发体制

1. 项目基本信息

项目编号		项目生命周期模型	
项目名称			

2. 软件开发体制

〔用组织结构图的形式画出项目开发体制,让人一目了然。〕

3. 软件开发体制表及职责

〔用 Excel 表格的形式说明项目团队各成员在项目组内的职务、姓名、所属部门、开发中角色和详细工作内容等,如下表所示。〕

项目组内职务	姓名	所属部门	开发中角色	详细工作内容
项目组长	张三		项目经理	
项目副组长	李四		需求分析师	
...				

---

4. 项目完了总结报告书

该文档建议采用 Word 文档的格式进行制作。

项目完了总结报告书

1. 引言

1.1 目的

〔说明本文档的编写目的,指出预期的读者。〕

1.2 背景

〔(1) 项目名称和所开发出来的软件系统名称。

(2) 该软件项目的任务提出者、开发者、客户及实现该软件项目的相关信息。〕

2. 项目介绍

[参考软件项目立项建议书中的项目介绍内容。]

3. 项目完成情况

3.1 软件系统

[说明最终开发的软件系统,包括:

(1) 程序系统中各个程序的名称,它们之间的层次关系,以千字节为单位的各个程序的程序量、存储媒体的形式和数量。

(2) 说明程序系统共有哪几个版本、各自的版本号及它们之间的区别。

(3) 每个文件的名称。

(4) 所建立的每个数据库。

应同配置管理计划相比较。]

3.2 主要功能和性能

[逐项列出本软件系统实际具有的主要功能和性能,对照软件项目立项建议书、软件项目开发计划和软件需求规格说明书的有关内容,说明原定的开发目标是达到了、未完全达到还是超过了,并分析主要原因。]

3.3 进度

[将原定计划进度与实际进度进行对比,说明实际进度是提前了还是延迟了,并分析原因。]

3.4 费用

[将原定计划费用与实际支出费用进行对比,包括:

(1) 工数,以人月为单位,并按不同级别统计。

(2) 物料消耗、出差费等其他支出。

并说明经费是超出了还是节余了,分析其主要原因。]

3.5 质量

[对软件系统质量进行评价,并对照软件项目立项建议书、软件项目开发方针书和软件需求规格说明书的有关内容,说明目标是否达到,并分析原因。]

3.6 生产效率

[给出实际生产效率,包括:

(1) 程序的平均生产效率,即每人月生产的行数。

(2) 文档的平均生产效率,即每人月生产的千字数。

与组织生产效率对比,并分析其原因。]

4. 主要工作成果

[列出项目开发中的主要工作成果,如下表所示。]

工作成果名称	描 述

5. 专利和版权情况

〔说明是否申请专利或版权。〕

6. 项目主要资产及处理意见

〔分析项目开发中的有形资产和无形资产,提出处理意见。〕

主 要 资 产	说明、处理意见

7. 经验及教训

〔列出从这项开发工作中所得到的最主要的经验与教训以及对今后项目开发工作的建议。〕

8. 改善事项

〔列出该项目开发中的改善事项一览以便今后加以改善。〕

3.1.5 管理过程案例

本节以"面向某客户的工程项目文件比较工具软件开发"的项目为例说明立项管理和结项管理活动过程及规范。

1. 立项管理

项目的立项管理主要包括立项申请、确定项目开发方针以及确定项目开发体制等主要活动。立项申请一般由组织的市场人员完成,超出开发范畴,因此这里略去有关立项申请的详细介绍,重点介绍项目开发方针及开发体制。

1) 软件项目开发方针书

本文档采用 Excel 文档的格式制作。

软件项目开发方针书

1. 项目基本信息

项目编号	PJ_TR_2011_035	项目生命周期模型	瀑布模型
项目名称	面向某客户的工程项目文件比较工具软件开发		

2. 开发方针概要

	背　景	开发方针	达成策略	完成期限
功能(F)	某客户的工程项目文件的版本经常发生变化，每次发生变化都需要靠手工进行检查以确定发生变化部分的内容，这样工作效率低下。为了提高工作效率，开发本软件功能	该工程项目文件主要包括 3 种文件：Visio 文件、XML 文件及文本文件。因此该软件需要实现下列 3 种文件的比较功能： (1) 工程文件及模块文件的比较（XML 文件比较） (2) Visio 文件的比较 (3) 文本文件的比较	强化需求阶段工作，前期和客户明确下列事项： (1) XML 文件的比较策略 (2) Visio 文件的比较利用以前开发的组件 (3) 采用外部开源工具 winmerge 来实现文本文件的比较	2012-1-15
质量(Q)	客户对该软件工具的性能及开发过程质量非常关心	(1) 交货后缺陷密度≤2件/KStep (2) 20 秒以内处理完 100 个 Visio 文件的比较	(1) 强化开发组评审 (2) 强化测试管理 (3) 大量复用成熟软件模块及组件	2012-1-15
成本(C)	客户开发费预算有限，要求在有限的预算内完成所有功能的开发	项目总成本控制在 12 人月以内	通过以下手段提高开发效率，降低成本： (1) 充分利用以前开发的代码部品 （2）采用开源工具 winmerge 来实现文本文件的比较 (3) 加强项目监控，优化开发过程	2012-1-15
交货期(D)	客户要求 2012 年 1 月底交付使用	交货期：2012 年 1 月 15 日 交付产物一览： (1) 软件规格说明书 (2) 软件设计书 (3) 软件代码 (4) 软件测试成绩书 (5) 软件安装程序 （6）工具软件使用说明书	通过以下手段加强项目进度监控： (1) 每天早上召开早例会 (2) 每周定期召开周例会 (3) 与客户定期召开电视会议	2012-1-15

3. 预定日程

	2011 年 10 月	2011 年 11 月	2011 年 12 月	2012 年 1 月
开发方针及体制确定	△10/8			
开发计划	↔			
需求分析		↔		
设计		↔		
编码			↔	
单元测试				↔
结合测试				↔
交付		○11/20		◎1/15
里程碑	10/17 里程碑评审 1	11/14 里程碑评审 2	12/30 里程碑评审 3	1/10 里程碑评审 4

（△:项目开始 ◎:项目交付 ○:中间交付）

4. 预定工作成果

成果名称	工程阶段							
	SP	SA	UI	SS	PS	PG	PT	IT
客户需求规格说明书	○							
产品要求规格说明书		○						
软件界面设计书			○					
软件概要设计说明书				○				
软件详细设计说明书					○			
单元测试说明书					○			
单元测试成绩书							○	
集成测试说明书				○				
集成测试成绩书								○
软件代码						○		
软件测试代码							○	○
软件测试数据							○	○

续表

成果名称	工 程 阶 段							
	SP	SA	UI	SS	PS	PG	PT	IT
软件安装程序								○
软件项目开发体制	○							
软件项目开发方针书	○							
项目开发成本概算书	○							
问题管理表		○	○	○	○	○	○	○
缺陷管理表		○	○	○	○	○	○	○

注：SP—系统规划　SA—系统分析　UI—界面设计　SS—系统设计

PS—程序设计　PG—程序编码　PT—程序测试　IT—集成测试

2）软件项目开发体制

本文档采用 Excel 文档格式制作。

软件项目开发体制

1. 项目基本信息

项目编号	PJ_TR_2011_035	项目生命周期模型	瀑布模型
项目名称	面向某客户的工程项目文件比较工具软件开发		

2. 软件开发体制

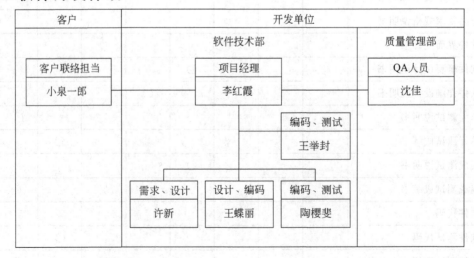

3. 软件开发体制表及职责

项目组内职务	姓 名	所属部门	开发中角色	详细工作内容
项目组长	李红霞	软件技术部	项目经理	负责项目全面管理,总体协调和跟踪控制项目进度和质量
项目副组长	许新	软件技术部	需求调研员、系统分析师、架构设计师	负责需求分析、软件架构设计及概要设计
项目组成员	王蝶丽	软件技术部	模块设计师、程序员	负责详细设计及模块的编码工作
项目组成员	陶樱斐	软件技术部	程序员兼测试人员	负责模块的编码和测试工作
项目组成员	王举封	软件技术部	程序员兼测试人员兼配置管理员	负责模块的编码和测试工作,负责该项目的配置管理工作
项目组成员	沈佳	质量管理部	QA 人员	对项目开发过程及工作产品进行监察

2. 结项管理

项目的结项管理主要对项目开发过程及开发成果进行评价、总结和再利用等主要活动,最终以《项目完了总结报告书》的形式进行总结。

本文档采用 Word 文档格式制作。

项目完了总结报告书

1. 引言

1.1 目的

面向某客户的工程项目文件比较工具软件开发已经基本完成,为了使公司在以后的项目开发中更好地利用本项目中的开发经验和开发成果,也为了在以后的项目中更好地实施定制开发,特制作本项目完了总结报告书。本文档的读者对象为公司项目经理及相关项目开发成员。

1.2 背景

项目名称:面向某客户的工程项目文件比较工具软件

软件项目的任务提出者:日本 xx 株式会社 xx 工场

软件项目开发者:xx 软件有限公司

2. 项目介绍

2.1 项目开发背景

日本 xx 株式会社 xx 工场的工程项目文件的版本经常发生变化,每次发生变化都需要靠手工进行检查以确定发生修改部分的内容,这样降低了客户的工作效率。为了提高客户的工作效率,应客户的要求向客户提出了本软件项目的解决方案,从而形成本项目。

2.2 项目定义

工程项目文件比较工具软件:向客户提供工程项目文件中所涉及的 3 种主要文件:Visio 文件、XML 文件及文本文件的比较功能并以图形可视化界面的方式向客户进行展现。

2.3 项目主要功能和特色

工程项目文件比较工具软件主要有七大功能:

(1) 工程概要比较功能。可短时间内概要地把握工程项目间的不同之处。

(2) 工程详细比较功能。可详细把握工程项目间的所有不同之处。

(3) 模块详细比较功能。可把握模块间的详细的不同点。

(4) 函数详细比较功能。可把握函数间的详细的不同点。

(5) 比较结果显示功能。可以得到上述 4 种功能的比较结果的可视化表示。

(6) 比较结果保存功能。可以将工程概要比较功能、工程详细比较功能和模块详细比较功能的比较结果以文本文件的方式进行保存。

(7) 工程规范性校核功能。

2.4 项目范围

本项目的范围:工程项目文件比较工具解决方案提案、软件需求分析、软件设计、软件编码和软件测试等全部工程范围。

3. 项目完成情况

3.1 软件系统

本项目的工程项目文件比较工具软件的最终开发成果为安装文件 PCADCompareTool. msi。相关项目的主要文档如下表所示。

No	文 档 名 称
1	软件产品规格说明书
2	概要设计说明书
3	详细设计说明书
4	Shape 元素比较算法设计说明书
5	源代码
6	软件安装程序

续表

No	文 档 名 称
7	单元测试说明书兼成绩书
8	集成测试说明书兼成绩书
9	系统测试说明书兼成绩书(含性能测试)
10	软件操作手册
11	软件项目开发方针书
12	软件项目开发体制
13	要求变更管理表
14	缺陷管理表
15	评审管理表
16	风险管理表
17	项目数据管理表

3.2 主要功能和性能

本软件系统实际具有的主要功能和性能如下表所示。

分类	立 项 目 标	实 际 功 能	偏差有无	原 因 分 析
功能	工程概要比较功能	工程概要比较功能	无	—
	工程详细比较功能	工程详细比较功能	无	—
	模块详细比较功能	模块详细比较功能	无	—
	函数详细比较功能	函数详细比较功能	无	—
	比较结果显示功能	比较结果显示功能	无	—
	比较结果保存功能	比较结果保存功能	无	—
	工程规范性校核功能	工程规范性校核功能	无	—
性能	工程概要比较时间 40 秒以内	工程概要比较 1.3 秒左右	无	—
	Visio 文件比较时间 20 秒以内(100 个)	Visio 文件比较时间 86 秒(100 个)	有	立项目标和实际性能条件不一致

3.3 进度

本项目开发里程碑进度如下表所示。

里程碑	预定日期	实际日期	偏差有无	原 因 分 析
中间交付	2011/11/20	2011/12/6	有	和客户进行软件需求的讨论花费了过多时间
最终交付	2011/1/15	2011/1/15	无	—

3.4　费用

本项目主要涉及开发工数和出差费两种费用,如下表所示。

费用项目	预　定	实　际	超出/结余	原　因　分　析
开发工数	12 人月	13 人月	超出	项目组新人较多,培训成本高,项目初期与客户进行软件需求的讨论有一定的返工工作量
出差费	30 万日元	20 万日元	结余	客户现场调试顺利,减少了在客户现场的滞留天数

3.5　质量

本项目软件质量取得了一定的突破,原定交付后缺陷密度≤2 件/KStep,实际交付后缺陷密度为 0.85 件/KStep。分析其中的原因有以下几点:第一,强化开发组内评审工作,使得大部分软件缺陷在开发前期过程中得到控制;第二,强化测试管理,使得测试效果好,大部分缺陷在测试中得到了排除;第三,大量复用了以前经过充分测试的模块及组件,明显降低了缺陷率。

3.6　生产效率

本项目中各阶段的生产效率如下表所示,由于缺乏公司生产效率数据,对比分析省略。

项　　目	本项目生产效率	公司生产效率	比　较　结　果	原　因　分　析
需求分析	3.8 页/人日	—	—	—
概要设计	2.1 页/人日	—	—	—
详细设计	6.3 页/人日	—	—	—
编码	0.42KStep/人日	—	—	—
单元测试	25.8Case 人日	—	—	—
集成测试	24.1Case/人日	—	—	—
系统测试	21.5Case/人日	—	—	—

4.　主要工作成果

本项目开发的主要成果请参考 3.1。

5.　专利和版权情况

本项目开发中无专利申请,且所有版权属于客户:日本 xx 株式会社 xx 工场。

6.　项目主要资产及处理意见

本项目开发中大量用到两种文件的比较功能,该两种文件的比较算法可作为资产进行再利用,建议做如下表所示的处理工作。

主　要　资　产	说明、处理意见
Visio Shape 元素比较算法	将算法模块进行重新包装再测试后做成 DLL 文件以便其他项目利用
XML 文件比较算法	将算法模块进行重新包装再测试后做成 DLL 文件以便其他项目利用

7. 经验及教训

本项目有三点经验:第一,项目初期通过制作软件原形与客户沟通大量减少了软件项目的后期返工;第二,通过加强项目组内评审工作使得软件质量取得了较好的效果;第三,开发过程中项目组软件复用意识强,使得本软件大量复用了以前的模块组件,也给公司留下了两项主要资产。

本项目有一点教训:本次开发的需求分析阶段由于前期的调查不充分导致对Visio 文件比较时间的预估不准确,最终使得无法达成设定目标。在今后的开发工作当中应该充分重视前期的技术课题调查。

8. 改善事项

根据对项目缺陷进行分析的结果,今后需要加强以下两方面的改善:第一,对需求分析的结果应该由多个有经验者进行评审;第二,本次开发中对工具软件的人机界面的设计不够人性化或者不太友好,今后这类有人机界面的软件应该有美工人员参与。

3.2 软件文档规范

软件文档和计算机程序共同构成能完成特定功能的计算机软件。通常软件文档仅用于描述人工可读的内容,比如技术设计文档,但也有人把源程序或者可执行的机器码当作文档的一部分,因此本节把针对源程序的编码规范也作为文档规范进行介绍。

3.2.1 软件文档

GB/T 11457—1995 对软件文档(document)的定义为:"软件文档是一种数据媒体及其记录的数据。它具有永久性并可以由人或者计算机阅读。"硬件产品在生产过程中,通常和其产品相关的资料在整个生产过程中都是可见的;而软件生产则大不相同,软件文档本身就是软件产品的一部分,没有软件文档的软件不成其为软件。软件文档的编制在软件开发工作中占有突出的地位和相当的工作量。

软件文档在软件开发中起到了软件开发人员、软件管理人员、维护人员、用户及计算机之间的多种桥梁作用(如图 3-4 所示),主要表现在以下几个方面。

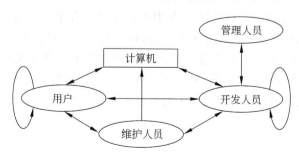

图 3-4 软件文档的桥梁作用

（1）软件文档是项目管理的依据。里程碑在项目管理中发挥着重要的作用,而作为里程碑的重要组成部分,软件文档发挥着重要的作用。比如,软件开发人员在各个阶段中以文档作为前阶段工作成果的体现和后阶段工作的依据,这个作用是显而易见的。软件开发过程中软件开发人员需制订一些工作计划或工作报告,这些计划和报告都要提供给管理人员,并得到其必要的支持。管理人员则可通过这些文档了解软件开发项目安排、进度、资源使用和成果等的情况。

（2）软件文档是技术交流的语言。没有软件文档,每个软件开发人员只能"自扫门前雪",别人对他的工作很难插手或提供帮助。软件文档可以改变软件开发人员间的"爱莫能助"的局面,增强开发人员之间的交流。

（3）软件文档是软件测试和项目质量保证的基础。软件文档是进行项目质量评审和评价的重要依据,并且给测试人员提供了工作展开的基础,没有软件文档,测试人员无法开展其工作。

（4）软件文档是软件培训和维护的资料。软件文档提供了对软件有关运行、维护和培训的信息,便于管理人员、开发人员、维护人员和用户了解系统如何工作,以及如何使用软件系统。

（5）软件文档提供了对软件的技术支持。维护人员需要软件系统的详细说明以帮助他们熟悉系统,找出并修改错误,改进系统以适应用户需求的变化或适应系统环境的变化。

（6）软件文档记录了软件历史。软件的最大价值在于其可复用性,软件文档作为"记载软件历史的语言",记录了开发过程中的技术信息,便于协调以后的软件开发、使用和修改。

因此,从某种意义上说,软件文档是软件开发规范的体现和指南,按规范要求生成一整套文档的过程就是按照软件开发规范完成一个软件开发的过程。在使用工程化的原理和方法来指导软件的开发和维护时应充分重视软件文档的编制及管理。

3.2.2　软件文档分类

软件文档按照文档的产生和使用范围进行划分,主要分为以下3类:

（1）用户文档。又称产品文档,用于规定关于软件产品的使用、维护、增强、转换和传输的信息,主要负责对软件产品的使用、维护等信息进行描述。

（2）工程过程类文档。又称开发文档,是软件工程过程中产生的所有文档,主要负责对软件的详细技术、程序逻辑间相互关系、数据格式和存储等信息进行描述。

（3）管理过程类文档。又称管理文档,是软件管理过程中产生的所有文档,主要负责对软件管理的活动规范的具体细节、要求及管理活动间的联系等信息进行描述。

一般来说,在软件项目的生命周期中通常会产生14种文档,下面分门别类地进行简要说明。

1.用户文档

用户文档为使用和运行软件产品的客户提供培训和参考的信息,使得那些未参加软

件开发的程序员能够维护它,促进软件产品在市场上的流通或提高软件产品的市场接受度。用户文档主要包括:

（1）用户手册。详细描述软件的功能、性能和用户界面,使用户了解如何使用该软件。

（2）操作手册。为操作人员提供该软件各种运行情况的有关知识,特别是操作方法的具体细节。

（3）数据要求说明书。该说明书应给出数据逻辑描述和数据采集的各项要求,为生成和维护系统数据文卷做好准备。

2. 工程过程类文档

工程过程类文档是描述软件的开发过程,包括软件需求、软件设计、软件实现和软件测试的一类文档,它们是软件开发过程中包含的所有阶段之间的通信工具,是管理人员评价项目的基础,也是维护人员进行项目维护的技术支持文档。在软件产品交付后,这些文档也可变成用户文档的一部分。工程过程类文档主要包括:

（1）可行性研究报告。说明该软件开发项目的实现在技术上、经济上和社会因素上的可行性,评述为了合理地达到开发目标可供选择的各种可能实施的方案,说明并论证所选定实施方案的理由。

（2）软件需求规格说明书。对所开发软件的功能、性能、用户界面及运行环境等作出详细的说明。它是用户与开发人员双方在对软件需求取得共同理解的基础上达成的协议,也是实施开发工作的基础。

（3）概要设计说明书。该说明书是概要设计阶段的工作成果,它应说明功能分配、模块划分、程序的总体结构、输入输出以及接口设计、运行设计、数据结构设计和出错处理设计等,为详细设计奠定基础。

（4）数据库设计说明书。该说明书对于设计中的数据库的所有标识、逻辑结构和物理结构做出具体的设计规定。

（5）详细设计说明书。着重描述每一模块是怎样实现的,包括实现算法和逻辑流程等。

（6）模块开发卷宗。汇总所有模块的设计、编码和测试相关信息,以便于对整个模块开发工作的管理和评审,并为将来的维护提供非常有益的技术信息。

3. 管理过程类文档

管理过程类文档的作用是：开发过程中每个阶段的进度和进度变更的记录;软件变更情况的记录;相对于开发的判定记录;职责定义等。管理过程类文档主要包括:

（1）项目开发计划。为软件项目实施方案制订出具体计划,应该包括各部分工作的负责人员、开发的进度、开发经费的预算以及所需的硬件及软件资源等。项目开发计划应提供给管理部门,并作为开发阶段评审的参考。

（2）测试计划。为做好测试工作,需为如何组织测试制订实施计划。计划应包括测试的内容、进度、条件、人员、测试用例的选取原则以及测试结果允许的偏差范围等。

（3）测试分析报告。测试工作完成以后，应提交有关测试计划执行情况的说明，对测试结果加以分析，并提出测试的结论和意见。

（4）开发进度月报。该月报系软件人员按月向管理部门提交的项目进展情况的报告，应包括进度计划与实际执行情况的比较、阶段成果、遇到的问题和解决的办法以及下个月的打算等。

（5）项目开发总结报告。软件项目开发完成以后，应与项目实施计划对照，总结实际执行的情况，如进度、成果、资源利用、成本和投入的人力。此外还需对开发工作作出评价，总结出经验和教训。

以上这14种文档是针对一般性的软件开发项目建议生成的文档。在软件外包服务项目中，以上述14种文档为基础，根据项目的规模和项目要求等实际情况对文档进行适当的增加、删除或合并的现象经常发生。

3.2.3　软件文档编制

软件文档编制是一个从形成最初轮廓，经反复检查和修改，直到程序和文档正式交付使用的完整过程。要保证文档编制的质量，体现每个项目的特点，在编制文档时就要注意以下几点。

1. 清楚定位文档的读者

每个文档都具有特定的读者，这些读者包括开发组成员、管理人员、维护人员或者用户。他们期待着使用这些文档的内容来进行工作，例如设计、编码、测试、使用和维护。因此软件文档的编制应该充分考虑读者的水平、特点和要求。

2. 灵活处理应编制的文档种类

针对一个具体的软件开发项目，需要编制的软件文档的种类由软件项目的规模和复杂性决定。对于规模较小的简单的项目，可以把几个文档合并成一种。一般地说，当项目的规模、复杂性和成败风险增大时，文档的编制范围和详细程度将随之增加和提高，反之则可适当减少和降低。项目经理应该制订一个文档编制计划，其中包括：应该编写哪些文档；详细程度如何；各个文档的编写负责人和进度要求；评审和批准的负责人和时间进度要求；在开发期间内各文档的维护、修改和管理的责任人和相关手续。

3. 明确文档的范围，避免空泛浮躁

任何一个软件文档都有其目的，不是为了写文档而写文档。为了实现该文档的目的，对于文档应该描述哪些内容，应该在文档编制之前进行规划，如果没有对文档内容的规划则势必造成或空泛无物或不知所云的局面。文档内容应该恰到好处，大而全的文档是没有用的，小而不实的文档也毫无用处。本书介绍的各类文档都会给出相应的文档模板及内容要求，在项目具体实施过程中参考执行可有效地避免该问题。

4. 规范名词使用,保持前后一致

软件文档中不可避免地要用到一些名词或称谓,首先应尽量使用通用的软件术语进行描述,如果一定要使用非通用或者自己创造的术语,应该在使用的同时对该术语做出详尽的解释;其次,统一所使用的名词或称谓,防止同一个意思的名词或称谓前后不一致,这样会让文档产生歧义。

5. 应用图文表格,保证内容清晰

任何自然语言都有产生二义性的可能,简洁的图形和表格胜过千言万语,因此软件文档编制应尽量使用图文表格,比如可以使用 UML 的各类图形(用例图、类图、对象图和活动图等)来描述软件需求和软件设计,这样可以确保文档内容的清晰、无歧义。

3.2.4 软件文档规范

软件文档通常采用 Word 或者 Excel 进行编制。无论采用何种格式,软件文档一般都由图 3-5 左侧所示的构成要素构成。根据文档的作用和种类的不同,可以添加或选择部分构成要素。构成要素编号规范可采用如图 3-5 右侧所示的规则,具体也可根据实际情况进行调整。

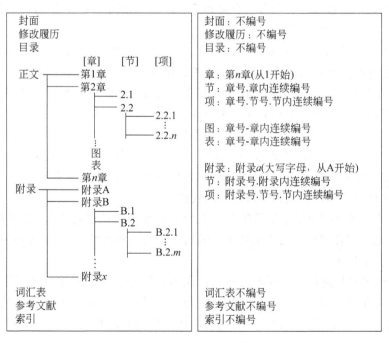

图 3-5 软件文档构成要素及编号规则

另外,作为规范化的文档管理方法,还应该对文档进行文件编号以便对文档能分门别类地进行管理。一般来说,各个软件组织都有自己的文档编号规则,这里不一一赘述。

软件文档的正文部分可以参考 GB/T 8567—2006 规范,本书不予详细介绍。但需要注意的是,在实际项目开发过程中,特别是在服务外包软件的开发过程中,往往需要结合项目的实际情况进行内容的增删。本书的其他相关章节也会分别给出一些文档模板供参考。

3.2.5 软件编码规范

贝尔实验室的研究资料表明,软件错误中18％左右产生于概要设计阶段,15％左右产生于详细设计阶段,而编码阶段产生的错误的比例则接近50％。进一步分析表明,编码阶段产生的错误中语法错误占20％左右,由于未严格检查程序逻辑导致的错误、函数模块之间接口错误及由于代码可理解度低导致优化、维护引起的错误则占了一半以上。可见,提高软件质量必须降低编码阶段的错误率。要有效降低编码阶段的错误率,制订详细的编程规范并培训每一位程序员是十分有效的途径。

1. 软件编码规范的重要性

编码规范是指为了保证编码质量必须遵守的代码书写规则。编码规范一般为经验的总结,是进行软件质量控制及质量保证的手段之一。编码规范的重要性主要体现在以下几个方面:

(1)编码规范能够提高程序的可读性和可理解性。程序员编写代码的过程是属于创造性劳动,代码里通常包含有个人的思路和习惯。即使在同一个项目中,一个程序员也不一定能够完全看懂或者理解他人的代码。

(2)编码规范能使代码更易于维护。程序不是一次性产品,它需要扩展、修改和维护,但是进行这些操作的人并不一定都是原来的作者,即便是原来的作者,多年之后(或者很可能是几个月后),他们也不一定记得原先代码的细节,况且软件产业的个人英雄时代已经过去,目前几乎没有一个软件在其生命周期内是由原始作者来维护的,因此,为了让接班人能看懂原先代码的意图,必须始终编程规范。

(3)编码规范可以提高编码效率。任何人编码都不是一次性完成的,需要不断地测试和调试,以各种状态来修改自己的代码,而将代码规范化,就能更好地表达代码实现的逻辑意图,从而减少调试而成为快捷高效的代码。

(4)对编码规范的使用是将编码者个人的个性融入团队的过程,当编码者能熟练运用编码规范之后职业道路就会更加宽阔。编码规范是一种习惯,一开始习惯不养好,就永远写不出工程型代码。

(5)编码规范是进行代码评审的基础。代码编写完成后需要进行代码评审,可以是开发人员之间相互评审,也可以是开发人员和其他同行专家间的评审。通过代码评审,发现业务逻辑上实现的不合理之处,发现代码实现效率低的地方,这些都是以编码规范为基础的。

总之,程序编码规范可以直接提高软件修改时的质量因素,如可理解性、可维护性、灵活性和可测试性;也可以直接提高产品运行时的部分质量因素,如正确性;还可以间接提高软件的其他质量属性。因此,为了防止因程序编码语言的灵活性、程序员技能及经验上的差别而带来的对程序质量的影响,许多组织或者项目组都会制订编码规则规程。

2. 软件编码规范方针

编码规范因人、项目和编程语言的不同而不同，没有统一的编程规范，而只有统一的思考方法和一致的目的，因此，编码规范不需要，也用不着死记硬背，重要的是理解编码规范的制订理由及其目的。

制订编码规范时，首先要明确编程规范的制订方针。所谓方针，就是为了提高软件代码质量，程序编码所要采取策略的根本出发点。通常，编码规范的制订方针是由该软件项目及软件项目开发团队成员的具体情况和特性，如软件项目的质量要求、团队开发人员的经验和开发能力等决定的。

请看下面一段 C 语言程序：

```
Struct Sample
{
    char strAAA[5];
    char strBBB[5];
    char strCCC[5];

    Sample()
    {
        memset(strAAA, 0, sizeof(strAAA));
        memset(strBBB, 0, sizeof(strBBB));
        memset(strCCC, 0, sizeof(strCCC));
    }
}

Sample sam;
char strTemp[12]={ 'a', 'b', 'c', d', 'e', 'f', 'g', 'h', 'i', 'j', 'k', '\0'};
strcpy(sam.strAAA,strTemp);
```

当 strcpy(sam. strAAA, strTemp)语句被执行完之后，sam. strBBB 和 sam. strCCC 的值也发生了变化，分别被赋予了字符串"fghij"和"k"的值。其实 strcpy(sam. strAAA, strTemp)语句的原本意图是要对 sam. strAAA 成员进行变量赋值，结果却意外地把结构体的另外两个成员变量的值也做了修改。幸运的是被修改的这两个成员变量也被定义成字符串，没有造成大的安全问题；如果这两个成员变量定义成其他的数据类型（如 int 型）的话，将给程序带来非常大的安全隐患，可能会产生更为严重的后果。

通过分析不难发现，该安全隐患源于对 C 语言函数库中 strcpy 函数的使用不甚了解，strcpy 函数只是复制字符串但不限复制数量，也就是说，不管目的字符串有没有足够的空间来容纳源字符串，该函数都会把源字符串全部复制到目的字符串所指向的内存空间，因此该函数的使用很容易造成缓冲溢出，从而带来安全隐患。

如果把上面这段程序做一下修改，在结构体 Sample 的定义前追加下列语句：

```
#define strcpy STRCPY
#define STRCPY(strDest,strSrc) \
    memcpy((strDest),(strSrc),min(sizeof((strDest))-1,strlen((strSrc))))
```

这样安全隐患就不存在了,其原因是 strcpy 函数被 memcpy 函数替代了,操作时指定了字符串复制的长度,由此避免了缓冲溢出。

针对这样可能因使用不当而带来安全隐患的函数,需要从编码规范角度加以平衡。这时可以考虑的编码规范有两种:第一种,"对字符串进行操作时禁止使用字符串操作函数,而应采用相应的内存操作函数。如实现字符串复制功能时禁止使用 strcpy 函数而应该使用 memcpy 函数。"第二种,"对字符串进行操作时应慎用字符串操作函数。"很显然,两种编码规范的严格程度不一样,第一种比较适合于软件项目本身对产品安全性要求高而开发团队成员对 C 语言又了解不深的情况;相反,那些对产品安全性要求不高,而开发团队成员又具有丰富的 C 语言经验的软件项目,则采取第二种编程规范会更为合适,开发效率会更高。

因此,项目经理必须在具体分析项目的质量要求及团队成员能力等因素的基础上决定编码规范的制订方针。

3. 软件编码规范制订

确定了编码规范的制订方针后,项目经理可从以下几个方面考虑设置具体的编码规则和编码建议。编码规则是指在编码过程中强制要求执行的部分,而编码建议则是不作强制要求,可根据编程习惯进行取舍的部分。

1) 文件结构

文件结构的规范应该从保证编程风格的一致性角度考虑以下几个方面的内容:

(1) 文件头都通常包含文件标题、版权说明和修改履历,这些内容如何安排?

(2) 程序模块头通常都会有模块目的和功能的描述以及相关引用文件、类型定义、变量定义和函数定义,这些内容如何安排?

(3) 函数(或子过程)头通常都会有函数名、函数功能和使用方法描述、参数描述、返回值描述和错误说明,这些内容如何安排?

2) 程序排版

程序排版不会影响程序的功能,但是会影响程序的可读性。好的程序排版能让人赏心悦目,会使程序更加清晰,程序可读性大为增强;而不好的排版则让人难以为继,使程序可读性恶化。应从以下几个方面规范排版:

(1) 适当地使用空行。

(2) 适当地安排代码行。

(3) 在代码行中适当地使用缩进、空格、对齐功能。

(4) 适当地进行长行拆分。

3) 注释

注释通常会用来描述下列内容:描述文件结构的描述部分内容(如文件头、模块头和函数头的描述内容);设计过程中的决策部分内容,如数据结构和算法的选择;错误处理,

如错误情形下如何处理,程序做出了何种假设,若违背了这些假设,后果如何;复杂代码的主要思想。对注释的规范应做到以下要求:

(1) 注释应恰如其分,不要过少,也要避免不必要的注释,过犹不及。

(2) 注释应和所注释的代码保持一致。

(3) 保持注释后的程序的可读性。

4) 标识符命名

好的命名会极大地增加程序的可读性和可维护性,同时对一个由很多开发人员共同完成的大项目来说,统一的命名规则也是一项必不可少的内容。对标识符的命名规范包括命名方法、命名长度和命名风格等。对标识符的命名应该做到以下要求:

(1) 命名应直观且可拼读,可望文知义,避免令人产生误解。

(2) 命名的长度保持适中,避免过长或过短。

(3) 命名风格应统一。

5) 表达式和语句

表达式是语句的一部分,它们是不可分割的,通常需要从以下各方面制订相应的编码规范:

(1) 运算符的优先级。

(2) 复合表达式。

(3) 条件语句。

(4) 循环语句。

(5) 开关语句(如 C 语言中的 switch 语句)。

(6) 跳转语句(如 C 语言中的 goto 语句)。

对表达式和语句的编码规范应达到以下的要求:

(1) 表达式中避免使用默认优先级,适当地使用括号以免程序的可理解性变差。

(2) 语句应尽量简单,避免使用复合表达式,防止因过度复杂损害程序可理解性或者导致程序逻辑错误隐患。

(3) 条件语句中的条件应防止各种原因(如书写错误等)而导致的程序逻辑错误。

(4) 循环语句和开关语句应注意提高程序运行效率。

(5) 跳转语句的使用应慎重,以防止程序可读性和可理解性变差,或者产生程序逻辑的错误隐患。

6) 数据类型、变量和常量

数据类型、变量和常量是程序编写的基础,能否正确地使用它们将直接关系到程序的成败。数据类型包括系统的数据类型和自定义数据类型,变量包括全局变量、局部变量和静态变量,常量主要指数据常量。制订数据类型、变量和常量的使用规范应该注意达到以下要求:

(1) 规范数据类型的使用以及数据类型间的转换,以免影响程序的可移植性、可理解性、可操作性和可维护性。

(2) 应规范全局变量的使用,防止其影响程序的可理解性和模块之间的耦合性。

(3) 规范变量的赋值和初始化,以免程序产生安全隐患。

（4）规范常量的使用以提高程序的可理解性和可维护性。

7）函数（过程）

函数（过程）是程序的基本功能单元，其重要性不言而喻。如何编写出正确、高效、易于维护的函数（过程）是软件编程质量控制的关键。一个函数（过程）包括函数（过程）头、函数（过程）名、函数（过程）体、参数和返回值。对函数（过程）的规范应达到以下要求：

（1）规范参数的个数、顺序、类型以及对参数的合法性检查等以提高函数（过程）的可理解性、函数（过程）的易用性、函数（过程）的可扩展性和程序的安全性。

（2）规范返回值的类型及语义等，防止遗漏返回值，以免产生程序错误隐患。

（3）规范函数（过程）的内部实现，使得函数（过程）功能单一、规模适中、处理效率高、行为可预测，从而提高函数（过程）的独立性、可读性、效率和可维护性。

（4）规范函数调用时的行为，一方面防止函数（过程）处理错误的扩大，提高系统的稳定性和安全性；另一方面防止函数（过程）之间的过度耦合，提高模块的可复用性。

8）内存管理

对内存的管理，C语言以外的编程语言可能不需要过多地考虑，但是对于C语言的程序需要制订对内存使用和指针使用的规则，否则非常容易产生内存泄露、非法访问等非常致命的程序错误。

9）其他方面的规范

比如，针对有界面设计的程序，应该制订界面设计规范，以提高程序在视觉和功能上的一致性，提高生产率，减轻由于应用程序的界面不同而引起的混乱，给用户一种稳定感。另外，针对程序开发环境应制订开发环境规范。

4. 软件编码规范示例

下面以C语言为例给出一个软件编码规范示例以供读者参考（见表3-2）。

表 3-2　编码规范示例

序号	编码规范条款
1　文件结构	
1-1	为了防止头文件被重复引用，应当用 ifndef/define/endif 结构产生预处理块
1-2	用 #include <filename. h> 格式来引用标准库的头文件
1-3	用 #include "filename. h" 格式来引用非标准库的头文件
1-4*	建议头文件中只存放"声明"而不存放"定义"
1-5*	不提倡使用全局变量，建议尽量不要在头文件中出现像 extern int value 这类声明
1-6*	如果一个软件的头文件数目比较多（比如超过10个），建议将头文件和定义文件分别保存于不同的目录，以便于维护。如果某些头文件是私有的，它不会被用户的程序直接引用，则没有必要公开其"声明"。为了加强信息隐藏，这些私有的头文件可以和定义文件存放于同一个目录

续表

序号	编码规范条款
2	程序排版
2-1	程序块要采用缩进风格编写,缩进的空格数为 4 个
2-2	相对独立的程序块之间、变量说明之后必须加空行
2-3	较长的语句(如循环、判断等语句)要分成多行书写,长表达式要在低优先级操作符处划分新行,操作符放在新行之首,划分出的新行要进行适当的缩进,使排版整齐,语句可读
2-4	若函数(过程)中的参数较长,则要进行适当的划分
2-5	不允许把多个短语句写在一行中,即一行只写一条语句
2-6	if、while、for、default、do 等语句自占一行
2-7	对齐只使用空格键,不使用 Tab 键
2-8	程序块的分界符大括号"{"和"}"应各独占一行并且位于同一列,同时与引用它们的语句左对齐。在函数(过程)体的开始、类的定义、结构的定义、枚举的定义以及 if、for、do、while、switch 和 case 语句中的程序都要采用缩进风格
2-9	在两个以上的关键字、变量和常量进行对等操作时,它们之间的操作符之前、之后或者前后要加空格;进行非对等操作时,如果是关系密切的立即操作符(如->),后面不应加空格
2-10*	建议一行程序以小于 80 字符为宜,不要写得过长
3	注释
3-1*	一般情况下,建议源程序有效注释量在 20% 以上
3-2	说明性文件(如头文件.h 文件、.inc 文件、.def 文件、编译说明文件.cfg 等)头部应进行注释,注释必列出版权说明、版本号、生成日期、作者、内容、功能、与其他文件的关系和修改履历等,头文件的注释中还应有函数功能的简要说明
3-3	源文件头部应进行注释,列出版权说明、版本号、生成日期、作者、模块目的/功能、主要函数及其功能、修改履历等
3-4	函数头部应进行注释,列出函数的目的/功能、输入参数、输出参数、返回值、调用关系(函数、表)和错误说明等
3-5	边写代码边注释,修改代码同时修改相应的注释,以保证注释与代码的一致性。不再有用的注释要删除
3-6	注释的内容要清楚、明了,含义准确,防止注释有二义性
3-7	避免在注释中使用缩写,特别是非常用缩写
3-8	注释应与其描述的代码相近,对代码的注释应放在其上方或右方(对单条语句的注释)相邻位置,不可放在下面,如放于上方则需与其上面的代码用空行隔开
3-9	对于所有有物理含义的变量和常量,如果其命名不是充分自注释的,在声明时都必须加以注释,说明其物理含义。变量、常量和宏的注释应放在其上方相邻位置或右方
3-10	数据结构声明(包括数组、结构、类和枚举等),如果其命名不是充分自注释的,必须加以注释。对数据结构的注释应放在其上方相邻位置,不可放在下面;对结构中的每个域的注释放在此域的右方
3-11	全局变量要有较详细的注释,包括对其功能、取值范围、哪些函数或过程存取它以及存取时的注意事项等的说明

序号	编码规范条款
3-12	注释与所描述内容进行同样的缩排
3-13	将注释与其上面的代码用空行隔开
3-14*	建议对变量的定义和分支语句(条件分支、循环语句等)应该编写注释
3-15	对于 switch 语句下的 case 语句,如果因为特殊情况需要处理完一个 case 后进入下一个 case 处理,必须在该 case 语句处理完、下一个 case 语句前加上明确的注释
3-16*	注释格式尽量统一,建议使用"/* …… */"
3-17	避免在一行代码或表达式的中间插入注释

4　标识符命名

序号	编码规范条款
4-1	标识符的命名要清晰、明了,有明确含义,同时使用完整的单词或大家基本可以理解的缩写,避免使人产生误解
4-2	命名中若使用特殊约定或缩写,则要有注释说明
4-3	自己特有的命名风格要自始至终保持一致,不可来回变化
4-4	对于变量命名,禁止取单个字符(如 i、j、k、…),除了要有具体含义外,还要能表明其变量类型、数据类型等;但 i、j、k 作局部循环变量是允许的
4-5	命名规范必须与所使用的系统风格保持一致,并在同一项目中统一,比如采用 UNIX 的全小写加下划线的风格或大小写混排的方式,不要使用大小写与下划线混排的方式
4-6*	除非逻辑上的确需要,建议尽量避免名字中出现数字编号,如 Value1、Value2 等

5　表达式和语句

序号	编码规范条款
5-1	注意运算符的优先级,并用括号明确表达式的操作顺序,避免使用默认优先级
5-2	不要编写太复杂的复合表达式
5-3	不要编写多用途的复合表达式
5-4	不要把程序中的复合表达式与"真正的数学表达式"相混淆
5-5	不可将布尔变量直接与 TRUE、FALSE 或者 1、0 进行比较
5-6	应当将整型变量用"=="或"!="直接与 0 比较
5-7	不可将浮点变量用"=="或"!="与任何数字比较
5-8	应当将指针变量用"=="或"!="与 NULL 比较
5-9	为了防止将变量和常数的条件语句误写成赋值语句,请有意把变量和常量的顺序颠倒
5-10*	建议 if…else…语句尽量配对书写
5-11*	在多重循环中,如果有可能,建议将最长的循环放在最内层,最短的循环放在最外层,以减少 CPU 跨切循环层的次数
5-12*	如果循环体内存在逻辑判断,并且循环次数很大,建议将逻辑判断移到循环体的外面
5-13	不可在 for 循环体内修改循环变量,防止 for 循环失去控制
5-14*	建议 for 语句的循环控制变量的取值采用"半开半闭区间"写法

续表

序号	编码规范条款
5-15	每个 case 语句的结尾不要忘了加 break,否则将导致多个分支重叠(除非有意使多个分支重叠)
5-16	不要忘记最后那个 default 分支
6　数据类型、变量和常量	
6-1	去掉不必要的全局变量
6-2	仔细定义并明确全局变量的含义、作用、取值范围及全局变量间的关系
6-3	明确全局变量与操作此全局变量的函数或过程的关系,如访问、修改及创建等
6-4	当向全局变量传递数据时要十分小心,防止赋予其不合理的值或越界等现象发生
6-5	防止局部变量与全局变量同名
6-6	严禁使用未经初始化的变量作为右值
6-7	避免使用不易理解的数字,用有意义的标识来替代。涉及物理状态或者含有物理意义的常量时,不应直接使用数字,必须用有意义的枚举或宏来代替
6-8	如果某一常量与其他常量密切相关,应在定义中包含这种关系,而不应给出一些孤立的值
6-9	使用严格形式定义的、可移植的数据类型,尽量不要使用与具体硬件或软件环境关系密切的变量
6-10	要注意数据类型的强制转换
7　函数(过程)	
7-1	对所调用函数的错误返回值要仔细、全面地处理
7-2	明确函数功能,精确(而不是近似)地实现函数设计
7-3	编写可重入函数时,应注意局部变量的使用(如编写 C/C++ 语言的可重入函数时,应使用 auto 即默认态局部变量或寄存器变量)
7-4	编写可重入函数时,若使用全局变量,则应通过关中断、信号量(即 P、V 操作)等手段对其加以保护
7-5	防止将函数的参数作为工作变量
7-6*	建议函数的规模尽量限制在 200 行以内
7-7	一个函数仅完成一件功能
7-8	参数的书写要完整,不要贪图省事只写参数的类型而省略参数名字。如果函数没有参数,则用 void 填充
7-9	参数命名要恰当,顺序要合理
7-10	如果参数是指针,且仅作输入用,则应在类型前加 const,以防止该指针在函数体内被意外修改
7-11*	建议避免函数有太多的参数,参数个数尽量控制在 5 个以内。如果参数太多,在使用时容易将参数类型或顺序搞错
7-12*	建议尽量不要使用类型和数目不确定的参数
7-13	不要省略返回值的类型

序号	编码规范条款
7-14	函数名字与返回值类型在语义上不可冲突
7-15*	如果函数的返回值是一个对象,建议有些场合用"引用传递"替换"值传递",可以提高效率
7-16	在函数体的"入口处",对参数的有效性进行检查
7-17	在函数体的"出口处",对 return 语句的正确性和效率进行检查
7-18*	建议避免函数带有"记忆"功能,相同的输入应当产生相同的输出
7-19*	建议尽量少用 static 局部变量,除非必需
7-20*	建议不仅要检查输入参数的有效性,还要检查通过其他途径进入函数体内的变量的有效性,例如全局变量、文件句柄等
7-21	引用被创建的同时必须被初始化
7-22	能用引用传递解决问题的地方不用指针传递
8 内存管理	
8-1	用 malloc 或 new 申请内存之后,应该立即检查指针值是否为 NULL,防止使用指针值为 NULL 的内存
8-2	不要忘记为数组和动态内存赋初值,防止将未被初始化的内存作为右值使用
8-3	避免数组或指针的下标越界,特别要当心发生"多 1"或者"少 1"操作
8-4	动态内存的申请与释放必须配对,防止内存泄漏
8-5	用 free 或 delete 释放了内存之后,立即将指针设置为 NULL,防止产生"野指针"
8-6	如果函数的参数是一个指针,不要指望用该指针去申请动态内存
8-7	如果非得要用指针参数去申请内存,那么应该改用"指向指针的指针"
8-8	不要用 return 语句返回指向"栈内存"的指针(因为该内存在函数结束时自动消亡)

(注:序号中带有 * 的表示该编码规范条款为编码建议。)

3.3 软件支持过程规范

3.3.1 软件支持过程概述

软件支持过程顾名思义就是指支持软件过程的过程,其中包括软件配置管理、软件质量保证、验证过程、确认过程、评审过程、审核过程和问题解决过程,如图 3-6 所示。

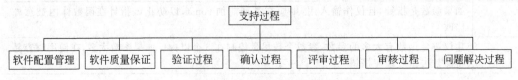

图 3-6 软件支持过程的构成

软件配置管理主要管理软件配置项的标识、控制、状态记录、评价、发行和交付。软件质量保证主要负责软件产品、软件过程和质量体系的质量保证。验证过程是确保一个活动的工作产品满足其前一活动对其的要求和条件的过程,如检查设计是否满足需求的过程、编码是否满足设计要求的过程。确认过程是确保最终产品满足用户预期使用要求的过程,主要是确认测试结果、软件产品的用途和适用性的过程。评审过程是指评审方与被评审方共同对某一活动状态或工作产品进行讨论和评价的过程,包括项目管理评审、技术评审和过程评审。审核过程是指审核项目是否按要求、计划和合同完成的过程,该过程一般由第三方实施。问题解决过程通常是指分析和解决开发、运行和维护中出现的问题,以便及时提供响应对策的过程。

审核过程不属于本书重点,因此不做介绍。验证过程和确认过程一般通过软件评审和软件测试来实施,这些内容将在本书的相关章节中有所涉及。因此本节将对软件配置管理、软件质量保证、问题解决(分析与决策)过程和软件评审规范做详细介绍。

3.3.2 软件配置管理

随着软件团队人员的增加,软件版本的不断变化,开发时间的紧迫以及多平台开发环境的采用,使得软件开发面临越来越多的问题,其中包括对当前多种产品的开发和维护,保证产品版本的精确,重建先前发布的产品,加强开发政策的统一和对特殊版本需求的处理,等等,解决这些问题的唯一途径是加强管理,而软件开发管理的核心是软件配置管理。本节主要介绍作为软件工程规格之一的软件配置管理(Software Configuration Management,SCM)问题。

1. 软件配置管理概述

配置的概念最早应用于制造业,其目的是为了有效识别复杂系统的各个组成部分,如制造业很早就有物料清单(Bill of Materials,BOM)的概念。例如,计算机系统的 CPU、磁盘以及外设配置及其相应的规格、型号等。随着计算机软件的发展,它已由最初的"程序设计阶段"经历了"程序系统阶段",进而演变为当前的"软件工程阶段",软件的复杂性日益增大。此时,如果仍然把软件看成一个单一的整体,就无法解决所面临的问题,因此软件产品同样需要类似物料清单的概念,于是配置的概念被逐渐引入软件领域,人们越来越重视软件配置的管理工作。

那么,什么是软件配置管理? 软件配置管理,简单而言就是管理软件的变化,它应用于整个软件工程过程,通常由相应的工具、过程和方法学组成。

作为实施软件配置管理的好处,实施有效的软件配置管理可以解决软件开发中的以下常见问题:

(1) 开发人员未经授权修改代码或文档。

(2) 人员流动造成组织的软件核心技术泄密。

(3) 找不到某个文件的历史版本。

(4) 无法重现历史版本。

(5) 无法重新编译某个历史版本,使维护工作十分困难。

(6) 进行版本合并时,开发冻结,造成进度延误。

(7) 软件系统复杂,编译速度慢,造成进度延误。

(8) 因一些特性无法按期完成而影响整个项目的进度或导致整个项目失败。

(9) 已修复的缺陷在新版本中出现。

(10) 配置管理制度难于实施。

(11) 分处异地的开发团队难于协同,可能会造成重复工作,并导致系统集成困难。

2. 软件配置管理的相关概念

1) 软件配置(software configuration)

软件配置是说明软件组成的一种术语,是指开发过程中构成软件产品的各种文档(包括机器可读和人工可读)、程序及其数据的优化组合。

2) 配置项(Software Configuration Item,SCI)

软件配置中的每一个元素称为一个配置项,它是软件配置管理的对象和基本单位。配置项主要包括以下内容:

(1) 交付给客户的产品部分(如需求文档、设计文档、代码、测试文档、软件说明和手册等)。

(2) 项目管理和支撑过程中产生的文档,如项目计划书、项目周报、项目会议纪要等,这些文档虽然不是交付给客户产品的组成部分,却是有价值的过程数据,值得保存。

(3) 开发过程中的内部工作产品(如评审记录、QA 周报和 QA 不符合项报告等)。

(4) 从外部获得的产品和工具等。

配置项的主要属性有:名称、标识符、文件状态、版本、作者和日期等。所有配置项都被保存在配置库里,确保不会混淆或丢失。

3) 软件基线

由一组被正式评审和批准通过的从而可以作为未来开发基础的规格或工作产品的集合,基线的变更是受控的。一般而言,往往在一个开发阶段的结束处形成该阶段的开发产物的基线。简单说,它是项目储存库中每个工件版本在特定时期的一个"快照"。它提供一个正式标准,随后的工作基于此标准,并且只有经过授权后才能变更这个标准。基线通常对应于开发过程中的里程碑。

4) 基线配置项和非基线配置项

若把软件开发过程中所有需要加以控制的配置项进行分类的话,可以分为基线配置项和非基线配置项两类。所谓基线配置项是指需要按照基线要求进行管理的配置项,反之,就是非基线配置项。

5) 情报库

用于存放一些记录性数据或者资源,比如会议记录等的存储库。所有项目利害关系人都具有读和追加的权限,但没有删除的权限。由于是记录性数据,一般不会发生修改,因此不需要写情报库的权限。

6) 工作库

用于存放开发过程中所有与开发相关的工作产物的存储库。所有项目利害关系人对其都具有读、写和追加的权限,能够进行开发工作,但没有删除的权限。

7) 基线库

用于存放软件基线的存储库。配置管理员对基线库具有全部(读、写、追加和删除)权限,项目经理和开发组成员对基线库只有读的权限。

8) 产品库

用于存放交付给客户的产品的存储库。配置管理员对产品库具有全部(读、写、追加和删除)权限,项目经理对产品库只具有读的权限。

3. 软件配置管理过程

软件配置管理即对软件配置项的管理,按照管理的严格程度从低到高分为 3 个层次:

1) 存档管理

存档管理即对配置项只需要存档即可,比如会议记录。

2) 版本管理

版本管理即对配置项需要进行版本控制。

3) 基线管理

基线管理是对配置项不仅要实施存档,还要进行版本控制,除此之外对配置项的变更也要进行审查,这种管理是配置项管理中最严格的方式。

以上 3 种层次的管理及相应的审查方式如表 3-3 所示。

表 3-3　配置管理级别及相应的审查方式

配置管理级别	内容变更审查	版本变更审查	存档审查	典型配置项示例
存档管理	不需要	不需要	需要	会议记录
版本管理	不需要	需要	需要	操作手册
基线管理	需要	需要	需要	程序代码、各类设计书

软件配置管理的主要控制目标有以下 4 个:标识变更、控制变更、确保变更的正确实现和向受变更影响的组织和个人报告变更。为了实现上述控制目标,软件配置管理过程主要有以下 5 个活动:

(1) 制订配置管理计划。

(2) 软件配置库管理。

(3) 配置项版本控制。

(4) 配置项变更控制。

(5) 配置审计。

5 个活动的流程图如图 3-7 所示。

4. 软件配置管理计划

项目整体开发计划确定之后,软件配置管理的活动就开始了。因为如果不在项目开始之初制订软件配置管理计划,那么软件配置管理的许多关键活动就无法及时有效地进行,它的直接后果就是造成项目开发状况的混乱,并注定软件配置管理活动成为一种"救火"的行为,因此及时制订软件配置管理计划在一定程度上是项目成功的重要保证。

项目配置管理计划的主要内容包括配置管理软硬件资源、配置项计划、基线计划、交付计划、备份计划等,一般由项目经理确认后实施。

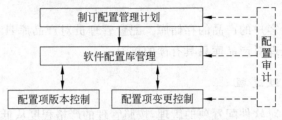

图 3-7　配置管理过程活动流程图

【参与人员】
◆ 项目经理;
◆ 配置管理员。

【开始准则】
《软件项目开发计划》已经确认生效并开始实施。

【结束准则】
《项目配置管理计划》制作并评审结束。

【输入】
《软件项目开发计划》。

【输出】
《项目配置管理计划》。

【主要活动】
[Step1] 确定配置管理的软硬件资源。

配置管理员根据项目的规模以及项目费用情况确定配置管理软件以及计算机资源。常用的配置管理软件有 Visual SourceSafe(VSS)、Concurrent Versions System(CVS)和 Subversion(SVN)等。

[Step2] 制订配置项计划。

配置管理员识别项目的配置项。配置项可以是大粒度的,也可以是小粒度的。例如,如果跟踪个别需求,那么不必把整个软件需求规格说明书定义为一个配置项,可以把每个需求的对应文档定义为配置项;如果把软件开发工具也放入配置库,那么把配置项定义为文件级就不合适,只需要跟踪开发工具的版本,即把整个开发工具定义为一个配置项就足够了。简而言之,配置管理可以是文件级的,也可以是文件版本级的。当然,粒度越小,管理的成本越高,但是配置的精度也就越高。

配置管理员为每个配置项分配唯一的标识,并定义配置项之间的对应关系,确定每个配置项的责任者、建立时间和存储位置,建立各个配置项的计划。

［Step3］制订基线计划。

配置管理员确定每个基线的名称（标识符）及其主要配置项，参考《软件项目开发计划》确定每个基线建立的时间，建立基线计划。命名基线时须注意，基线名字在整个开发过程中不能重复。一般基线的建立可参考以下准则：

(1) 在生命周期的各阶段；

(2) 当工作产品准备好可进行测试的时候；

(3) 工作产品需要某种程度控制的时候；

(4) 成本和进度的界限；

(5) 客户有要求时。

［Step4］制订配置库备份计划。

配置管理员制订配置库备份计划，指明"何人"在"何时"（频度）将配置库备份到"何处"。

［Step5］制作并评审配置管理计划。

按照相应文档规范制作《项目配置管理计划》，项目经理评审《项目配置管理计划》。如有缺陷或问题，配置管理员根据项目经理的意见修改《项目配置管理计划》，直到该计划被批准为止。

软件配置管理计划的主要活动流程图如图 3-8 所示。

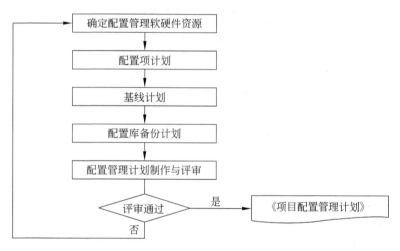

图 3-8　配置管理计划活动流程图

5. 配置库管理

决定配置库的结构是配置管理活动的重要基础。一般常用的是两种组织形式：按配置项类型分类建库和按任务建库。

按配置项的类型分类建库的方式适用于通用的应用软件开发组织。这样的组织一般产品的继承性较强，工具比较统一，对并行开发有一定的需求。使用这样的库结构有利于对配置项的统一管理和控制，同时也能提高编译和发布的效率。但由于这样的库结构并不是面向各个开发团队的开发任务的，所以可能会造成开发人员的工作目录结构过于复杂，带来一些不必要的麻烦。

而按任务建立相应的配置库则适用于专业软件的研发组织。在这样的组织内,使用的开发工具种类繁多,开发模式以线性发展为主,所以就没有必要把配置项严格地分类存储,否则会人为增加目录的复杂性。因此,对于研发性的软件组织来说,还是采用这种设置策略比较灵活。

软件外包开发组织中一般常采用按配置项类型分类建立配置库。《项目配置管理计划》批准后,配置管理员为项目创建配置库,一般包括情报库、工作库、基线库和产品库。配置库的使用概要流程如图 3-9 所示。

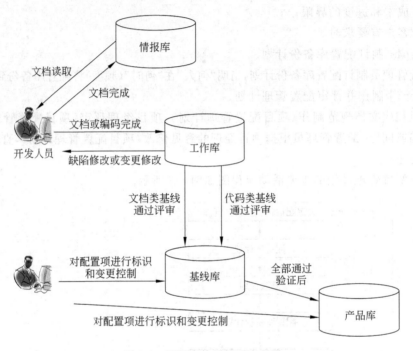

图 3-9 配置库使用概要流程图

【参与人员】

◆ 项目经理;

◆ 配置管理员;

◆ 项目组成员。

【开始准则】

《项目配置管理计划》已经确认,且配置管理实施软硬件准备到位。

【结束准则】

项目配置库建立,权限分配完毕。

【输入】

《项目配置管理计划》。

【输出】

《项目配置库管理报告》。

【主要活动】

［Step1］创建配置库。

在选定的配置管理系统中,配置管理员创建配置库(包括情报库、工作库、基线库和产品库),并且为每个配置库至少创建第一级目录。

［Step2］分配权限。

配置管理员为每个项目成员及项目利害关系人分配相应的操作权限。一般地,各种角色的操作权限按照表 3-4 设定,配置管理员享有最高的权限。具体操作视所采用的配置管理软件而定。

表 3-4　角色与操作权限对应表

角色与操作权限		权　　限			
		读	写	追加	删除
情报库	项目组成员	有	有	有	无
	项目经理	有	有	有	无
	配置管理员	有	有	有	有
	QA 人员	有	有	有	无
工作库	项目组成员	有	有	有	无
	项目经理	有	有	有	无
	配置管理员	有	有	有	有
	QA 人员	有	有	有	无
基线库	项目组成员	有	无	无	无
	项目经理	有	无	无	无
	配置管理员	有	有	有	有
	QA 人员	有	无	无	无
产品库	项目组成员	无	无	无	无
	项目经理	有	无	无	无
	配置管理员	有	有	有	有
	QA 人员	有	无	无	无

［Step3］配置库操作与管理。

(1) 项目组成员根据自己的权限操作配置库,例如 Add、Checkin/Checkout 和 Delete 等。

(2) 配置管理员根据配置管理计划的基线计划创建与维护基线,"冻结"配置项,控制变更。

(3) 配置管理员定期清除配置库里的垃圾文件。

(4) 配置管理员定期备份配置库。

(5) 配置管理员建立配置管理记录,制作《项目配置库管理报告》。

(6) 交付管理。这里"交付"是指从配置库中提取配置项,交付给客户或项目外的人员。交付出去的配置项必须有据可查,避免发生混乱。

6. 配置项版本控制

版本控制的对象是软件开发过程中涉及的所有文件系统对象,包括文件、目录和链接。可定版本的文件包括源代码、可执行文件、位图文件、需求文档、设计说明、测试计划和一些 ASCII 和非 ASCII 文件等。目录的版本记录了目录的变化历史,包括新文件的建立、新的子目录的创建、已有文件或子目录的重新命名、已有文件或子目录的删除等。

版本控制的目的在于对软件开发进程中文件或目录的发展过程提供有效的追踪手段,保证在需要时可回到旧的版本,避免文件的丢失、修改的丢失和相互覆盖,通过对版本库的访问控制避免未经授权的访问和修改,达到有效保护企业软件资产和知识产权的目的。另外版本控制是实现团队并行开发、提高开发效率的基础。

版本控制实际上就是对版本的各种操作的控制,包括控制检入检出、版本的分支和合并、版本的历史记录。这些控制功能实际上是所有配置管理系统(如 CVS 和 SVN 系统)的核心功能,配置管理系统的其他功能都建立在版本控制之上,这里就不再赘述版本控制的规范,只要把这些交给配置管理系统去完成就可以了。但值得一提的是,读者需对配置项的版本的命名制订命名规则。

7. 配置项变更控制

在项目开发过程中,配置项发生变更几乎是不可避免的。配置项变更的原因通常有两种:需求变更(包括需求追加)和缺陷修改。变更控制的目的就是为了防止配置项被随意修改而导致混乱。当配置项的正式发布被放入基线库之后,任何人都不能随意修改,必须依据"申请—审批—执行变更—再评审—结束"的规则执行,参见如图 3-10 所示的变更控制流程图。

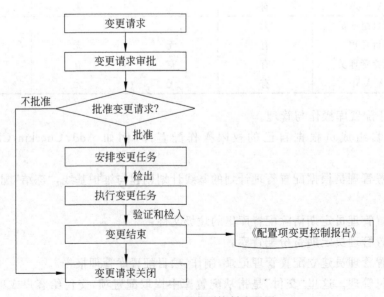

图 3-10 配置项变更控制流程图

通常所说的配置项变更控制一般都是针对基线配置项的变更而言,必须经过相关责任人的审批,修改者才能对该基线配置项进行修改,而修改非基线配置项则相对要求较低。

【参与人员】

◆ 项目经理;

◆ 项目组成员;

◆ 配置管理员;

◆ 配置管理责任部门(大的软件组织一般设置一个或多个变更控制委员会,小的软件组织可能设置配置管理小组)。

【开始准则】

待变更的配置项已经成为某个基线的一部分。

【结束准则】

项目经理确认《配置项变更控制报告》完毕。

【输入】

待变更的配置项。

【输出】

《配置项变更控制报告》。

【主要活动】

[Step1] 变更申请。

变更申请人向项目经理提出变更的申请,重点说明变更内容和变更原因并评估变更对其他配置项的影响及对项目造成的影响。接到变更申请后,项目经理评估变更带来的影响,分析变更所需花费的时间、工作量、成本及变更带来的风险等,并向配置管理责任部门提出申请。

[Step2] 审批变更申请。

配置管理责任部门审批该申请,评估此变更对配置管理造成的影响。由于一个配置项的变更可能导致其他配置项也发生变更,配置管理责任部门在审批变更申请时一定要考虑这些问题。如果该申请变更得不到批准,变更控制流程结束。

[Step3] 安排变更任务。

项目经理根据因变更受影响的内容分别指定各部分的变更执行人,安排变更任务。实施变更之前,项目经理必须和各变更执行人就变更内容达成共识,以免产生变更错误。

[Step4] 执行变更任务。

变更执行人根据项目经理安排的任务修改配置项。变更配置项时,须由配置管理人员从配置库中按照要求检出配置项,交由变更执行人修改,验证合格后,再由配置管理员检入配置库。

[Step5] 确认变更执行结果。

当配置项的变更完成之后,项目经理必须进行确认以确保该变更正确无误地被完成。

[Step6] 结束变更。

当所有变更后的配置项被确认之后,这些配置项可以正式发布以再次进入基线。变更执行人制作《配置项变更控制报告》并经项目经理确认后变更结束。

8. 配置审计

为了保证所有人员(包括项目组成员、配置管理员和项目经理)都遵守配置管理规范,在配置管理过程中,应对配置管理过程进行定期的审计和监察工作,主要包括以下两个方面:

(1)配置管理责任部门实施配置审计以维护配置基线的完整性,建议实施配置审计周期为 1 个月实施一次。

① 参照基线计划,针对基线产物和基线形成记录,评定基线的完整性。

② 参照变更控制报告,针对基线产物和基线变更记录,评定基线的完整性。

③ 确认配置管理中已正确识别基线配置项和非基线配置项,并具有相应的唯一标识,同时符合版本控制规范。

④ 审查配置管理系统中配置项的操作记录,以确保其完整性和正确性。

⑤ 确定符合适用的配置管理标准。

(2)QA 人员对配置管理是否按照《项目配置管理计划》在实施以及配置管理过程是否符合既定规范进行监察,便于及时发现问题并予以纠正解决。

9. 软件配置管理主要成果

综合上述管理过程规范,管理过程的主要成果有《项目配置管理计划》、《项目配置库管理报告》和《配置项变更控制报告》。下面详细介绍这 3 种文档的模板供读者参考。

1)项目配置管理计划

该文档建议采用 Word 文档格式进行制作。

项目配置管理计划

1. 项目基本信息

项目编号		项目生命周期模型	
项目名称			

2. 人员及职责

根据项目计划中的角色分配确定配置管理员和配置控制委员会成员。

角　　色	姓　　名	职责及工作范围

3. 配置管理软硬件资源

配置管理员确定配置管理软件和计算机资源。

资　源　名	说　　　明
配置管理软件名称	厂商、软件版本等
计算机资源名称	内存、外存和 CPU 等

4. 配置项计划

配置管理员标识配置项,估计每个配置项的正式发布时间。

类　　　型	主要配置项	标　识　符	计划正式发布时间

5. 基线计划

配置管理员确定每个基线的名称(标识符)及其主要配置项,并确定基线建立的时间。

基线名称	标　识　符	包含的主要配置项	计划建立时间

6. 配置库备份计划

配置管理员确定配置库备份计划,指明"何人"在"何时"(频度)将配置库备份到"何处"。

备份时间	备　份　人	备份内容	备份方式	目　的　地

7. 审批意见

负责人签字: 日期:

2）项目配置库管理报告

该文档建议采用 Word 文档格式进行制作。

项目配置库管理报告

1. 项目基本信息

项目编号		项目生命周期模型	
项目名称			

2. 配置管理基本信息

基 本 信 息	内 容
配置管理员	
配置控制委员会成员	
配置管理计算机	
配置管理软件	
配置库名称	
...	

3. 项目成员的操作权限

项目成员	权 限	说 明

4. 配置项记录

主要配置项	正式发布日期	作 者	版本变化历史

5. 基线记录

基 线 名 称	标 识 符	包含的主要配置项	备 注

6. 配置库备份记录

批 次	备 份 日 期	备 份 内 容	备份目的地	备 份 方 式	责 任 人

7. 配置项交付记录

配置管理员依据相关批示从配置库中提取配置项交付给接受人。

批 次	交 付 日 期	交 付 内 容	相 关 批 示	接 受 人

8. 配置库重要操作日志

日 期	人 员	操 作 内 容

3）配置项变更控制报告

该文档建议采用 Excel 文档格式进行制作。

配置项变更控制报告

项目编号		项目生命周期模型	
项目名称			

1. 变更申请

申请变更的配置项	输入名称、版本和日期等信息
变更的内容及其理由	
估计配置项变更将对项目造成的影响	
变更申请人签字	

续表

2. 审批变更申请		
审批意见	审批意见 审批者签字： 日期：	
批准变更的配置项	变更执行人	时间限制

3. 变更配置项			
变更后配置项	重新评审结论	完成日期	责任人

10. 软件配置管理案例

下面以"面向某客户的工程项目文件比较工具软件开发"项目的配置管理为例说明配置管理的活动规范。

1）项目配置管理计划

项目配置管理计划

1. 项目基本信息

项目编号	PJ_TR_2011_035	项目生命周期模型	瀑布模型
项目名称	面向某客户的工程项目文件比较工具软件开发		

2. 人员及职责

角 色	姓 名	职责及工作范围
配置管理员	王举峰	负责本项目配置管理的全部工作
配置管理小组组长	张小学	负责公司配置管理审计
配置管理小组成员	张承龙	负责公司配置管理审计
配置管理小组成员	李华根	负责公司配置管理审计

3. 配置管理软硬件资源

资 源 名	说 明
配置管理软件名称	TortoiseSVN 1.4.6
SVN 服务器名称	SVN-Server
SVN 服务器 IP	192.168.168.142
SVN 服务器硬件配置	内存：4GB；硬盘：1TB；CPU：Intel 酷睿 i5 2320 3000MHz
SVN 服务器软件配置	OS：Windows Server 2003，Web Server：Apache Server 2.2.6

4. 配置项计划

类型	主要配置项	标 识 符	计划正式发布时间
合同	开发合同	QTD_Diff_TCM_Contract	2011/10/8
立项	软件项目开发方针书	QTD_Diff_PIM_DevPolicy	2011/10/14
	软件项目开发体制	QTD_Diff_PIM_DevSystem	2011/10/12
计划	软件项目开发计划	QTD_Diff_PLAN_Project	2011/10/13
	项目质量保证计划	QTD_Diff_ PLAN_QualityAssurance	2011/10/14
	项目配置管理计划	QTD_Diff_PLAN_ConfigManagement	2011/10/14
	项目风险管理计划	QTD_Diff_PLAN_Risk	2011/10/14
	项目沟通管理计划	QTD_Diff_PLAN_Communication	2011/10/14
需求	软件产品规格说明书	QTD_Diff_REQ_ProduceSpec	2011/11/18
	用户 DEMO（原型）	QTD_Diff_REQ_Prototype	2011/10/31
设计	概要设计说明书	QTD_Diff_DES_SummaryDesign	2011/11/7
	详细设计说明书	QTD_Diff_DES_DetailDesign	2011/11/16
	Shape 元素比较算法设计说明书	QTD_Diff_DES_ShapeAlgorithm	2011/11/16
编程	源代码	QTD_Diff_ CODE_Code	2011/12/28
	编程规范	QTD_Diff_CODE_CodingSpec	2011/11/30
测试	单元测试说明书	QTD_Diff_TST_PTRM	2011/12/28
	单元测试成绩书	QTD_Diff_TST_PTResult	2011/12/31
	集成测试说明书	QTD_Diff_TST_ITRM	2011/12/29
	集成测试成绩书	QTD_Diff_ TST_ITResult	2012/1/9
	系统测试说明书	QTD_Diff_ TST_STRM	2011/12/30
	系统测试成绩书	QTD_Diff_ TST_STResult	2012/1/16

续表

类型	主要配置项	标 识 符	计划正式 发布时间
交付	软件操作手册	QTD_Diff_DELV_Manual	2012/12/26
	软件安装程序	QTD_Diff_DELV_Installer	2012/1/16
结项	项目完了总结报告书	QTD_Diff_PCM_Summary	2012/1/27
管理	项目问题管理表	QTD_Diff_MNG_Problem	2011/10/14
	变更管理表	QTD_Diff_ MNG_Change	2011/10/14
	项目利害关系人管理表	QTD_Diff_ MNG_Stakeholder	2011/10/14
	风险管理表	QTD_Diff_ MNG_Risk	2011/10/14
	缺陷管理表	QTD_Diff_ MNG_Bug	2011/10/14

5. 基线计划

基线名称	标 识 符	包含的主要配置项	计划建立时间
需求基线	RQ_BASELINE	软件产品规格说明书	2011/11/18
		用户 DEMO（原型）	2011/10/31
设计基线	DS_BASELINE	概要设计说明书	2011/12/1
		详细设计说明书	2011/12/5
		Shape 元素比较算法设计说明书	2011/11/18
代码基线	CD_BASELINE	源代码	2011/12/28
测试基线	TS_BASELINE	单元测试说明书	2011/12/28
		集成测试说明书	2011/12/29
		系统测试说明书	2011/12/30

6. 配置库备份计划

备份时间	备份人	备份内容	备份方式	目的地
每天夜间 12:00	IT 担当	SVN 服务器数据	自动	镜像硬盘

7. 审批意见

同意该配置管理计划，请按照该计划实施。

负责人签字：李红霞
日期：2011-10-15

2）项目配置库管理报告

项目配置库管理报告

1. 项目基本信息

项目编号	PJ_TR_2011_035	项目生命周期模型	瀑布模型
项目名称	面向某客户的工程项目文件比较工具软件开发		

2. 配置管理基本信息

基 本 信 息	内 容
配置管理员	王举峰
配置管理小组	张小学、张承龙、李华根
配置管理计算机	SVN-Server
配置管理软件	TortoiseSVN 1.4.6
配置库名称	DIFF_SYSTEM_SVN

3. 项目成员的操作权限

项目成员	权 限	说 明
李红霞	情报库：RWA；工作库：RWA；基线库：R；产品库：R	
许新	情报库：RWA；工作库：RWA；基线库：R	
王蝶丽	情报库：RWA；工作库：RWA；基线库：R	
陶樱斐	情报库：RWA；工作库：RWA；基线库：R	
王峰举	情报库：RWAD；工作库：RWAD；基线库：RWAD；产品库：RWAD	
沈佳	情报库：RWA；工作库：RWA；基线库：R；产品库：R	

4. 配置项记录

主要配置项	正式发布日期	作 者	版本变化历史
软件项目开发方针书	2011/10/14	李红霞	共 3 版，最新 V3.0
软件项目开发体制	2011/10/14	李红霞	共 1 版，最新 V1.0
软件项目开发计划	2011/10/14	李红霞	共 5 版，最新 V5.0

5. 基线记录

截至目前无基线记录。

6. 配置库备份记录

实施自动备份,详细参考服务器备份日志。

7. 配置项交付记录

批次	交 付 日 期	交 付 内 容	SCM 小组批示	接受人
1	2011/10/11	软件项目开发方针书	SCM_1	李红霞
	2011/10/11	软件项目开发计划		李红霞
2	2011/10/12	软件项目开发计划	SCM_2	李红霞
3	2011/10/13	软件项目开发计划	SCM_3	李红霞
4	2011/10/14	软件项目开发方针书	SCM_4	李红霞
	2011/10/14	软件项目开发计划		李红霞

8. 配置库重要操作日志

日 期	人 员	操 作 内 容
2011/10/8	王峰举	建立 DIFF_SYSTEM_SVN 配置库
2011/10/10	王峰举	加入配置项:软件项目开发方针书和软件项目开发体制
2011/10/11	王峰举	更新配置项:软件项目开发方针书和软件项目开发计划
2011/10/12	王峰举	更新配置项:软件项目开发计划
2011/10/13	王峰举	更新配置项:软件项目开发计划
2011/10/14	王峰举	更新配置项:软件项目开发方针书和软件项目开发计划

3)配置项变更控制报告

配置项变更控制报告

项目编号	PJ_TR_2011_035	项目生命周期模型	瀑布模型
项目名称	面向某客户的工程项目文件比较工具软件开发		
1. 变更申请			
申请变更的配置项	配置项名称:源代码 src\PCADCompare\frmOption.cs 版本:5.0 日期:2012-1-10		

续表

变更的内容及其理由	理由：修正缺陷管理表 No.18 变更内容："Visio 比较选项设定画面" 打开时，根据比较策略文件中的"仅比较 ID 忽略属性变更"的设置项 的"有效/无效"进行判断，"有效"的情况下"Visio 比较选项设定画 面"上的"Visio 比较策略详细设定"按钮显示无效（灰色按钮），反之 "Visio 比较策略详细设定"按钮显示有效
估计配置项变更将对 项目造成的影响	对项目不造成影响
变更申请人签字	王蝶丽

2. 审批变更申请

审批意见	同意上述变更内容，请严格按照要求执行变更。 审批者签字：李红霞 日期：2011-1-12

批准变更的配置项	变更执行人	时间限制
frmOption.cs v5.0	王蝶丽	2011-1-12

3. 变更配置项

变更后配置项	重新评审结论	完成日期	责任人
frmOption.cs v6.0	变更符合要求可以再次入基线	2011-1-12	李红霞

3.3.3　软件质量保证

软件质量保证（Software Quality Assurance，SQA）是建立评审和审核软件项目所用 的计划、标准和规程，在软件项目开发过程中按照既定的计划、标准和规程来评审和审 核软件开发活动及其工作产品，并将评审结果提供给项目组、项目经理，必要的时候提 供给组织的相关责任人，从而监督项目组把握项目的过程和工作产品的质量，为组织 管理者提供适当的项目的可视性。软件质量保证的目的是通过提供一种有效的人员 组织形式和管理方法，通过客观地检查和监控"过程质量"与"产品质量"，从而实现持 续地改进质量。

软件质量保证是一种有计划的、贯穿于整个软件生命周期的质量管理方法。质量保 证活动和开发过程活动的关系如图 3-11 所示。

软件质量保证活动由 QA 人员具体负责实施，主要有 3 个活动过程：制订质量保证 计划、执行质量保证计划和质量问题跟踪（参考图 3-12）。

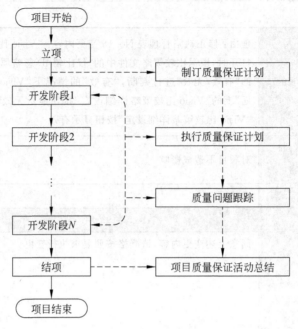

图 3-11 SQA 活动和开发过程关系图

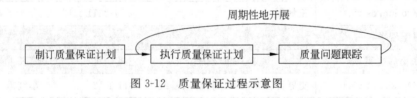

图 3-12 质量保证过程示意图

1. 制订质量保证计划

质量保证计划的目的是计划质量保证活动进度、对项目应当遵循的规范和标准等进行评价与审核,是 QA 人员进行项目质量保证活动的依据。QA 人员在软件项目开发计划的基础上撰写质量保证计划,经相关人员(通常是组织的质量管理部门)确认批准后由项目组配合实施。

【参与人员】

QA 人员。

【开始准则】

《软件项目开发计划》已经确认生效后并开始实施。

【结束准则】

《软件项目质量保证计划》获得批准。

【输入】

《软件项目开发计划》。

【输出】

《项目质量保证计划》。

【主要活动】

[Step1]制订项目质量保证计划。

QA 人员根据软件项目的特征,确定需要检查的主要工程过程和工作成果,并估计检查时间和人员,制订《项目质量保证计划》。对某些过程的检查应当是周期性的而不是一次性的,例如配置管理、需求管理等。

[Step2]审批项目质量保证计划。

《项目质量保证计划》经组织相关责任部门审批后生效实施。为确保《项目质量保证计划》与《软件项目开发计划》一致,质量保证计划制订时必须和项目经理进行沟通。

2. 执行质量保证计划

QA 人员客观地检查项目的"工作过程"和"工作成果"是否符合既定的规范,并与项目成员协商改进措施。QA 人员记录每次检查的结果和经验教训,并及时通报给所有相关人员。

【参与人员】

QA 人员。

【开始准则】

《项目质量保证计划》获得批准。

【结束准则】

项目结束并结项。

【输入】

《项目质量保证计划》。

【输出】

《项目质量保证报告》。

【主要活动】

[Step1]准备。

QA 人员和项目经理确定本次质量检查的时间、地点和参加人员等。

[Step2]客观地检查过程质量。

QA 人员根据检查表,通过和相关的项目组成员交谈,检查项目的实际执行过程(包括项目管理过程、项目工程过程和相关支持过程等)是否符合既定的规范。如果发现不一致,QA 人员应当与相关人员分析原因并协商改进措施。

[Step3]客观地检查工作成果的质量。

QA 人员根据检查表,通过和相关的项目成员交谈,检查项目的工作成果是否符合既定的规范。如果发现不一致,QA 人员应当与相关人员分析原因并协商改进措施。

［Step4］记录检查结果。

QA 人员如实记录本次质量检查结果,总结经验教训,并制作《项目质量保证报告》。

［Step5］通报结果。

QA 人员及时将本次质量检查的结果和经验教训通报给所有项目组成员、项目经理和组织的相关责任部门。

［Step6］质量保证活动总结。

在项目结项时,QA 人员对该项目进行质量保证总结,并将总结结果通报给所有项目组成员、项目经理和组织的相关责任部门。

3. 质量问题跟踪

QA 人员设法先在项目组内部解决质量问题,如果在项目组内部难以解决,则提交给组织的相关责任部门处理。目的是通过寻求组织更高层管理人员的支持,识别质量问题并跟踪问题,切实保证质量问题得到解决。

【参与人员】

◆ QA 人员;

◆ 组织相关责任部门(如质量管理部门)。

【开始准则】

QA 人员监察过程中发现不符合项。

【结束准则】

所有已经识别出来的不符合项都得到妥善的解决。

【输入】

《项目质量保证报告》。

【输出】

《项目质量问题跟踪表》。

【主要活动】

［Step1］记录质量问题。

QA 人员记录在质量检查过程中发现的问题。

［Step2］确定解决措施。

QA 人员首先设法在项目内解决已经发现的问题,与项目组成员协商解决措施。对那些在项目组内难以解决的问题,应移交组织相关责任部门给出解决措施。

［Step3］跟踪问题的解决过程。

QA 人员跟踪问题的解决过程,记录问题的状态,直到问题被解决为止。

［Step4］分析共性问题,给出改进措施。

组织相关责任部门分析公司内具有共性的质量问题,给出质量改进措施。

4. 软件质量保证主要成果

综合上述管理过程规范,管理过程的主要成果有《项目质量保证计划》、《项目质量保证报告》和《项目质量问题跟踪表》。下面详细介绍这 3 种文档的模板供读者参考。

1）项目质量保证计划

该文档建议采用 Excel 文档格式进行制作。

项目质量保证计划

项目名称			项目编号		项目经理		
QA人员			作成者		作成日期		
最终评审日期							

分类	检查对象名称	对象类型	计划检查日期	状态	参加人员	说明

审批意见：

签字：
日期：

2）项目质量保证报告

该文档建议采用 Excel 文档格式进行制作。

项目质量保证报告

项目名称		QA人员	
项目编号		报告日期	
项目经理		报告批次	
工作描述			
参加人员			

分类	受检查的工作成果名称	成果类型	检查结果

问题与对策，经验总结

3）项目质量问题跟踪表

该文档建议采用 Excel 文档格式进行制作。该文档的 Excel 表格中至少应明确以下内容：问题类型、问题描述、原因分析、解决对策、预定解决日期、实际解决日期和问题状态。

5. 软件质量保证案例

下面以"面向某客户的工程项目文件比较工具软件开发"项目的软件质量保证为例说明质量保证的活动规范。

1）项目质量保证计划

项目质量保证计划

项目名称	面向某客户的工程项目文件比较工具软件开发		项目编号	PJ_TR_2011_035	项目经理	李红霞	
QA人员	沈佳		作成者	沈佳	作成日期	2011/1/13	
最终评审日期	2011/1/14						
分类	检查对象名称	对象类型	计划检查日期	状态	参加人员		说明
立项	软件项目开发方针书	文档	2011/10/14	未检查	李红霞，沈佳		
	软件项目开发体制	文档	2011/10/12	未检查	李红霞，沈佳		
计划	软件项目开发计划	文档	2011/10/13	未检查	李红霞，沈佳		
	项目配置管理计划	文档	2011/10/14	未检查	李红霞，王举峰，沈佳		
	项目风险管理计划	文档	2011/10/14	未检查	李红霞，沈佳		
	项目沟通管理计划	文档	2011/10/14	未检查	李红霞，沈佳		
需求	软件产品规格说明书	文档	2011/11/18	未检查	项目组全员，沈佳		
	用户DEMO（原型）	可执行程序	2011/10/31	未检查	项目组全员，沈佳		
设计	概要设计说明书	文档	2011/11/7	未检查	项目组全员，沈佳		
	详细设计说明书	文档	2011/11/16	未检查	项目组全员，沈佳		
	Shape元素比较算法设计说明书	文档	2011/11/16	未检查	项目组全员，沈佳		
编码	源代码	代码	2011/12/28	未检查	项目组全员，沈佳		
测试	单元测试说明书	文档	2011/12/22	未检查	项目组全员，沈佳		
	集成测试说明书	文档	2011/12/29	未检查	项目组全员，沈佳		
	系统测试说明书	文档	2011/12/30	未检查	项目组全员，沈佳		
交付	软件操作手册	文档	2011/12/26	未检查	项目组全员，沈佳		
	软件安装程序	可执行程序	2011/1/16	未检查	项目组全员，沈佳		
结项	项目完了总结报告书	文档	2012/1/27	未检查	项目组全员，沈佳		

审批意见：

同意上述质量保证计划，请按照计划实施。

（质量管理部部长）签字：陈金平
日期：2011-10-14

2）项目质量保证报告

项目质量保证报告

项目名称	面向某客户的工程项目文件比较工具软件开发	QA人员	沈佳
项目编号	PJ_TR_2011_035	报告日期	2011/10/14
项目经理	李红霞	报告批次	第1批
工作描述	对立项阶段和项目计划（含各项子计划）的工作过程及工作成果进行了检查。		
参加人员	李红霞，沈佳		
分类	受检查的工作成果名称	成果类型	检查结果
立项	软件项目开发方针书	文档	无问题
	软件项目开发体制	文档	无问题
计划	软件项目开发计划	文档	有问题，详细请参考"问题与对策，经验总结"栏
	项目配置管理计划	文档	无问题
	项目风险管理计划	文档	有问题，详细请参考"问题与对策，经验总结"栏
	项目沟通管理计划	文档	无问题

问题与对策，经验总结

1.软件项目开发计划
问题点：没有看到项目组对项目任务进行的WBS分解，项目计划中各任务的工作量估算缺乏依据。
对策：建议项目组对项目任务进行WBS分解后估算各任务的工作量，或者采用其他的估算方法进行重新估算，做到有据可依。

2.项目风险管理计划
问题点：风险的识别不够完全，比如该项目存在着技术难点，但在风险管理中却没有得到体现。
对策：建议项目组参考公司风险管理库对项目面临的风险作客观的分析，并考虑风险处理的预案。

3.经验总结
无。

3.3.4 分析与决策

在软件开发过程中通常会遇到一些对软件开发本身比较重要的技术或者非技术课题。这些课题经常会有多个可选的方案。当面临这样的课题时,应当通过正式的评估过程来进行分析与决策,选择合理的课题解决方案。

1. 分析与决策规范

通常,对于那些需要项目组共同讨论和决定的课题,包括选择架构或设计的方案、使用重用的或现成品的组件、选择软硬件供应商、选择工程支持环境或相关工具等,需要运用正式的评估过程来决定。进行有效的分析与决策是提高软件开发能力的必要环节,特别是对于成熟度较高的项目团队而言,当需要改进软件开发过程,提高软件开发质量时,分析与决策的能力就尤为重要。分析与决策的具体活动流程如图 3-13 所示。

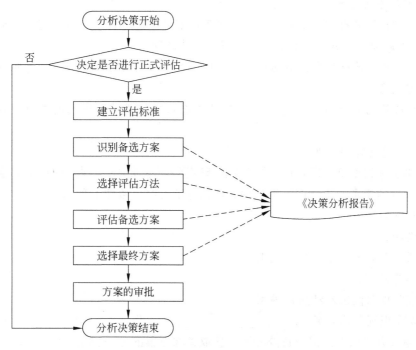

图 3-13　分析与决策活动流程图

【参与人员】

◆ 项目经理;

◆ 项目组核心成员。

【开始准则】

有需要进行分析与决策的课题存在。

【结束准则】

《决策分析报告》完成,并得到管理者的批准。

【输入】

与课题相关的材料。

【输出】

《决策分析报告》。

【主要活动】

[Step1] 决定是否采用正式评估过程。

项目组针对需要决策的课题,决定是否需要采用正式评估过程,在做出决定时可参考以下要素:

(1) 风险系数。当某项决策可能给项目带来中风险或高风险时需要启动正式评估过程。

(2) 带来基线变更。当某项决策引起配置管理下的工作产品,特别是基线的变更时需要启动正式评估过程。

(3) 对项目计划有重大影响。当某项决策可能导致进度延期超过一定比例或特定的时间,从而引起项目计划修正时需要启动正式评估过程。

(4) 有可能影响项目目标的达成。当某项决策对项目目标的达成造成影响时需要启动正式评估过程。

(5) 与决策的影响相比较,评估过程的成本在可以接受的范围内时可以启动正式评估过程。

[Step2] 建立评估标准。

项目组从项目本身出发,分析关键因素,确定问题本质,定义课题的评估标准并确定各个评估标准的级别或优先度。定义课题评估标准时需要考虑下列内容:

(1) 技术限制;

(2) 性能;

(3) 成本及影响生命周期的成本;

(4) 实施效率;

(5) 实施的时间因素和质量因素。

[Step3] 识别备选方案。

通过各种方式识别并记录备选方案。获取备选方案的方法包括:

(1) 从项目利害关系人(如客户等)处获得。

(2) 通过文献查找或者网络搜索获得。

(3) 通过项目组集思广益、头脑风暴法等方式创造新的解决方案。

[Step4] 选择评估方法。

根据待决策课题的特征采用合适的评估方法,典型的评估方法包括:

(1) 模型和模拟。对各个方案建立原型,通过原型了解这些方案的实际效果。

(2) 用户的评审和评价。由客户对解决方案进行评审和讨论,从而得出结果。

(3) 测试。

(4) 基于业内经验和原型进行推断。

［Step5］评估备选方案。

按照事先确定的评估标准,用选定的评估方法评估备选方案。用分析、讨论和评审等方式进行评估,有时甚至需要多次反复。在评估备选方案的过程中往往会发现评估标准和评估方法的各种问题,此时需要对评估标准和评估方法进行调整和确认,并重新进行评估。

［Step6］选定方案。

根据评估标准从备选方案中选择最终的解决方案,并对该方案的实施可能遇到的风险进行评估。

确定最优方案时,应事先明确选择方案的根据,不一定要局限于选择综合得分最高的方案。另外,要注意以下的事项:

（1）当各个备选方案的评价结果整体得分都比较低,差别不明显且无法进行最终结果评定时,对以上步骤要进行重新考虑,重新审视备选方案、评估标准和评估方法等,进行重新评估。

（2）对于选定的某个方案伴有风险的情况,要明确相关风险并进行风险管理。

总结评估的结果以及评估标准、评估方法等过程数据,生成《决策分析报告》。

［Step7］方案的审核批准。

由组织的相关负责人对选择的课题解决方案进行最终确认和批准。

2. 分析与决策主要成果

综合上述管理规范,管理过程的主要成果有《决策分析报告》。下面给出该文档的模板供读者参考。

该文档建议采用 Excel 文档格式进行制作。

决策分析报告

决定正式评估的判定因素		报告编号	
		作成日	
		更新日期	

项目名称								
项目编号								
项目经理								
评估方式	会议评估	评估标准	Std1	Std2	Std3	Std4	…	Std$n$	选定结果
课题	选择开发工具	评估方法							
课题解决备选方案		优先度							

续表

方案1									
方案2									
方案3									

方案选定的根据/背景		决策分析人
对选定结果方案的评价		
方案选定时所预见的风险		决策批准人
—	—	

3. 分析与决策案例

下面以"面向某客户的工程项目文件比较工具软件开发"项目中的选择开发工具课题为例说明分析与决策的活动规范。

（1）建立评估标准及其级别（优先度）。通过分析，对于开发工具的评价因素有价格、易用性、跨平台开发能力、编辑能力、调试功能和运行所需资源等。每项评价因素的分值为 10 分，每项评价因素按照其重要性来设定优先度，优先度之和为 1，如表 3-5 所示。

表 3-5　评估标准及优先度

序号	评估标准	优先度
1	价格	0.15
2	易用性	0.40
3	跨平台开发能力	0.1
4	编辑能力	0.15
5	调试功能	0.15
6	运行所需资源	0.05

（2）识别备选方案。项目组核心成员通过网络调查等多种手段，发现有如下几种可供选择的开发工具：Microsoft Visual Studio、Borland C++ Builder 和 Eclipse。

（3）选择评估方法。针对价格和跨平台开发能力采用调查的方法，针对易用性项目组决定采用试用的方式对备选的几种开发工具进行评估，根据试用的结果来确定这些开发工具的使用效果。

（4）评估备选方案，选定最终的开发工具。项目组在试用了上述 3 种备选开发工具后分别对它们进行了采点评分（如表 3-6 所示）。

表 3-6 3 种备选开发工具的评估结果

序号	标准	Microsoft Visual Studio	Borland C++ Builder	Eclipse
1	价格	5	4	10
2	易用性	10	7	6
3	跨平台开发能力	0	0	10
4	编辑能力	9	8	9
5	调试功能	10	10	6
6	运行所需资源	10	6	5
	加权和	8.1	6.4	7.4

根据上述评估结果,项目组最终选择 Microsoft Visual Studio 作为软件开发工具,并将所有决策分析的过程总结在《决策分析报告》中供组织相关责任人审批。

决策分析报告

决定正式评估的判定因素		报告编号	HAG001
开发工具(即编程工具、开发环境)的选择对项目计划有重大的影响。		作成日	2011/10/14
		更新日期	

项目名称	面向某客户的工程项目文件比较工具软件开发
项目编号	PJ_TR_2011_035
项目经理	李红霞

评估方式	会议评估	评估标准	价格	易用性	跨平台开发能力	编辑能力	调试功能	运行所需资源	选定结果
课题	选择开发工具	评估方法	调查	试用	试用	试用	试用	试用	
课题解决备选方案		优先度	0.15	0.40	0.1	0.15	0.15	0.05	
方案 1	Microsoft Visual Studio		5	10	0	9	10	10	8.1
方案 2	Borland C++ Builder		4	7	0	8	10	6	6.4
方案 3	Eclipse		10	6	10	9	6	5	7.4

方案选定的根据/背景	着重开发工具的易用性	决策分析人	
对选定结果方案的评价	Microsoft Visual Studio 的易用性相对突出,且调试功能强		许新
方案选定时所预见的风险	无风险	决策批准人	
—	—		李红霞

3.3.5 软件评审

根据 IEEE Std 1028—1988 的定义,软件评审是对软件元素或者项目状态的一种评估手段,以确定其是否与计划的结果保持一致,并使其得到改进。软件评审的重要目的是在评审中发现软件中的缺陷。通过软件评审可以将质量成本由昂贵的后期返工转化为前期的缺陷发现,从而节省开发成本。因此,软件评审非常重要。

在整个质量保证活动当中,软件评审的内容很多,大体上可以分为 3 种:管理评审、技术评审和过程评审。管理评审实际上是对组织的质量体系的评审,是以实施质量方针和目标的质量体系的适应性和有效性为评价标准,对体系文件的适应性和质量活动的有效性进行评价。过程评审是对软件开发过程的评审,其主要任务是通过对流程的监控,保证组织定义的软件过程在项目中得到遵循,同时确保质量保证方针得到更快更好的执行。本节讨论的软件评审主要指软件的技术评审,详细介绍技术评审的方法、技术、过程和规范。

1. 评审方法

评审的方法多种多样,有正式的和非正式的,如图 3-14 所示。

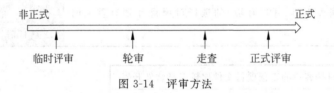

图 3-14 评审方法

临时评审(adhoc review)是最不正式的一种评审方法。例如某程序员在写完一段程序时觉得自己的代码中应该有问题,但是又找不到问题所在时,临时叫比自己水平高的同事来看一下,帮助查找问题,这种方法就是临时评审。通常在项目的小组合作中会经常用到临时评审。

轮审(passround)又称分配审查法。作者将需要评审的内容发送给各位评审员,并收集他们的反馈意见。这类评审通常结果反馈不太及时。

走查(walkthrough)是一种非正式的评审,是由评审对象的作者将评审对象向一组同事介绍,并收集他们的意见。走查中,作者占有主导地位,由作者描述评审对象的功能和结构以及完成任务的情况等。走查的目的是希望参与评审的其他同事可以发现评审对象中的缺陷,了解该对象,并对模块的功能和实现等达成一致意见。

正式评审(inspection)是最严格的评审方法,通常包含了制订计划、准备和组织评审会议、跟踪和分析评审结果等。

通常,在软件开发中,各种评审方法都是交替使用的。在不同的开发阶段和不同场合要选择适宜的评审方法。例如,程序员在编码工作过程中会经常自发地使用临时评审,而轮审用于需求阶段则可以发挥不错的效果。要找到最合适的评审方法,需在每次评审结束后,对选择的评审方法的有效性进行分析,并最终形成适合组织的最优评审方法。在软件组织中,广泛被采用的评审方法主要还是正式评审和走查两种方式,读者可参考表 3-7 的内容进行选择。

表 3-7　正式评审和走查适用的场合

适用场合　　　　　　　　评审方法	正式评审	走查
开发规模较小或开发人员较少的项目产物		○
技术难度较高或者中等的项目产物	○	
技术难度较低的项目产物		○
评审对象的质量要求较高	○	
评审对象的质量要求一般		○
比较重要的开发过程阶段的产物	○	

注:○表示适用于该场合。

2. 评审的角色和职责

一般来说,对于正式评审应建立评审小组,评审小组主要由以下角色构成:协调人、作者和评审员。

协调人在整个评审会议中起到缓冲剂的作用,其主要任务如下:

(1) 和作者及项目经理共同商讨决定具体的评审人员。

(2) 安排正式的评审会议。

(3) 明确所有评审人员的角色与职责。

(4) 确保评审会议的输入材料都符合要求。

(5) 确保评审的目的都是发现评审对象的缺陷。

(6) 保证所有提出的问题或缺陷都被记录。

(7) 跟踪问题的解决情况。

(8) 和项目经理沟通评审的结果。

作者的主要职责是确保即将评审的对象准备到位,并与项目经理和协调人一起讨论确定具体的评审人员。

评审员必须具备良好的个人能力。通常评审员的选择应该包括评审对象的上一级工程的参与人员和下一级工程的参与人员。比如对概要设计文档进行评审时,应该选择需求文档的作者或者需求开发的参与者作为评审员,也应该选择详细设计的参与人员作为评审员。评审员的职责是客观地指出评审对象的缺陷和问题,并于评审会议后就存在的问题或者缺陷提出建设性的意见和建议。

3. 正式评审过程

正式评审的过程和走查的过程规范差不多,这里只介绍正式评审的过程,走查过程和正式评审过程的实施步骤异同如表 3-8 所示。

表 3-8　正式评审和走查在实施步骤中的异同

评审方法	计划	准备	事先评审	评审会议启动	评审说明	评审沟通	评审决议	跟踪与分析
正式评审	有	有	有	有	有	有	有	有
走查	有	有	有	无	有/无	无	无	无

【参与人员】

◆ 项目经理；

◆ 项目组成员（主要是评审对象的作者）；

◆ 评审员（有可能由项目组成员兼任）；

◆ 协调人（有可能由项目组成员兼任）。

【开始准则】

待评审的对象已经完成，且经过了作者自己的错误检查。如果待评审对象是程序代码时，代码应该已经通过编译。对于二次评审，要求前一次评审中发现的问题或缺陷都已经获得解决。

【结束准则】

对评审中的缺陷和问题跟踪和分析结束。

【输入】

与待评审对象相关的所有资料。

【输出】

◆ 《缺陷管理表》；

◆ 《问题管理表》。

【主要活动】

［Step1］评审计划。

在软件项目开发活动的早期，项目经理确定各阶段需要进行评审的评审对象、评审发生时间、评审方法和评审的角色及职责。

［Step2］评审准备。

协调人和项目经理一起确定需要进行评审的材料。由于时间有限，对所有与待评审对象有关的工作产品和文档都进行评审的可能性不大，需确定与待评审对象相关的哪些材料需要评审，并确定需要评审的材料是否满足评审的开始准则。

根据待评审对象的规模和复杂程度，还要确定需要多少次评审会议或者是否需要召开一次评审说明会。

协调人安排评审会议（或者还有评审说明会议）的时间，并向所有评审员发出会议通知。在发送通知时，同时将评审材料汇成一个评审包，分发给每位评审员。为了评审员在评审会议之前有充足的时间阅读和评审材料，应在评审会议前几天分发评审包。评审包一般包括以下内容：要审查的工作产品（指明了要审查的部分）、参考文档、有助于评审员发现缺陷的工具和文档（如工作产品的评审检查表）和评审员需要的表格（如工作产品评审记录表等）。

[Step3] 事先评审。

评审员收到评审包后，阅读并理解其中的内容，然后采用相应的缺陷检查表或其他方法检查工作产品中可能存在的缺陷，并记录下将在评审会议上提出的问题或缺陷。对于发现的拼写、语法上的错误等，评审员可以与评审对象的作者直接沟通，但一般不作为缺陷在评审会议上提出。

[Step4] 评审会议启动。

协调人开始评审会议前介绍每一位参会成员，简述每位参会人员的角色和职责，说明待审查的内容、会议目标并重申会议目的（目的是发现缺陷，这一点很重要）。然后，协调人还要询问各评审员事先评审的情况。如果协调人认为某些评审员准备不充分，则需要终止此次评审会议，重新安排评审会议时间。

[Step5] 评审说明。

评审对象的作者花几分钟的时间向评审组概要介绍评审材料，以便评审员和作者对评审对象有较为统一的认识和理解。

[Step6] 评审沟通。

评审员就不清楚或疑惑的地方与作者进行沟通，提出缺陷、问题或改进建议。协调人（也可以由专门的记录员）详细记录每一个已达成共识的缺陷，包括缺陷的位置、缺陷的简单描述和缺陷的发现者等。未达成共识的缺陷也应记录下来，协调人将指派作者和评审员在会后处理评审会议中未能解决的问题。

[Step7] 评审决议。

评审会议结束以后，评审小组就评审内容进行最后讨论，形成评审结果。评审结果大体有 4 种：

（1）接受（合格）。评审内容不存在大的缺陷，可以通过。

（2）有条件接受（基本合格）。评审内容不存在大的缺陷，但有一些小缺陷需要修改，修改后，经评审员确认后可以通过。

（3）不接受（不合格）。评审内容中有较多的缺陷，作者需要对其进行修改，并在修改之后重新进行评审。

（4）评审未完成。由于某种原因评审未能完成，还需要安排后续评审会议。

[Step8] 评审结果的跟踪与分析。

协调人在评审会议结束后应总结评审报告（含评审决议），并将缺陷记录到《缺陷管理表》中，将问题记录到《问题管理表》中进行管理。

针对评审结果是有条件接受和不接受的评审中的问题和缺陷，作者（或者是其他开发组成员）应对问题和缺陷进行跟踪，直至问题和缺陷全部关闭（必要时还要重新组织和召开评审会议）。协调人要确保所提出的问题和缺陷都得到了圆满的解决，并确保没有新的错误注入。

4. 软件评审的主要成果

综合上述管理过程规范，管理过程的主要成果有《缺陷管理表》和《问题管理表》。

1)《缺陷管理表》

该文档建议采用 Excel 文档格式进行制作。该文档的 Excel 表格中应至少明确以下内容：缺陷发现的工程阶段（如果是评审发现，工程阶段为评审对象的工程阶段）、缺陷发现日、缺陷发现版本、缺陷发现者、缺陷内容、优先度、缺陷产生原因、缺陷对策、对策日、对策者和缺陷对策确认者。

2)《问题管理表》

该文档建议采用 Excel 文档格式进行制作。该文档的 Excel 表格中至少应明确以下内容：问题类型、问题描述、原因分析、解决对策、预定解决日期、实际解决日期和问题状态。《问题管理表》也可与项目质量问题跟踪表采用相同的管理方式。

软件管理规范

软件开发通常都必须在特定的时间、预算和资源等限定条件内完成一个明确的目标。项目管理者必须在有限的资源约束下，运用系统的观点、方法和理论，对软件项目涉及的全部工作进行有效地管理，即从项目的投资决策开始到项目结束的全过程进行计划、组织、指挥、协调、控制和评价，以实现项目的目标。按照 PMBOK（Project Management Body Of Knowledge，项目管理知识体系）的理论，项目管理通常包括项目范围、时间、成本、质量、人力资源、沟通、风险和采购的管理以及项目的集成管理。本章围绕上述管理内容详细描述软件开发过程中如何进行实际的开发管理，以及各管理活动的实施方法和要求。

4.1　软件管理概述

项目范围管理的作用是保证项目计划包括且仅包括为成功地完成项目所需要进行的所有工作。项目范围包括项目产品范围和项目过程范围，项目产品范围完成与否用需求来度量，项目过程范围完成与否用计划来度量，对二者的管理应使之很好地结合，确保工作符合事先确定的规格。项目范围管理通常包括 5 个活动过程：项目启动、范围规划、范围定义、范围审核和范围变更控制。项目启动是正式认可一个项目的过程，在 3.1.3 节中作了详细介绍。范围规划、范围定义和范围审核在软件项目开发中通常表现为客户需求开发、软件产品需求开发和需求确认等活动，这部分活动根据软件项目生命周期不同而不同，在第 5 章和第 6 章给出相关描述。项目范围变更控制在软件开发中通常表现为对软件需求变更的控制，在 4.4 节中详细介绍。

项目时间管理的作用是保证在规定时间内完成项目，主要包括的活动过程有项目活动定义、项目活动的安排、活动工期的估算、进度安排和进度控制。项目成本管理的作用是保证在规定预算内完成项目，主要包括的活动过程有资源计划、资源成本估计、成本预算和成本控制。在软件开发中对项目时间和成本的管理通常表现为项目实施初期对项目进行的整体规划和实施过程中对项目的监控活动，4.2 节和 4.3 节详细说明项目计划和项目监控的规范。

项目人力资源管理的作用是保证最有效地使用项目人力资源完成项目活动，主要包括的活动过程有组织体制计划、人员获取和团队建设。软件开发中对项目人力资源的管理主要表现为项目开发体制的构筑、对开发团队人员的能力评估、能力开发和人员培训等活动。通常在项目计划阶段需对项目开发团队的能力水平进行评估,针对项目实施过程中能力不足的问题,应在项目进展过程中实施相应的培训工作,对于这部分内容本书不做讨论。

项目质量管理的作用是保证满足承诺的项目质量要求,主要包括的活动过程有质量计划、质量保证和质量控制,详细内容在3.3.3节中作了详细讨论。

项目沟通管理的作用是保证及时准确地产生、收集、传播、贮存以及最终处理项目信息,其主要包括的活动过程有沟通计划、信息传播、性能汇报和项目关闭。详细内容在4.5节中进行讨论。

项目风险管理的作用是识别、分析项目风险以及对项目风险作出响应,主要包括的活动过程有风险管理计划、风险辨识、定性风险分析、定量风险分析、风险响应计划和风险监控。详细内容在4.6节中进行介绍。

项目采购管理的作用是从组织外获得项目所需的产品和服务。项目的采购管理是根据买卖双方中的买方的观点来讨论的。项目采购管理过程包括采购规划、招标规划、招标、招标对象选择、合同管理和合同结束。对于采购管理本书不做详细讨论。

4.2 项目计划

项目计划是软件项目管理的第一步,是在现有条件下,以精准的估算为前提,确定项目开发的作业内容、日程和人员等的过程,其目的是为项目的开发和管理工作制订合理的行动纲领,以便所有项目利害关系人按照计划有条不紊地开展工作,确保软件开发正常有序地进行。项目计划包括两部分:一部分是主项目计划(overall plan),即通常意义上所说的项目计划,另一部分是下属计划(subordinate plan),如配置管理计划、质量保证计划和测试计划等。通常主项目计划由项目经理制订,下属计划由相关的项目组成员制订。项目计划包括以下4个主要活动,其活动流程图如图4-1所示。

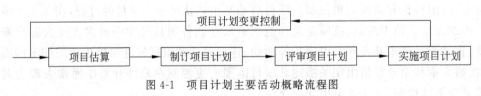

图4-1 项目计划主要活动概略流程图

(1)项目估算。

(2)制订项目计划。

(3)评审项目计划。

(4)项目计划变更控制。

4.2.1 项目估算

项目估算是否准确将直接影响项目计划的有效性和可行性。项目估算要尽量做到了解项目的需求和项目实际能够拥有的经费、人力资源、软硬件资源和技术水平等。项目估算的重点内容包括项目范围估计、项目规模估计、工作量估计和成本估计等。

制订项目计划时,一方面可以根据个人或组织中的资深技术人员的项目经验,另一方面可以参考组织的历史项目数据,对照组织级过程,按照裁剪规则形成项目定义过程,同时根据项目的实际情况保留项目的过程及支持工具。

项目估算的目的是估计项目的功能点数、规模、工作量和成本等,为制订项目计划提供依据。

【参与人员】

◆ 项目经理;

◆ 项目组核心成员。

【开始准则】

立项结束,开发团队组建完成,项目开发工作开始。

【结束准则】

项目各参数估算完毕。

【输入】

◆ 立项管理产生的相关数据;

◆ 用于项目估算的经验数据。

【输出】

项目数据。

【主要活动】

[Step1] 项目功能点数估计。

估计项目的功能点数,用工作分解结构(Work Breakdown Structure,WBS)法来表示。根据用户需求,分解项目(软件系统)的功能,制订项目(软件系统)的 WBS 图,如图 4-2 所示,其细分程度由项目经理决定。

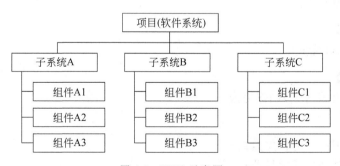

图 4-2　WBS 示意图

[Step2] 项目规模估计。

项目规模的主要度量单位有:

◆ 代码行数;

◆ 类(对象)个数;

◆ 文档页数。

项目规模估算方法具体由项目经理根据项目实际情况决定。在估算项目规模时要考虑技术方法和复杂度等因素。

〔Step3〕工作量估算。

项目的工作量是软件工程工作量、软件管理工作量和支持过程工作量三者之和。工作量的度量单位可以是"人时"、"人日"、"人月"或"人年"。项目经理根据 Step2 产生的项目规模结合项目组实际生产性数据进行独立的工作量估算。

〔Step4〕成本估计。

项目经理和核心成员估计人力资源成本、软硬件资源成本和商务活动成本等。

4.2.2 项目计划制订

根据项目估算得到的数据,项目经理或者项目经理指定人员制订项目计划。项目计划的内容包括以下几项:

(1) 项目基本信息和开发内容。

(2) 开发平台和软硬件状况。

(3) 项目所运用的开发过程(生命周期)。

(4) 项目规模和项目开发成本,安排项目日程。

(5) 明确项目各利害关系人及相应职责。

(6) 项目的风险列表及相关信息。

(7) 项目的质量目标和质量管理相关信息。

(8) 配置管理相关信息。

(9) 所有相关人员对项目计划的认可。

(10) 项目计划的变更履历。

【参与人员】

◆ 项目经理;

◆ 项目组核心成员。

【开始准则】

项目估算已经完成。

【结束准则】

《软件项目开发计划》制作完成。

【输入】

◆ 立项管理产生的相关数据;

◆ 项目估算产生的项目数据。

【输出】

《软件项目开发计划》。

【主要活动】

〔Step1〕确定目标与范围。

项目经理确定项目的目标与工作范围。目标必须是"可实现的"和"可验证的"。工作范围包括"做什么"和"不做什么"。

[Step2] 分配利害关系人角色和职责。

项目计划是进行项目开发的工作依据,项目经理明确项目所有利害关系人的职责,并让利害关系人积极参与到项目开发中来。项目的利害关系人包括客户、项目组成员和QA人员等。项目利害关系人职责明确后,项目经理为项目组成员分配角色(一个人可以兼多个角色,在软件外包服务中实际上也是经常发生一个人担当多个角色的情况)。

[Step3] 制订培训计划。

项目经理明确各项目组成员在项目开发过程中所需具备的知识和技能,针对项目组成员知识和技能的不足需要建立培训计划。

[Step4] 制订软硬件资源计划。

项目经理分析项目开发、测试以及用户使用产品所需的软硬件资源,制订软硬件资源计划,主要内容包括:

(1) 资源级别(分为"关键"和"普通"两种);

(2) 详细配置;

(3) 获取方式(如"已经存在"、"可以借用"或"需要购买"等)与获取时间;

(4) 用途(如"谁"在"什么"时候使用)。

[Step5] 确定其他下属计划。

项目经理和项目组成员共同确定项目计划的其他下属计划,包括风险管理计划、质量保证计划、技术评审计划、项目度量计划、需求管理计划、妥当性确认计划、决策分析计划、项目沟通管理计划和项目测试计划等。这些下属计划在项目计划阶段应有一定的规划,明确目标和范围,详细的计划可以在后续工作中逐步完善。

[Step6] 制作项目开发计划。

按照上述各类计划的内容和要求,项目经理分配项目任务并制订进度表,并按照相关文档规范的要求制作《软件项目开发计划》。

4.2.3 评审项目计划

评审项目计划的目的是通过评审项目计划,确保该计划是按照规范制作的、合理的和可实施的。项目经理通过例会或者其他形式召集相关利害关系人对项目计划进行评审,并最终由相关责任人进行审批。QA人员对计划评审过程进行监察。批准后的项目计划不可以被随便修改。项目组的所有成员按照项目计划执行开发与管理工作。

【参与人员】

◆ 项目经理;

◆ 项目利害关系人。

【开始准则】

《软件项目开发计划》制作完成。

【结束准则】

《软件项目开发计划》评审通过并被相关责任人批准。

【输入】

《软件项目开发计划》。

【输出】

评审意见相关数据。

【主要活动】

［Step1］提请评审。

项目经理将项目计划提交给组织相关责任人和项目利害关系人,特别是客户,提请评审。

［Step2］评审与修改。

项目经理通过例会或者其他形式召集项目利害关系人进行评审。评审项目计划的主要视点是对项目有影响的交货期、项目预算、软硬件资源和关键技术等因素进行评审。项目经理或项目经理指定的人员根据评审意见修改项目计划。

［Step3］批准实施。

评审后的项目计划在得到客户承认后,由组织相关责任人批准后正式实施,实施过程中不得随意更改项目计划。需要更改时应进行项目计划的变更控制。

4.2.4 项目计划变更控制

项目计划变更控制的目的是修改原项目计划中不合理的内容,管理项目计划变更内容并产生新的项目计划,防止发生项目计划混乱。项目计划贯穿于整个项目开发的全过程,在项目实施过程中通过跟踪监控发现实际情况和项目计划有所偏差,则应对项目计划进行变更。项目计划变更同样要遵循项目估算、制订项目计划和项目计划评审的过程。

【参与人员】

◆ 项目经理或项目经理指定人员;

◆ 客户;

◆ 组织相关责任人。

【开始准则】

由项目经理判断有必要进行项目计划变更时。通常,在软件开发的各个工程阶段发生了符合表 4-1 所示的情况时,必须实施计划变更控制。

表 4-1　实施计划变更控制的变更原因和条件

	因客户方产生的变更情况	条　件
101	项目初期需求提供的延迟	对计划的影响达到预先设定的条件
102	开发过程中的需求变更	对计划的影响达到预先设定的条件
103	相关硬件设备和软件工具等提供的延迟	对计划的影响达到预先设定的条件
104	客户总体计划调整(如推迟软件发布等)	对计划的影响达到预先设定的条件
105	交货条件(如产物等)变更	无条件

	因开发方产生的变更情况	条　件
201	客户需求中存在缺陷须提出改善方案的	对计划的影响达到预先设定的条件
202	对客户需求的理解偏差造成开发错误的	无条件
203	质量不良造成工程延期	无条件
204	客户验收不合格	无条件
205	开发人员变动(健康原因或离职等)	无条件
206	开发设备发生故障(包括必需的软件或硬件)	对计划的影响达到预先设定的条件
207	因项目管理问题造成工程延期	无条件
	其他(软件外包服务项目中常发生)	条件
301	签证办理延期	对计划的影响达到预先设定的条件
302	不可抗拒因素造成出差计划变更引起延期	无条件
303	其他不可抗拒因素造成工程延期	无条件

【结束准则】

新的《软件项目开发计划》得到客户承认并被组织相关责任人批准。

【输入】

旧的《软件项目开发计划》。

【输出】

新的《软件项目开发计划》。

【主要活动】

[Step1] 提请变更。

项目经理向组织相关责任人提出新的《软件项目开发计划》申请变更。申请时说明以下内容:

(1) 变更原因;

(2) 变更的内容;

(3) 此变更对项目造成的影响。

[Step2] 审核变更。

组织相关责任人审核新的《软件项目开发计划》,有问题时修改项目计划直至审核通过。

[Step3] 向客户提请变更。

项目经理向客户提出新的《软件项目开发计划》,获得客户认可。

4.2.5　项目计划主要工作成果

项目计划的主要成果有《软件项目开发计划》,另外还有为了制作《软件项目开发计划》而生成的中间数据。本节详细介绍《软件项目开发计划》的模板供读者参考。《软件项目开发计划》可以采用 Word 进行制作，也可使用 Excel 进行制作，不管用什么文档格式制作，《软件项目开发计划》的构成要素都是一样的，下面以 Word 文档的格式为例进行说明。

软件项目开发计划

1. 项目基本信息

项目编号		项目生命周期模型	
项目名称			

2. 项目目标与范围

2.1 项目目标

从 FQCD 等方面简述本项目的目标。可参考软件项目开发方针书的相应内容。

2.2 项目范围

简述项目的开发范围，说明本项目开发该做什么，也要说明本项目不该做什么。

3. 人力资源计划

描述项目所有利害关系人的职责及项目组成员角色的分配。

利害关系人	职务	项目中角色/职责	工作内容（时间）	备注

4. 人员培训计划

描述针对项目组成员知识技能的不足提供的教育计划，本节视实际情况可以省略。

培训内容名称	培训人员	计划培训时间	培训的详细内容	受训人员

5. 软硬件资源计划

说明本软件系统的适用领域和不适用领域以及本系统应当包含的内容和不包含的内容。

软硬件资源名称	级 别	详细配置	获取方式及时间	用 途

6. 项目进度计划

描述项目任务的分解、具体时间的安排和责任人员等，一般采用甘特图的方式进行描述，本节视具体情况可以用其他工具，如 Excel 或 Project 等进行单独管理。

7. 其他下属计划

描述其他下属计划的责任人及计划制作时间。

下属计划名称	责 任 人	计划制作时间	备 注
风险管理计划			
配置管理计划			
质量保证计划			
技术评审计划			
项目度量计划			
项目测试计划			
...			

4.2.6 项目计划案例

本节以"面向某客户的工程项目文件比较工具软件开发"的项目为例说明项目计划活动过程及规范。

（1）根据客户需求，将项目的功能进行 WBS 分解，对项目进行功能点数估算（如表 4-2 所示）。

表 4-2 功能 WBS 分解表及功能点估算

软件系统	大 功 能	小 功 能	功能点数
面向某客户的工程项目文件比较工具软件	工具软件启动	工具软件启动方式 1	20
		工具软件启动方式 2	30
	比较工程设定	比较源工程设定	10
		比较目的工程设定	10
	策略设定	工程策略设定	10
		模块策略设定	10
		Visio 文件比较选项设定	10
		Visio 文件比较策略设定	10
	属性比较的日语显示	属性比较的日语显示编辑	10
		属性比较的日语显示设定	10

续表

软件系统	大 功 能	小 功 能	功能点数
面向某客户的工程项目文件比较工具软件	比较功能	工程概要比较功能	20
		工程详细比较功能	20
		工程信息文件文本比较	20
		模块详细比较功能	20
		模块信息文件文本比较	20
		函数文本文件比较	20
		函数的 Visio 文件比较	20
		输出目录比较	20
		输出文件比较	20
	比较结果显示功能	工程比较结果的树形显示	20
		输出栏的比较结果显示	20
		工程的属性比较结果显示	20
		模块的属性比较结果显示	20
		输出的属性比较结果显示	20
		代码的属性比较结果显示	20
		文档的属性比较结果显示	20
		函数的文本属性比较结果显示	20
		函数的 Visio 文件属性比较结果显示	20
	比较结果保存功能	—	10
	工程规范性校核功能	工程规范性校核功能	30
		工程规范性校核结果的树形显示功能	20
		工程规范性校核结果的详细显示	20

(2) 根据组织的规模经验数据估算项目规模(如表 4-3 所示)。

表 4-3 项目规模估算结果

估 算 项 目	规模经验值单位	规模经验值	估算数据单位	估算数据
需求文档规模	页/功能点	0.15	页	86
概要设计文档规模	页/功能点	0.05	页	29
详细设计文档规模	页/功能点	0.15	页	86
编码规模	KStep/功能点	0.04	KStep	23
单元测试规模	用例/功能点	0.4	用例数	228
集成测试规模	用例/功能点	1	用例数	570
系统测试规模	用例/功能点	1	用例数	570

（3）根据组织的生产效率经验数据估算项目开发工作量（如表 4-4 所示）。

表 4-4 项目工作量估算结果

工 作 量	生产效率单位	生产效率值	估算数据单位	估算数据
需求分析工作量	页/人日	2.1	人日	41
概要设计工作量	页/人日	0.77	人日	37
详细设计工作量	页/人日	5.1	人日	17
编码工作量	KStep/人日	0.55	人日	41
单元测试工作量	用例/人日	14	人日	16
集成测试工作量	用例/人日	16	人日	36
系统测试工作量	用例/人日	20	人日	29

除此之外，项目经理还要对项目人力资源、软硬件资源、商务活动和培训活动等进行预估，并根据上述估算的工作量进行工作日程的编排，最终制作《软件项目开发计划》。工作日程的编排如图 4-3 所示。

软件项目开发计划

1. 项目基本信息

项目编号	PJ_TR_2011_035	项目生命周期模型	瀑布模型
项目名称	面向某客户的工程项目文件比较工具软件开发		

2. 项目目标与范围

2.1 项目目标

功能目标：实现工程项目文件的比较功能，主要包括工程文件及模块文件（XML文件）的比较、Visio 文件的比较和文本文件的比较。

质量目标：交付后软件缺陷密度不大于 2 件/KStep。100 个 Visio 文件比较处理时间小于 20 秒。

成本目标：项目总成本控制在 12 人月以内。

交货期目标：2012 年 12 月 15 日前向客户提交以下交付产物：软件规格说明书、软件设计书、软件代码、软件测试成绩书、软件安装程序及工具软件使用说明书。

2.2 项目范围

项目功能范围：项目功能范围以双方确定的《比较工具软件规格说明书》的内容为准，除此之外的功能不在本项目开发范围之内。

项目工程范围：工程项目文件比较工具解决方案提案、软件需求分析、软件设计、软件编码和软件测试等全部工程范围。

3. 人力资源计划

本项目利害关系人如下表所示。

利害关系人	职 务	项目中角色/职责	工作内容（时间）	备 注
小泉一郎	科长	客户	项目各里程碑处的中间产物的审查、疑问解答及必要资源的提供	
张继军	总经理	Sponsor	必要时提供公司资源支持	
陈金平	质量管理部长	质量负责人	质量保证计划的审核及质量问题的协调解决	
徐前进	软件技术部长	高级经理	项目计划的审核及对项目经理提供必要的协助和支持	
楚定辉	软件营业部长	立项建议人	对项目各方面进行了解，必要时在项目经理和客户之间进行协调	
李红霞	—	项目经理	负责项目全面管理，总体协调、跟踪控制项目进度和质量	
许新	—	需求分析、系统分析、架构设计	负责需求分析、软件架构设计及概要设计	
王蝶丽	—	模块设计、程序设计	负责详细设计及模块的编码工作	
陶樱斐	—	程序设计、测试	负责模块的编码和测试工作	
王举峰	—	程序设计、测试和配置管理	负责模块的编码和测试工作，负责该项目的配置管理工作	
沈佳	—	QA	对项目开发过程及工作产品进行监察	

4. 人员培训计划

本项目中各开发成员均具备相应的技术知识技能，不需要做特别的培训。

5. 软硬件资源计划

软硬件资源名称	级别	详细配置	获取方式及时间	用 途
PC（6台）	普通	CPU：P4 2.0GHz以上/内存：1GB以上	已经存在	软件开发
服务器（1台）	普通	CPU：2.0GHz以上/内存：1GB以上	已经存在	配置管理
交换机	普通	千兆以太网交换机	已经存在	开发环境
D300Win软件	关键	V3	可以借用	测试环境

6. 项目进度计划

限于篇幅，此处省略。

7. 其他下属计划

下属计划名称	责任人	计划制作时间	备 注
风险管理计划	李红霞	2011/10/14	
配置管理计划	王举峰	2011/10/14	
质量保证计划	沈佳	2011/10/14	
技术评审计划	李红霞	2011/10/14	
项目度量计划	李红霞	2011/10/14	
项目测试计划	李红霞	2012/12/25	

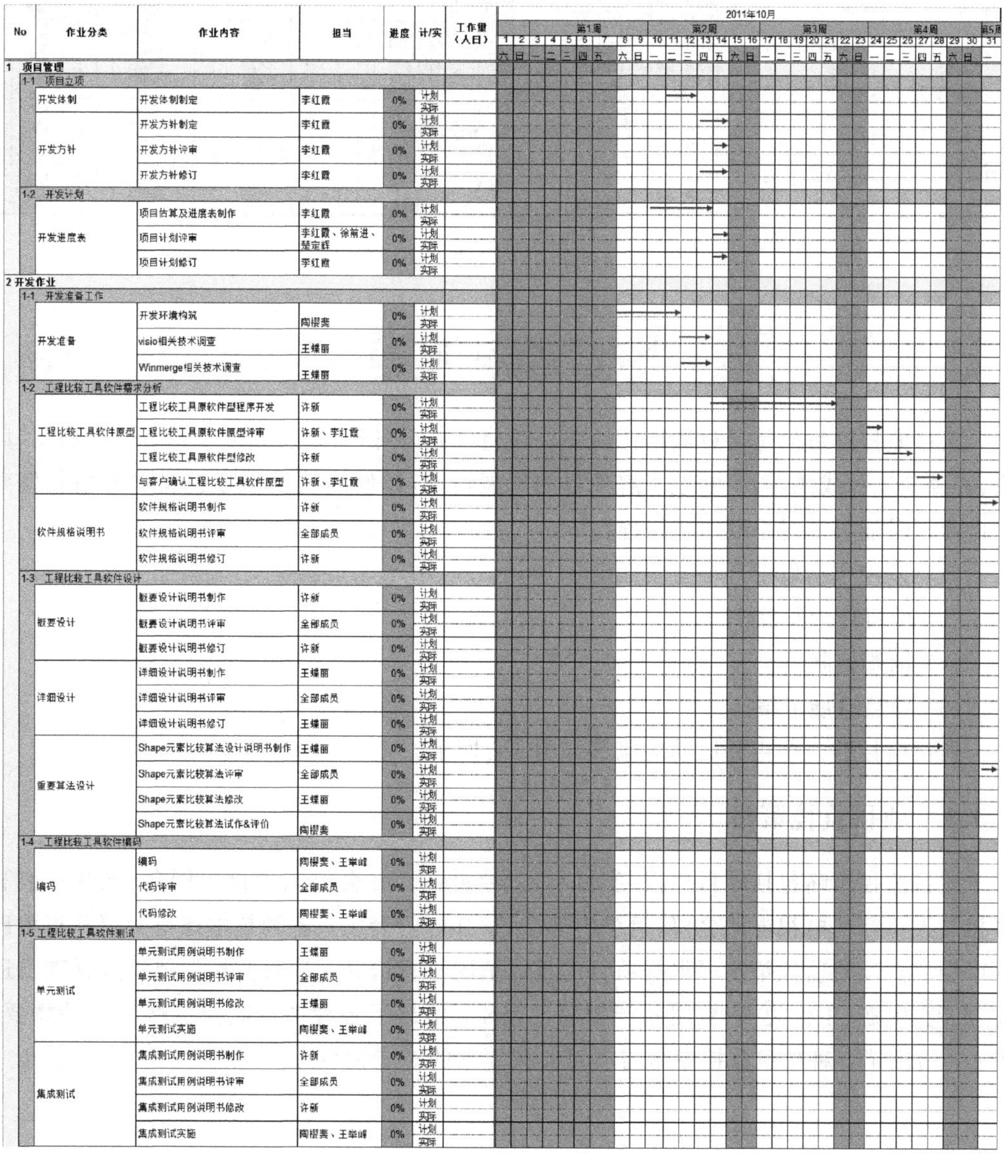

No	作业分类	作业内容	担当	进度	计/实	工作量(人日)
1	项目管理					
1-1	项目立项					
	开发体制	开发体制制定	李红霞	0%	计划/实际	
	开发方针	开发方针制定	李红霞	0%	计划/实际	
		开发方针评审	李红霞	0%	计划/实际	
		开发方针修订	李红霞	0%	计划/实际	
1-2	开发计划					
	开发进度表	项目估算及进度表制作	李红霞	0%	计划/实际	
		项目计划评审	李红霞、徐菊进、壁宝辉	0%	计划/实际	
		项目计划修订	李红霞	0%	计划/实际	
2	开发作业					
2-1	开发准备工作					
	开发准备	开发环境构筑	陶樱禀	0%	计划/实际	
		visio相关技术调查	王燡丽	0%	计划/实际	
		Winmerge相关技术调查	王燡丽	0%	计划/实际	
2-2	工程比较工具软件需求分析					
	工程比较工具软件原型	工程比较工具原软件程序雏形开发	许颀	0%	计划/实际	
		工程比较工具原软件原型评审	许颀、李红霞	0%	计划/实际	
		工程比较工具原软件型修改	许颀	0%	计划/实际	
		与客户确认工程比较软件原型	许颀、李红霞	0%	计划/实际	
	软件规格说明书	软件规格说明书制作	许颀	0%	计划/实际	
		软件规格说明书评审	全部成员	0%	计划/实际	
		软件规格说明书修订	许颀	0%	计划/实际	
2-3	工程比较工具软件设计					
	概要设计	概要设计说明书制作	许颀	0%	计划/实际	
		概要设计说明书评审	全部成员	0%	计划/实际	
		概要设计说明书修订	许颀	0%	计划/实际	
	详细设计	详细设计说明书制作	王燡丽	0%	计划/实际	
		详细设计说明书评审	全部成员	0%	计划/实际	
		详细设计说明书修订	王燡丽	0%	计划/实际	
	重要算法设计	Shape元素比较算法设计说明书制作	王燡丽	0%	计划/实际	
		Shape元素比较算法评审	全部成员	0%	计划/实际	
		Shape元素比较算法修改	王燡丽	0%	计划/实际	
		Shape元素比较算法试作&评价	陶樱禀	0%	计划/实际	
2-4	工程比较工具软件编码					
	编码	编码	陶樱禀、王举峰	0%	计划/实际	
		代码评审	全部成员	0%	计划/实际	
		代码修改	陶樱禀、王举峰	0%	计划/实际	
2-5	工程比较工具软件测试					
	单元测试	单元测试用例说明书制作	王燡丽	0%	计划/实际	
		单元测试用例说明书评审	全部成员	0%	计划/实际	
		单元测试用例说明书修改	王燡丽	0%	计划/实际	
		单元测试实施	陶樱禀、王举峰	0%	计划/实际	
	集成测试	集成测试用例说明书制作	许颀	0%	计划/实际	
		集成测试用例说明书评审	全部成员	0%	计划/实际	
		集成测试用例说明书修改	许颀	0%	计划/实际	
		集成测试实施	陶樱禀、王举峰	0%	计划/实际	

图 4-3 项目计划日程示意图

1-6 工程比较工具软件系统测试				
系统测试	系统测试（含性能测试）数据准备	许新	0%	计划 实际
	系统测试用例说明书制作	许新	0%	计划 实际
	系统测试用例说明书评审	全部成员	0%	计划 实际
	系统测试用例说明书修改	许新	0%	计划 实际
	系统测试实施	陶樱斐、王举峰	0%	计划 实际
1-7 软件交付				
操作手册	软件操作手册制作	王举峰	0%	计划 实际
	软件操作手册评审	全部成员	0%	计划 实际
	软件操作手册修改		0%	计划 实际
安装程序	安装程序制作	陶樱斐	0%	计划 实际
	安装程序调试	陶樱斐	0%	计划 实际
交付	交付数据准备&交付	李红霞	0%	计划 实际
3 里程碑评审				
3-1 DR0				
评审准备	评审会议通知及评审材料准备	李红霞	0%	计划 实际
评审会议	评审会议	李红霞、徐前进、楚定辉、陈金平	0%	计划 实际
3-2 DR1				
评审准备	评审会议通知及评审材料准备	李红霞	0%	计划 实际
评审会议	评审会议	李红霞、徐前进、楚定辉、陈金平	0%	计划 实际
3-3 DR2				
评审准备	评审会议通知及评审材料准备	李红霞	0%	计划 实际
评审会议	评审会议	李红霞、徐前进、楚定辉、陈金平	0%	计划 实际
3-4 DR3				
评审准备	评审会议通知及评审材料准备	李红霞	0%	计划 实际
评审会议	评审会议	李红霞、徐前进、楚定辉、陈金平	0%	计划 实际

图 4-3 （续）

4.3 项目监控

项目监控的目的是通过周期性地跟踪项目实施的各种参数，如进度、工作量、费用、风险、资源和工作成果等，不断地了解项目的进展情况，以便当项目实际进展状况显著偏离项目计划时能够及时采取纠正措施。

项目监控包括以下 3 个主要活动：

（1）项目计划跟踪；

（2）偏差控制；

（3）项目进展汇报。

项目监控的 3 个主要活动的流程如图 4-4 所示。

4.3.1 项目监控策略

项目监控策略包括项目周报、项目早例会（stand-up 会议）、项目周例会、与客户或利害相关人举行的电视电话会议、组织内部会议（如部门会议）、各种技术评审会议和里程碑评审会议。项目监控策略可根据项目的具体情况进行选择。项目监控的要素包括项目进度、风险、资源、工作规模、费用和产物等。表 4-5 给出了各种项目监控策略的活动概要。表 4-6 给出了各种项目监控策略与项目监控要素的对应关系。

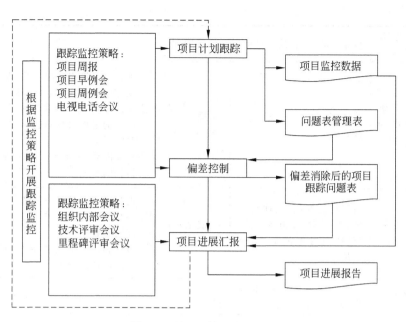

图 4-4　项目监控活动流程图

表 4-5　项目监控策略

策略＼内容	参加人员（信息共享对象）	活动频度	活 动 内 容
项目周报	组织相关责任人、项目经理、项目组成员、客户	每周一次	项目一周以来的情况总结（包括项目监控的各要素及问题概要）
项目早例会（stand-up 会议）	项目经理、项目组成员（为了提高会议效果，参加人数控制在 10 人以内。多于 10 人的项目，须分解成多个子项目，先以子项目为单位开早例会，再进行各子项目组长间的早例会）	每天早上一次（15 分钟以内）	□ 沟通项目组前一天的工作内容以及当天的工作计划或预定 □ 共享在工作中碰到的问题（不需要马上给出解决方案） □ 其他联络事项
项目周例会	项目经理、项目组成员	每周一次	□ 跟踪前次会议决议和未决内容 □ 总结项目组本周工作情况并安排下周工作 □ 根据项目跟踪情况，找出并分析项目偏差 □ 确认客户参与情况 □ 确认对风险的识别和跟踪情况

续表

内容 策略	参加人员(信息共享对象)	活动频度	活动内容
与客户或利害关系人举行的电视电话会议	项目经理、客户、项目组核心成员	每周或每两周一次(视对方要求而定)	□ 汇报项目进展情况,重点是说明项目跟踪中发生的问题(包括风险) □ 讨论需要与会利害关系人(如客户)参与的事项(比如试验设备是否能按时提供等) □ 其他需要和与会利害关系人说明或讨论的事项
组织内部会议(如部门会议)	组织相关责任人、项目经理、组织内部相关人员(包括项目组成员)、QA人员	一般每月一次	□ 汇报组织内项目进展情况 □ 共享组织内项目在 FQCD 等方面的问题和解决方案 □ 讨论和说明其他需要和组织相关责任人沟通的事项
技术评审会议	项目经理、相关技术专家、相关项目组成员	按照技术评审计划	就专门的技术问题进行讨论和评审
里程碑评审会议	组织相关责任人、项目经理	项目里程碑处	重点讨论以下事项: □ 项目工期情况 □ 任务进展情况 □ 工作量投入情况 □ 项目质量状况 □ 项目需求变更情况 □ 项目对规范的符合性情况 □ 配置管理情况 □ 风险管理情况 □ 后续阶段工作计划

表 4-6　监控策略与监控要素的对应关系

监控要素 监控策略	进度	风险	资源	工作规模	费用	产物
项目周报	√	√	△	×	×	×
项目早例会	√	△	△	×	×	×
项目周例会	√	√	△	√	×	×
电视电话会议	√	√	△	△	△	△
组织内部会议	√	√	√	√	√	×
技术评审会议	×	×	×	×	×	√
里程碑评审会议	√	√	√	√	√	√

(符号说明:√表示监控对象;△表示监控或非监控对象;×表示非监控对象)

4.3.2　项目计划跟踪

项目计划跟踪的目的是周期性地跟踪任务(含进度和工作量)、费用、风险、资源、规模和工作成果等,记录监控数据,及时了解项目的实际进展情况;项目经理根据记录的监控数据,对比项目实际进展与项目计划,找出显著偏差项。

【参与人员】

◆ 项目经理;

◆ 项目组成员。

【开始准则】

项目计划开始实施。

【结束准则】

项目结束并结项。

【输入】

《软件项目开发计划》。

【输出】

《问题管理表》。

【主要活动】

[Step1] 进度跟踪。

项目经理按照项目监控策略跟踪每个重要的任务,将采集的当前进度反映到项目计划中,并对比当前进度与项目计划。如果发生显著偏差,则将此偏差记录到《问题管理表》中并实施偏差控制。

[Step2] 费用跟踪。

项目经理按照项目监控策略跟踪项目当前投入的工作量,对比当前投入工作量与项目计划工作量。如果发生显著偏差,则将此偏差记录到《问题管理表》中并实施偏差控制。

[Step3] 资源跟踪。

项目经理按照项目监控策略跟踪项目的软硬件资源的获取方式、获取日期和用途,并对比项目计划。如果发生显著偏差,则将此偏差记录到《问题管理表》中并实施偏差控制。

[Step4] 工作成果及其规模跟踪。

项目经理按照项目监控策略跟踪工作成果及其规模,并对比当前工作成果及其规模与项目计划。如果发生显著偏差,则将此偏差记录到《问题管理表》中并实施偏差控制。

[Step5] 风险跟踪。

项目经理按照项目监控策略跟踪项目风险,按照风险管理规范管理风险。

以上 5 个步骤的实施过程中,如有项目利害关系人的承诺事项产生,则应同步跟踪承诺事项是否兑现,如果承诺事项没有兑现并且对项目产生影响的话,该承诺事项即可转换成问题,应及时记录在《问题管理表》中并实施偏差控制。

4.3.3 偏差控制

偏差控制的目的是项目经理针对项目跟踪发现的问题,分析偏差原因,及时采取纠正措施。

【参与人员】
- 项目经理;
- 项目组成员。

【开始准则】
项目执行过程中针对项目计划产生偏差。

【结束准则】
显著的项目偏差得到控制。

【输入】
- 《软件项目开发计划》;
- 《问题管理表》。

【输出】
- 《软件项目开发计划》(根据对项目的跟踪,在需要更新项目计划时);
- 《问题管理表》。

【主要活动】
[Step1] 偏差原因分析。

项目经理及项目组成员共同分析产生显著偏差的原因,共同探讨纠正偏差的措施方案。

[Step2] 纠正偏差。

项目经理及项目组成员选择纠正偏差的措施方案并实施。如果偏差主要是由于项目计划不合理导致的,则应当变更项目计划。变更项目计划应遵循 4.2.4 节描述的活动规范;如果项目计划本身是合理的,偏差主要是由于项目组成员在执行过程中产生的,那么应该要求项目组成员弥补偏差,采取相应的措施避免原本合理的计划在实施时落空。

[Step3] 跟踪纠偏过程。

项目经理跟踪纠正偏差的过程,直到该偏差消失为止。

4.3.4 项目进展汇报

项目进展汇报的目的是周期性地向项目利害关系人通报项目进展情况,以便利害关系人能够更好地参与到项目中来。

【参与人员】
项目经理。

【开始准则】

项目计划实施开始后周期性地进行,或者在项目里程碑处或重大偏差发生时进行。

【结束准则】

项目结束并结项。

【输入】

◆ 《软件项目开发计划》;

◆ 《问题管理表》。

【输出】

项目进展报告(正式或非正式,形式可以多种多样)。

【主要活动】

项目经理将项目进展情况及时通报给包括所有项目组成员在内的项目利害关系人,必要时向组织管理层汇报。报告形式不固定,可以是书面报告(如项目周报形式),也可以是邮件和会议记录等非正式的报告,甚至可以是口头汇报。

项目进展汇报其实质是沟通管理的信息发布的一部分,不过沟通管理的信息发布的内容范围更广,详细可以参考 4.5.2 节的内容。

4.3.5　项目监控的主要工作成果

项目监控的主要成果有项目监控过程产生的一些监控数据、《问题管理表》以及项目的进展报告等。这些工作成果都无须特别的文档模板,其中《问题管理表》可以参考 3.3.3 节中的《项目质量问题跟踪表》和 3.3.5 节中的《问题管理表》的内容。

4.4　变更管理和需求变更管理

变更管理是指在软件生命周期内,对发生的所有需要改动内容的管理。在软件的生命周期中,变更是不可避免的,而且非常频繁地出现,如用户需求变了,需要调整计划或者设计;测试发现了缺陷,需要对错误代码进行修改;人员流失了,需要对项目计划进行一定的调整。缺陷管理、需求管理和风险管理从本质上来说也是变更管理,它们都是为了保证项目在变化过程中始终处于可控状态,并随时可跟踪和回溯到某个历史状态。

4.4.1　变更管理

变更管理的目的是通过建立控制点及报告、审查制度,严格控制和管理软件生存周期内产生的所有变更,保持修改信息,并把精确、清晰的信息传递到软件工程过程的下一步骤。

【参与人员】

◆ 项目经理;

◆ 项目组成员(主要是与变更相关的人员,称为变更提出人)。

【开始准则】

变更产生时。

【结束准则】

变更得到实施并确认完毕。

【输入】

与变更内容相关的数据。

【输出】

《变更管理表》。

【主要活动】

[Step1] 变更记录和申请。

变更提出人记录变更的详细信息并提出变更申请。需要记录的信息根据不同组织和不同项目而不同,要点在于简明扼要地记录下有价值的信息,比如因缺陷发生需要变更时记录缺陷发生时的环境,因需求变化需要变更时需要记录变更的主要功能。建议采用变更管理工具(如 Rational ClearQuest 等)来记录变更信息,因为变更管理工具不仅要能方便地记录信息,而且会给记录者一些记录的提示信息,帮助记录者准确地记录变更。

[Step2] 审核变更。

项目经理首先确认变更意义,从实现项目目标需要角度出发分析变更的必要性,从而决定是否需要修改。其次,项目经理要确认变更可能产生的影响,根据影响分析决定是否要修改变更的内容。如有必要还要对项目其他方面(比如项目计划、配置管理等)做同步变更。

[Step3] 实施变更。

根据确定的变更要求进行修改。首先要保证修改实施是完全而彻底的,比如提出了一个需求变更,不能只改了需求文档而不改代码或者用户文档(在组织分工情况下,如何协调多个小组的同步变更,保证工作产品的一致性成为一个很严峻的问题)。

实现变更的一个初始目的就是为了项目的跟踪回溯,因此针对变更而做的修改也应该被记录下来并和变更关联起来,实现为什么变更、变更了什么的双向跟踪。

[Step4] 确认变更实施情况。

项目经理确认并验证变更确实得到了实施。如果是变更申请因没有得到批准而变更没有得到实施时,也需要确认变更不被批准的理由是否合适。

一般来说,单次的变更管理到此就结束了,但是作为组织层面的变更管理还没有结束。为了更好地做出各种管理决定,项目经理或者更高层的管理人员应该经常了解项目中的变更状态,度量分析变更数据,从而了解项目的质量状况。进行定期的复盘,寻找变更根源,从而进行有针对性的甚至是制度化的改进。

4.4.2 需求变更管理

需求变更是个永恒的真理。需求变更的一个重要原因是系统周围的世界在变化,从而要求系统适应这个变化。在项目生命周期的任何时候或者项目结束之后都可能发生需求变更。不管做多少准备和计划都不可能阻止项目的需求变更。

需求变更管理作为一种重要的变更管理,它定义了一系列活动,当有新的需求或对现有需求进行变更(可以称它们都是需求变更)时就会执行这些活动。需求变更可以在项目执行的任何一个点上发生。需求变更会影响项目的进度,甚至会影响已经完成的工作产品。越是在生命周期后期的需求变更,对项目的影响越严重。不可控的需求变更将导致对成本、进度以及项目质量的严重负面影响,甚至直接导致项目失败。

需求变更管理控制需求变更并减少对项目的影响。需要理解需求变更请求的隐含意义以及变更带来的影响。同样,也需要客户意识到变更对项目影响的后果,使得双方可以友好地将变更反映到协商好的条款中。需求变更管理过程,从某种意义上说,是试图保证在需求变更影响下项目依然可以成功。

【参与人员】

◆ 项目经理;

◆ 项目组成员(主要是需求调研员)。

【开始准则】

需求变更产生时。

【结束准则】

需求变更管理处理完毕(如产生新的《软件需求规格说明书》、新的《软件项目开发计划》等)。

【输入】

与需求变更相关的数据。

【输出】

《变更管理表》。

【主要活动】

[Step1] 需求变更记录。

项目经理接收到客户的需求变更要求,或者需求调研员在调研过程中发现需求有变更时,记录需求变更,应包括变更的简要描述、变更的影响和关键数据。

[Step2] 分析变更。

项目经理(或项目经理指定的核心成员)负责对需求变更的内容进行分析,并将分析结果记入《变更管理表》。分析的内容包括:变更的内容对整个项目的影响(包括变更请求需要的工作量、交付时间的变更以及对总的成本花费的影响等)、因变更带来的风险及对这些变更应该采取的行动等。

[Step3] 评审变更。

项目经理召集相关人员进行需求变更评审,对以上的变更分析结果进行讨论,并将评审结果提交相关责任人批准(特别是因为需求变更而带来成本费用上的变化时可能还需要组织更高层管理员的批准)。

[Step4] 实施变更。

实施下列因需求变更而引起的修改工作,并获得相关利害关系人的承认。

(1) 变更获得批准后,对需求文档进行变更和修改。

(2) 对变更过后的需求文档进行评审。

(3) 项目经理与立项申请人或客户联系,对变更的内容及实施计划进行说明,获得立项申请人或客户对变更过后的需求文档的承认。

(4) 项目计划修改并得到客户或立项申请人的承认。

[Step5] 确认变更实施情况。

项目经理确认并验证需求变更确实得到了实施。

4.4.3 变更管理的主要工作成果

变更管理的主要成果就是《变更管理表》。《变更管理表》可参考 3.3.2 节中的《配置项变更控制报告》的内容。

4.5 沟通管理

项目沟通管理包括为确保项目信息及时且恰当地生成、收集、发布、存储、调用并最终处置的各个过程。项目经理的大多数时间都用在与团队成员和其他利害关系人的沟通上,无论这些成员和利害关系人是来自组织内部(位于组织的各个层级上)还是组织外部。有效的沟通能在各种各样的项目利害关系人之间架起一座桥梁,把具有不同文化和组织背景、不同技能水平以及对项目执行或结果有不同观点和利益的利害关系人联系起来。沟通管理的主要活动过程包括:

(1) 规划沟通;

(2) 发布信息;

(3) 报告绩效;

(4) 管理利害关系人。

沟通管理的活动过程如图 4-5 所示。

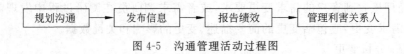

图 4-5 沟通管理活动过程图

4.5.1 规划沟通

规划沟通是在识别项目的利害关系人的基础上,确定项目利害关系人的信息需求,并定义沟通方法的过程。规划沟通活动旨在对项目利害关系人的信息和沟通需求做出应对安排,如谁需要何种信息,何时需要,如何向他们传递,以及由谁来传递。虽然与所有利害关系人都需要进行沟通,但是各项目利害关系人的信息需求和信息发布方式可能会差别很大。识别利害关系人的信息需求并确定满足这些需求的适当方法,是决定项目成功的重要因素。

【参与人员】

项目经理。

【开始准则】

项目开发工作开始实施。

【结束准则】

《项目沟通管理计划》完成并通过评审。

【输入】

◆ 立项管理产生的相关数据；

◆ 组织过程资产（如以往项目的经验教训等）。

【输出】

◆《项目沟通管理计划》；

◆《项目利害关系人登记表》；

◆《项目利害关系人管理策略表》。

【主要活动】

［Step1］识别项目利害关系人。

识别全部潜在的项目利害关系人及其相关信息，包括他们的角色、部门、利益、知识水平、期望和影响力。关键利害关系人（如项目发起人、主要客户）比较容易识别，对非关键利害关系人的识别可以通过对已识别的利害关系人进行访谈来进行，扩充利害关系人名单，直至列出全部潜在利害关系人。

［Step2］制订利害关系人管理策略。

识别每个利害关系人可能产生的影响或可能提供的支持，并把他们分类，从而制订管理策略。在利害关系人很多的情况下，需要对关键利害关系人进行排序，以便有效地分配精力来了解和管理关键利害关系人的需求。

［Step3］评估关键利害关系人。

对关键利害关系人对不同情况可能做出的反应和应对进行评估，以便策划如何采取措施对他们施加影响，提高他们的支持程度或者降低他们的潜在负面影响。

［Step4］沟通需求分析。

确定项目利害关系人的信息需求，包括信息的类型、格式以及信息对利害关系人的价值。项目资源只能用于有益于项目成功的信息，或者那些因缺乏沟通会造成失败的信息。

［Step5］确定沟通技术和方法。

确定采用何种方法在项目利害关系人之间传递和共享信息，并决定如何使用以及何时使用该方法。

［Step6］生成和评审沟通管理文档。

生成各种输出文档并评审。主要生成的文档有以下 3 个：

（1）《项目利害关系人登记表》，其内容一般至少包括利害关系人基本信息（姓名、职位、地点、在项目中的角色、联系方式）、评估信息（需求、主要期望、对项目的潜在影响、关系密切的生命周期阶段)和分类信息(如支持者、中立者还是反对者)。

（2）《项目利害关系人管理策略表》，内容一般至少包括：每个利害关系人在项目中的利益、影响评估和潜在策略。

（3）《项目沟通管理计划》，通常包括以下内容：利害关系人的沟通需求、需要沟通的信息(包括语言、格式、内容和详细程度)、发布相关信息的原因、发布所需信息的时限和频度、负责沟通相关信息的人员、有权发布机密信息的人员、将要接受信息的个人或小组、传递信息的技术或方法、沟通活动所需资源、问题上报时限和上报途径等。

4.5.2　发布信息

发布信息是按照项目沟通管理计划，根据既定的管理策略向项目利害关系人提供相关信息的过程。在整个项目的生命周期和全部管理过程中都要展开本活动，主要包括执行沟通管理计划和应对未预期的信息需求。

【参与人员】

◆ 项目经理；

◆ 项目组成员；

◆ 项目利害关系人。

【开始准则】

《项目沟通管理计划》实施开始。

【结束准则】

项目结束并结项。

【输入】

◆《项目沟通管理计划》；

◆《项目利害关系人登记表》；

◆《项目利害关系人管理策略表》。

【输出】

无。

【主要活动】

项目经理或者项目组成员按照《项目沟通管理计划》的时间，根据《项目利害关系人管理策略表》中既定的管理策略分别向项目利害关系人提供信息。

信息发布时，发送方应保证信息内容清晰明确和完整无缺，以便让信息接收方能够正确接收，并确认无误。信息接收方应保证信息接收完整无缺，信息理解正确无误。为了保证信息发送方内容清晰明确和准确无误，信息可通过多种方式收集和检索，包括手工归档系统、电子数据库、项目管理软件，以及可调用工程图纸、设计要求和测试计划等技术文件系统。同时为了保证接收方正确接收和理解信息，可以采用多种方式进行发布，包括项目会议、纸质文档发布工具、手工归档系统、共享电子数据库、新闻发布系统、电子通信和会议工具(如电子邮件、传真、电话会议、视频会议、网络会议、网站和网络出版等)和项目管理电子工具(如进度计划编制网络界面、项目管理软件、会议和虚拟办公室支持软件、门户以及协同工作管理工具)等。

4.5.3 报告绩效

绩效报告是指收集所有基准数据并向项目利害关系人提供绩效信息的过程。一般来说,绩效信息包括为实现项目目标而投入的资源的使用情况,如项目范围、进度计划、费用和质量方面的信息。许多项目也要求在绩效报告中加入风险及采购信息。绩效报告的过程包括定期收集、对比和分析基准与实际数据,以便了解和沟通项目进展与绩效情况,并预测项目结果。

【参与人员】

项目经理。

【开始准则】

《项目沟通管理计划》实施开始。

【结束准则】

项目结束并结项。

【输入】

《项目沟通管理计划》。

【输出】

无。

【主要活动】

[Step1] 工作绩效信息收集。

项目经理在项目活动过程中收集实施情况信息,例如项目可交付成果的状态、进度进展情况和已经发生的成本情况等(详细内容可参考 4.3 节的相关内容)。

[Step2] 偏差分析。

偏差分析是一种事后审查,以便找出导致计划与实际绩效之差异的原因。通常按照下面的步骤进行:

(1)验证所收集绩效信息的质量,确保其完整性、与过去数据的可比性以及与项目或状态信息相比较的可靠性。

(2)把实际绩效信息与项目计划进行比较,确定偏差。应该注意各种有利和不利偏差,使用挣值管理技术来计算偏差。

(3)确定偏差对项目成本、进度和其他方面的影响。如果可能,还要分析偏差的发展趋势并记录与偏差原因和影响范围有关的任何发现。

[Step3] 完工预测。

以截至目前的绩效信息为基础,采用预测方法来估计未来的项目绩效。

[Step4] 报告绩效。

总结偏差分析和完工预测的数据，以横道图、S曲线图、直方图和表格等形式制作成绩效报告并定期发布绩效报告。绩效报告的格式可以是简单的状态报告，也可以是详细的描述报告。简单的状态报告仅显示诸如"完成百分比"的绩效信息，或者范围、进度、成本和质量等的状态指示图。详细的描述报告应至少包括以下几项：

(1) 对过去绩效的分析；

(2) 当前风险及问题状态；

(3) 当前完成的工作；

(4) 下次报告期要完成的工作；

(5) 本期批准的变更汇总；

(6) 偏差分析的结果；

(7) 预测项目完成情况（包括时间和成本）；

(8) 必须审查和讨论的其他相关信息。

4.5.4 管理利害关系人

利害关系人管理指对沟通进行管理，以满足利害关系人的需求并与利害关系人一起解决问题。对利害关系人进行积极管理，可促进项目沿着预期轨道行进，而不会因未解决的利害关系人问题而脱轨。同时，进行利害关系人管理可提高团队成员协同工作的能力，并限制对项目产生的任何干扰。

【参与人员】

项目经理。

【开始准则】

《项目沟通管理计划》实施开始。

【结束准则】

项目结束并结项。

【输入】

◆《项目沟通管理计划》；

◆《项目利害关系人登记表》；

◆《项目利害关系人管理策略表》。

【输出】

《问题管理表》。

【主要活动】

按照《项目利害关系人管理策略表》中事先确定的沟通方法和沟通策略与利害关系人进行沟通。在存在问题的情况下，形成《问题管理表》，须根据问题的紧急性和潜在影响，明确地对问题进行描述和分类，为问题解决对策指定负责人，并设定解决问题的目标日期。

4.5.5　沟通管理的主要工作成果

沟通管理的主要成果有《项目利害关系人登记表》、《项目利害关系人管理策略表》、《项目沟通管理计划》和《问题管理表》等。这些工作成果都无须特别的文档模板。

《项目利害关系人登记表》的内容一般至少包括利害关系人基本信息(姓名、职位、地点、在项目中的角色和联系方式)、评估信息(需求、主要期望、对项目的潜在影响和关系密切的生命周期阶段)和分类信息(如支持者、中立者还是反对者)。

《项目利害关系人管理策略表》的内容一般至少包括每个利害关系人在项目中的利益、影响评估和潜在策略。

《项目沟通管理计划》通常包括以下内容：利害关系人的沟通需求、需要沟通的信息(包括语言、格式、内容和详细程度)、发布相关信息的原因、发布所需信息的时限和频度、负责沟通相关信息的人员、有权发布机密信息的人员、将要接受信息的个人或小组、传递信息的技术或方法、沟通活动所需资源、问题上报时限和上报途径等。

《问题管理表》可以参考 3.3.3 节中的《项目质量问题跟踪表》和 3.3.5 节中的《问题管理表》的内容。

4.6　风险管理

风险管理是项目管理的重要活动,及时发现和应对风险可以降低项目延迟、预算超支或项目失败的可能性。风险管理是一个持续的过程,其包含的各子活动贯穿于项目的整个生命周期。风险管理包括制订风险管理计划、识别风险、分析风险、处理风险、跟踪风险和总结风险 6 个过程。风险管理活动流程如图 4-6 所示。

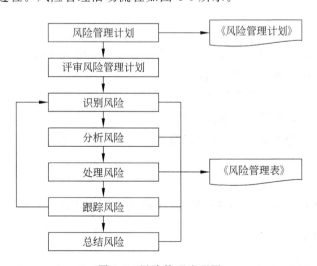

图 4-6　风险管理流程图

4.6.1　风险管理计划

风险管理计划的目的是为项目利害关系人在项目开发过程中提供项目风险方向和重点,它是进行项目风险管理的战略性的指导方针。

【参与人员】

◆ 项目经理;

◆ 项目组核心成员。

【开始准则】

项目计划开始实施。

【结束准则】

《项目风险管理计划》制作完成。

【输入】

《软件项目开发计划》。

【输出】

《项目风险管理计划》。

【主要活动】

［Step1］建立风险管理策略。

依照项目的特点确定风险管理策略,包含以下内容:

(1) 风险管理的范围;

(2) 识别、分析、缓解和跟踪风险用的方法和工具;

(3) 项目特有的风险来源和类型;

(4) 风险跟踪或风险分析的周期;

(5) 风险的参数以及统一的标准(典型的参数有可能性、影响和风险等级);

(6) 需要进行风险处理参数范围;

(7) 用于缓减风险所使用的技术。

［Step2］确定风险管理的过程和方法。

确定风险管理的过程和方法,包括风险管理过程中的所有子活动以及风险管理过程中可以使用的技巧和工具。

［Step3］制作风险管理计划。

将上述内容按照相应的文档规范制作《项目风险管理计划》。

4.6.2　风险管理

管理风险的目的是在项目的生命周期内循环执行风险识别、风险分析和风险处理等过程,直到项目的所有风险都被识别且关闭为止。

【参与人员】

◆ 项目经理；

◆ 项目组成员。

【开始准则】

《项目风险管理计划》制订完成。

【结束准则】

项目结束并结项。

【输入】

◆《软件项目开发计划》；

◆《项目风险管理计划》；

◆ 组织风险库；

◆ 项目监控过程中产生的相关数据。

【输出】

《风险管理表》。

【主要活动】

［Step1］识别风险。

根据《项目风险管理计划》的风险管理策略中定义的项目特有的风险来源、风险类型以及组织的风险库、项目成员的经验,利用《项目风险管理计划》中定义的风险管理方法对风险进行识别,并在《风险管理表》中记录识别出的风险。

需要说明的是,风险识别不是一次性的工作,在项目进展过程中,应该根据《项目风险管理计划》的风险管理策略中定义的风险跟踪周期,定期地根据实际情况的变化重新识别风险。

表 4-7 为一个软件外包服务组织的组织级风险库示例,读者可以把它作为项目组识别风险时的参考。

［Step2］分析风险。

根据《项目风险管理计划》的风险管理策略中定义的周期,定期地按照《项目风险管理计划》定义的风险参数对风险进行分析,并进行风险大小的排序。

例如,一般来说,首先估算每个风险的可能性和影响。风险可能性指风险发生的几率,取值范围为 0～100％。风险影响指风险对项目造成的危害程度,表 4-8 给出了影响值取值范围示例。

表 4-7　组织级风险库示例

风险源分类	风 险
需求	需求本身的不确定性
	具体需求内容明确得比较晚
	客户方需求变更(含新需求的追加)
	客户不能准确表达需求
	客户的参与不够深入
	客户对自己的需求不能及时提供
	需求调研员缺乏交流和说服力
计划	不切实际的日程要求(如项目工期太短)
	不可行的任务安排
	计划缺乏总体性
	对项目估计不足
	因技术难度等导致不可预期的开发任务
	无法取得工作量估计值
	其他事件占用开发时间
	缺乏管理上的有效支持
资源	开发人员不足
	开发人员变动
	开发人员能力欠缺
	开发人员经验不足
	语言沟通能力不足(依靠翻译)
	服务器损坏
	测试硬件缺乏
	签证延期
	项目所需外部模块不能及时到位
	项目中技术资料不足
	硬件网络资源出现故障
	不妥当的人员安排
技术	不可行的技术
	开发难度比较大
	不明确的技术方案
	技术调查失败

表 4-8 风险影响取值范围示例

参数风险影响值	描　　述
5	进度延误大于 30％,或者费用超支大于 30％
4	进度延误 20％～30％,或者费用超支 20％～30％
3	进度延误 10％～20％,或者费用超支 10％～20％
2	进度延误 5％～10％,或者费用超支 5％～10％
1	进度延误低于 5％,或者费用超支低于 5％

其次,根据风险的可能性和风险影响按照下列公式计算风险的大小并排序:

$$风险值＝可能性×影响$$

最后,根据风险值的大小确定风险等级,表 4-9 给出了确定风险等级的示例。

表 4-9 风险等级示例

风险等级	风险值大小	描　　述
高	风险值≥3	强烈要求有风险处理措施
中	1.6≤风险值<3	要求有风险处理措施
低	0<风险值<1.6	可以接受的风险,可以不做特别的处理

[Step3] 处理风险。

风险分析之后,按照《项目风险管理计划》中定义的需要进行风险处理的参数范围的要求对风险进行处理。

一般来说,当发现风险等级为中、高风险时(低风险为可以接受的风险,可以不进行特别的处理),选择风险处理方案、制订风险减缓计划,并为每个风险指定责任人来负责跟踪该风险。

[Step4] 跟踪风险。

按照《项目风险管理计划》的风险管理策略中定义的风险跟踪周期,定期地进行风险识别、分析和处理,跟踪风险的状态。如果风险的性质发生变化,应当作为一条新的风险,记录并更新《风险管理表》,直到风险关闭为止。

[Step5] 总结风险。

项目结束之后,项目经理对《风险管理表》进行总结并提交给组织相关责任部门,从而根据需要更新组织的风险库。

4.6.3　风险管理的主要工作成果

风险管理的主要成果有《项目风险管理计划》和《风险管理表》。下面介绍这两种文档的模板供读者参考。

1. 项目风险管理计划

该文档建议采用 Word 文档格式进行制作。

项目风险管理计划

1. 项目基本信息

项目编号		项目生命周期模型	
项目名称			

2. 风险管理策略

2.1 风险管理的总体思想和原则

［描述项目风险管理的总体思路和原则。］

2.2 风险管理范围

［描述项目风险管理的范围。］

2.3 风险管理的方法和工具

［描述可用于项目风险识别、分析的方法和工具。］

2.4 风险来源与分类

［描述项目可能的风险来源以及其分类。］

2.5 风险分析

［描述风险的参数及其取值的统一的标准以及风险跟踪和分析的周期。］

2.6 风险处置

［描述风险处理的参数范围和方法。］

3. 风险管理过程

［描述风险管理的过程，包括风险管理过程中的子活动及其详细描述。］

---

2. 风险管理表

该文档建议采用 Excel 文档格式进行制作。《风险管理表》的内容一般应至少包括以下项目。

◆ 记录日：记录该风险记入《风险管理表》的日期；

◆ 风险描述：记录产生该风险的背景及该风险的具体内容；

◆ 风险分类：记录《项目风险管理计划》中定义的该风险的风险分类；

◆ 发生可能性：记录风险发生的可能性大小，一般用百分数表示，取值为 0%～100%；

◆ 风险影响度：记录风险对项目造成的危害程度；

◆ 风险影响分类：记录风险影响项目的哪个方面，比如质量、成本或进度等；

◆ 风险值；

◆ 风险等级；

◆ 风险处理方式：记录风险选择何种处理方式，比如风险规避、风险减缓、风险转移或风险接受；

◆ 风险处理内容：记录按照选定的风险处理方式进行风险处理的具体内容；

◆ 责任人；

◆ 计划处理结束日期；

◆ 实际处理结束日期；

◆ 状态：记录该风险目前所处的状态，比如已经关闭、正在处理中或已经发生（转变成问题）等。

4.6.4　风险管理案例

本节以"面向某客户的工程项目文件比较工具软件开发"的项目为例说明风险管理的过程及规范。

1. 项目风险管理计划

项目风险管理计划

1. 项目基本信息

项目编号	PJ_TR_2011_035	项目生命周期模型	瀑布模型
项目名称	面向某客户的工程项目文件比较工具软件开发		

2. 风险管理策略

2.1　风险管理的总体思想和原则

风险管理的总体思想：以最小的风险管理成本获得最大的安全保障，从而实现经济价值最大化。成本是指在风险管理中各项经济资源的投入，包括人力、物力、财力乃至放弃一定的收益机会。安全保障是指风险管理的效果。

风险管理原则：事前管理、数量化佐证以衡量风险程度，预设最坏的情景。

2.2　风险管理范围

风险管理的范围覆盖本项目的开发全过程，包括工程项目文件比较工具解决方案提案、软件需求分析、软件设计、软件编码和软件测试等全部工程范围。

2.3　风险管理的方法和工具

本项目风险管理可采用如下 3 种方法进行。

（1）流程分析法：对整个项目开发过程进行全面的分析，对其中各个环节逐项分析可能遭遇的风险，找出各种潜在的风险因素，这种方法通常可采用风险列举法和流程图法进行展开。

（2）头脑风暴法：项目组全体成员围绕着项目的风险自发地提出自己的主张和想法，直到所有的想法和主张都提出来了或者限定的时间结束。

（3）核对表法：基于以前类比项目的信息及其他相关信息编制的风险识别核对图表对项目的风险进行识别的方法。该方法的主要优点是快而简单，缺点是受到项目可比性的限制。

2.4 风险来源及分类

本项目的风险来源主要有以下各方面。

类 别	风 险 来 源
需求	不确定的需求
	具体开发内容明确得比较晚
	发注方需求变更
	新功能追加
	客户对自己的需求不能及时提供
计划	不可行的日程安排
	不可行的任务安排
	估计不足
	项目工期太短
	不可预期的开发任务
	无法取得工作量估计值
	其他事件占用开发时间
资源	人员不足
	开发人员变动
	新人开发能力欠缺
	开发人员经验不足
	文档生成技术不足
	翻译依赖
	服务器损坏
	测试硬件缺乏
	签证延期
	所需外部模块不能及时得到
	提供的技术资料不足
	硬件网络资源出现故障

续表

类别	风险来源
日程	测试任务比较紧
	进度延迟
	开发模块多,工期短,工作量大
技术	不可行的技术
	开发难度比较大
	不明确的技术方案
	调查失败
测试	测试设备紧张

2.5　风险分析

本项目采用风险发生可能性、风险影响度、风险值和风险等级等参数来衡量风险大小。

（1）风险可能性为风险发生的几率,取值为 $0\%\sim100\%$。

（2）风险影响度为风险的危害程度,取值为 $1\sim5$,风险影响度可以参考下表进行取值。

影响分类	影响度＝1	影响度＝2	影响度＝3	影响度＝4	影响度＝5
成本	轻微成本增加	成本增加不到 5%	成本增加 $5\%\sim10\%$	成本增加 $10\%\sim20\%$	成本增加超过 20%
进度	轻微进度延迟	进度延迟不到 5%	进度延迟 $5\%\sim10\%$	进度延迟 $10\%\sim20\%$	进度延迟超过 20%
范围	轻微的范围缩小	影响到非主要部分的范围缩小	影响到主要部分的范围缩小	客户无法容忍的范围缩小	实用性受到影响的范围缩小
质量	轻微质量恶化	特殊的地方质量有恶化	需要客户承认的质量恶化	客户无法容忍的质量恶化	实用性受到影响的质量恶化

（3）风险值

$$风险值＝发生可能性×风险影响度/100$$

（4）风险等级分为高、中、低 3 级,参考下表进行确定。

风险等级	风险值
高	风险值≥3
中	1.6≤风险值＜3
低	0＜风险值＜1.6

另外,本项目对风险的跟踪和分析不是一次性的工作,在项目跟踪监控的时候必须对风险进行跟踪和分析。

2.6 风险处置

风险处置方式有以下几种。

(1) 规避风险:把风险排除在项目范围之外(比如因为某需求带来风险,可以去除该需求,从而将风险排除在项目范围之外)。

(2) 转移风险:把风险转移到能够得到更好的处理的领域(如通过保险等手段)。

(3) 减缓风险:采取行动来降低风险发生的可能或者发生后产生的影响。

(4) 接受风险:对风险有认知,但不采取任何行动。

本项目对风险的处置采用如下策略:

风险等级	风险处理方式
高	规避风险、转移风险或减缓风险。减缓风险时须制订风险减缓计划,并指定负责人负责跟踪该风险
中	规避风险、转移风险或减缓风险。减缓风险时须制订风险减缓计划,并指定负责人负责跟踪该风险
低	接受风险。但必须对风险进行监控

3. 风险管理过程

本项目的风险管理过程定义如下:

[Step1] 风险识别:结合2.4节定义的风险来源、公司风险库和项目组成员的经验,对风险进行识别。

[Step2] 风险分析:按照2.5节定义的参数对风险进行分析,确定风险等级。

[Step3] 风险处理:风险分析之后按照2.6节中定义的策略对中高风险选择风险处理方案,制订风险处理计划,并指定负责人对风险进行跟踪,直至风险关闭为止。

2. 风险管理表

由于风险管理表的内容是不断维护和更新的,为了说明风险管理表的内容,本节只给出风险管理表的一个示例,如表4-10所示。

表 4-10　风险管理表

No.	记录日	风险描述	风险分类	可能性	影响度	风险影响分类	风险值	风险等级	风险处理方式	风险处理内容	责任人	计划处理结束日期	实际处理结束日期	状态
1	10/13	客户没有提供清晰的需求说明书	不确定的需求	95%	4	进度	3.8	高	减缓风险	积极地和客户进行磋商,尽早明确需求。尽快地推进软件原型的开发,利用软件原型和客户进行充分的沟通	李红霞	11/10	12/1	关闭
2	10/13	需求的讨论费时,导致需求的后续工程有可能延期	进度延迟	50%	2	成本	1.0	小	接受风险	项目监控时对该风险进行监控	李红霞	—	—	关闭
3	10/14	客户对比较的工具软件要现存在着一定的未知因素	开发难度比较大	50%	4	质量	2.0	中	减缓风险	设计时充分考虑算法的性能问题,项目计划时把算法的性能测试放在前面,以便有充分的时间进行性能改善	李红霞	12/30		处理中

传统软件过程及其规范

5.1 传统软件过程概要

5.1.1 传统软件过程

传统软件过程又称为瀑布模型,它是 1970 年温斯顿·罗伊斯(Winston Royce)提出的,直到 20 世纪 80 年代早期,它一直是唯一被广泛采用的软件开发模型。从本质来讲,它是一个软件开发架构,开发过程是通过一系列阶段顺序展开的,从软件需求分析开始直到软件产品部署和维护,每个阶段都会产生循环反馈,因此,如果发现了问题,那么最好"返回"到上一个阶段进行适当的修改。开发过程从一个阶段"流动"到下一个阶段,这也是瀑布模型名称的由来。

传统软件过程存在很多变体,每种变体只是在阶段名称上略有区别,但是总体来讲,传统软件过程可以分为 5 个不同的阶段:

(1) 软件需求分析。虽然是第一步,但是这一步至关重要,因为它包含了获取客户需求与定义的信息,以及对需要解决的问题所能达到的最清晰的描述。软件需求分析包含了理解客户的商业环境与约束、产品必须实现的功能、产品必须达到的性能水平以及必须实现兼容的外部系统。

在这一阶段所使用的技术包括采访客户、使用案例等。这一阶段通常还强调用户接口的设计,包括与浏览和可用性相关的问题。软件需求分析阶段的结果通常是一份正式的需求说明书,这也是下一阶段的起始信息资料。

(2) 软件设计。这一步包括定义硬件和软件架构、组件、模块、界面和数据等来满足指定的需求。它包括了硬件和软件架构的定义,确定性能和安全参数,设计数据存储容器和限制,选择集成开发环境(IDE)和编程语言,并指定异常处理、资源管理和界面连接性的策略。这一阶段的输出结果是一份或多份设计说明书,这些说明书将在下一阶段使用。

(3) 软件编码。这一步包含了根据设计说明书来构建产品。通常,这一阶段由包括程序员、界面设计师和其他的专家在内的开发团队来执行,使用的工具包括编译软件、调试软件、解释软件和媒体编辑软件。

这一阶段将生成一个或多个产品组件,它们是根据每一条编码标准而编写的,并且经过了调试、测试并进行集成,以满足系统架构的需求。对于大型开发团队而言,有必要使用版本控制工具来追踪代码树的变化,这样在出现问题的时候可以还原以前的版本。

（4）软件测试。在这一阶段，独立的组件和集成后的组件都将进行系统性验证以确保没有错误并且完全符合第一阶段所制订的需求。一个独立的质量保证小组将定义测试实例来评估产品是完全实现了需求还是只是部分地实现了需求。

通常软件测试有 3 种：对独立的代码模块进行单元测试，对集成产品进行系统测试，以及客户参与的验收测试。如果发现了缺陷，将会对问题进行记录并向开发团队反馈以进行修正。在这一阶段，还有产品文档会经过准备、评估并发布，比如用户手册等。

（5）软件部署与维护。在产品通过测试并且被鉴定为符合需求的产品后，就会进入软件部署阶段，这一阶段包括了在客户站点进行系统或产品的安装和使用，这可以通过互联网或者物理媒介进行，通常交付使用的产品都带有正式的版本号，这为今后的产品升级提供了便利。维护发生在部署之后，包括了对整个系统或某个组件进行修改以改变属性或者提升性能，这些修改可能源于客户的需求变化或者系统使用中没有覆盖到的缺陷。通常，在维护阶段对产品的修改都会被记录下来并产生新的发布版本（称做"维护版本"并伴随升级了的版本号）以确保客户可以从升级中获益。

5.1.2　传统软件过程的优缺点

1. 传统软件过程的优点

传统软件过程为软件开发人员提供了众多优势。

首先，这个阶段性的软件开发模型规定了以下规则：每个阶段都有指定的起点和终点，过程最终可以被客户和开发者识别（通过使用里程碑），在编写第一行代码之前充分强调了需求和设计，这避免了时间的浪费，同时还可以尽可能地保证实现客户的预期需求。

提取需求和设计提高了产品质量，因为在设计阶段捕获并修正可能存在的漏洞要比测试阶段容易很多，毕竟在组件集成之后来追踪特定的错误要复杂很多。

最后，因为前两个阶段生成了规范的说明书，当团队成员分散在不同地点的时候，瀑布模型可以帮助实现有效的知识传递。

2. 传统软件过程的缺点

除了上述很明显的这些优势，传统软件过程近年来也受到了很多诟病，最突出的一点是关于软件需求分析的。通常客户一开始并不知道他们需要的是什么，而是在整个项目进程中通过双向交互不断明确的；而传统软件过程正是强调捕获需求和设计，在这种情况下，现实世界的反复无常就显得传统软件过程有些不切实际了。

其次，即使给定了客户需求，根据这些需求在一定的精确性范围内估算时间和成本也是非常困难的。

再次，传统软件过程还假定设计可以被转换为真实的产品，这往往导致开发者在工作时陷入困境。通常，看上去合理可行的设计方案在现实中往往代价昂贵或者异常艰难，从而需要重新设计，这样就破坏了传统软件过程清晰的阶段界限。

最后，传统软件过程将软件开发进行清晰的分工，将参与开发的人员分为设计师、程序员和测试员，但是在现实中这样的分工对于软件组织而言既不现实也没有效率。

5.1.3　传统软件过程的适用性

可操作的软件过程必须是有灵活性的,可以处理不同类型的项目,或者说针对不同类型的项目采用不同的软件过程。比如对于一个开发周期长的项目,清晰严谨的文档很重要。因此,关键是软件过程要能根据实际情况剪裁,同时软件过程要能被持续地改进,试图一步到位地建立和实施一个新的软件过程是很难成功的,过程改进是持续的也意味着是渐进的。传统软件过程虽然招致很多的批评,但是它对很多类型的项目而言依然是有效的,如果正确使用,可以节省大量的时间和金钱。对于一个项目而言,是否使用这一过程主要取决于是否能理解客户的需求以及在项目的进程中这些需求的变化程度。对于经常变化的项目而言,传统软件过程就没有太大的价值,这种情况下,可以考虑采用其他的过程方法来进行,比如螺旋模型(spiral model)的方法,或者根据实际情况对传统软件过程进行一些剪裁。

5.2　软件需求分析

软件需求分析就是对软件系统的开发提出明确要求的过程,通常是为了明确开发人员需要"实现什么",系统开发的工作目标是什么,系统由哪些部分组成,每个开发团队成员的责任是什么。如果要求不明确,团队成员就会按照各自的想法来完成工作,其结果就是成员之间的工作不能很好地协同,软件系统不能构成有机的整体,更有甚者,整个软件系统根本不能正常运行。良好的软件需求分析所形成的软件需求说明书就像交响乐的乐谱引领整个乐队演奏华丽的乐章。开发人员获取客户针对软件系统的需求信息进行分析并形成文档的过程就是软件需求分析。

5.2.1　软件需求分析的主要工作

IEEE 软件工程标准词汇表(1997 年)中对需求的定义如下:
(1) 用户解决问题或达到目标所需的条件或性能(capability)。
(2) 系统或系统部件要满足合同、标准、规范或者其他正式规定文档的条件或性能。
(3) 一种反映(1)和(2)所描述的条件或性能的文档说明。
因此,软件需求分析的目的是获取客户(包括中间用户与最终用户)的业务需求信息,把它们转换成客户需求,并将客户需求进一步细化,从而形成软件系统以及软件系统组件的需求(功能需求)。软件系统的需求层次如图 5-1 所示。

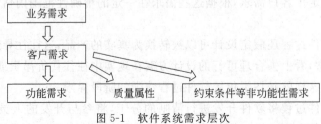

图 5-1　软件系统需求层次

在软件需求分析阶段通常要明确软件系统使用者可见的外在规格要求,系统使用者不仅包括人,如果系统向外提供 API,则还应包括调用该系统的其他程序等,因此软件需求阶段主要包括以下 3 个方面的工作:

(1) 客户需求分析;

(2) 功能需求分析;

(3) 用户接口设计。

1. 客户需求分析

客户需求分析是项目组成员(通常是项目经理及核心成员)共同调查、分析客户的需求的过程。

【参与人员】

◆ 项目经理;

◆ 项目组成员(需求调研员);

◆ 客户。

【开始准则】

立项申请获得批准。

【结束准则】

《用户需求说明书》编写完毕。

【输入】

与软件项目需求相关的业务资料(如客户资料)。

【输出】

《用户需求说明书》。

【主要活动】

[Step1] 需求提取。

通过各种途径获取客户的业务需求信息(原始材料),对客户的需求进行提取,识别那些客户未明确提供的需求。进行需求提取的技术手段主要有以下几种:

(1) 与用户交谈,向用户提问题。

(2) 参观客户的工作流程,观察客户的操作。

(3) 向客户群体发调查问卷。

(4) 与同行、专家交谈,听取他们的意见。

(5) 分析已经存在的同类软件系统从而提取需求。

(6) 参考行业标准、规则从而提取需求。

(7) 从 Internet 上搜索相关技术资料。

[Step2] 客户需求开发。

将提取出来的客户需求,如要求、期望和限制条件等,转换成文档化的客户需求。

［Step3］用户需求说明文档编写。

按照相应的文档规范编写客户需求文档,形成《用户需求说明书》,其主要内容一般包括以下几项:

(1) 软件系统介绍;

(2) 用户群体特征描述;

(3) 软件系统应当遵循的标准或规范;

(4) 软件系统的功能性需求描述;

(5) 软件系统的非功能性需求描述(如用户界面、软硬件环境和质量要求等)。

［Step4］客户需求评审。

召集包括客户在内的相关人员评审客户需求分析的工作产品(主要包括《客户需求说明书》)进行评审并修改。客户需求评审一定要有客户参加并取得客户的确认和认可。

2. 功能需求分析

功能需求分析是在客户需求分析的基础上将客户需求进一步细化,从而形成软件系统以及软件系统组件的需求。由于功能需求分析是对客户需求分析的进一步细化,因此从内容上来讲,功能需求分析和客户需求分析很接近。但是,功能需求分析与客户需求分析的一个非常大的差别在于,功能需求必须从软件技术的角度来进行,换句话说,功能需求分析的产物必须用软件专业术语来描述;而客户需求分析则更侧重于从客户专业角度进行分析,其产物必须用客户专业术语来描述。

【参与人员】

◆ 项目经理;

◆ 项目组成员(系统分析员)。

【开始准则】

《用户需求说明书》编写完毕。

【结束准则】

《软件需求规格说明书》编写完毕。

【输入】

◆ 与软件项目需求相关的业务资料(如客户资料);

◆《用户需求说明书》。

【输出】

《软件需求规格说明书》。

【主要活动】

［Step1］建立软件需求。

对《用户需求说明书》进行细化,以便生成详细的软件系统需求。有软件系统组件需求时,还需对其产品组件进行需求分配。

[Step2] 识别接口需求。

当用户需求已经转换成为有序一致的多个软件系统组件构成的软件需求之后，紧接着需要确定的是软件系统中不同组件之间的接口，以及本软件系统与其他系统之间的接口。

[Step3] 编写软件需求规格说明书。

按照文档规范撰写《软件需求规格说明书》。若待开发的系统分为软件和硬件两部分，则应当分别撰写《软件需求规格说明书》和《硬件需求规格说明书》。《软件需求规格说明书》的主要内容包括以下几项：

(1) 软件系统概述；

(2) 用户群体的特征描述；

(3) 软件系统的功能概要；

(4) 软件系统设计约束（应当遵循的标准或规范等限制系统设计的事项）；

(5) 软件系统中的外部接口需求（用户接口、硬件接口和软件接口等）；

(6) 软件系统的功能性需求定义；

(7) 软件系统的非功能性需求定义（如用户界面、软硬件环境和质量要求等）。

[Step4] 功能需求评审。

召集包括客户在内的相关人员评审功能需求分析的工作产品（主要包括《软件需求规格说明书》）进行评审并修改。功能需求评审也一定要有客户参加并取得客户的确认和认可。

3. 用户接口设计

用户接口设计是根据《用户需求说明书》和《软件需求规格说明书》，明确系统使用者可见的外在规格的过程。所谓系统使用者，不仅包括人，如果系统向外提供接口（API），则还应该包括调用该系统的其他程序等。

通常用户接口设计都被作为软件设计阶段的工作，但本书把用户接口设计划归软件需求分析阶段，主要原因有两个：第一，软件的用户接口设计（比如软件架构、人机界面和重要的接口等）在开发前期如果没有得到很好地处理的话，将会给后期的开发工作带来很大的返工，因此有必要把用户接口设计作为软件需求的一部分，在开发初期得到客户的确认和认可；第二，事实也证明，在软件外包项目中客户对用户接口设计部分非常关注，因用户接口设计的错误甚至直接导致项目失败的情形也很多。但是需要注意的是，用户接口设计往往和软件设计关联相当紧密，在这一阶段应重点明确和客户相关的那部分内容，其余部分可以作为软件设计的工作内容去开展。

【参与人员】

◆ 项目经理；

◆ 项目组成员（包括系统分析员、系统架构师、模块设计师和测试人员）。

【开始准则】

《软件需求规格说明书》编写完毕。

【结束准则】

《用户接口设计说明书》等文档编写并评审完毕。

【输入】

《软件需求规格说明书》。

【输出】

◆《系统测试说明书》；

◆《用户接口设计说明书》。

【主要活动】

[Step1] 明确软件系统外部功能和环境。

根据《软件需求规格说明书》，明确软件系统设计以及运行的环境，并逐一地进行功能的提取，决定软件系统应该具有的功能。

[Step2] 定义系统架构及用户接口。

设计软件产品的系统架构以及与外部功能（包括其他软件系统）之间的接口。同时需要着手考虑和建立用户文档，如用户手册、操作指南和维护手册等。

[Step3] 撰写《用户接口说明书》。

撰写《用户接口设计说明书》，明确包括但不限于以下内容：

（1）软件系统功能列表及说明；

（2）与外部功能的接口；

（3）软件系统开发环境；

（4）软件系统运行环境；

（5）软件系统测试环境。

[Step4] 撰写《系统测试说明书》。

测试人员通过参与系统功能提取以及用户接口的设计，完成《系统测试说明书》的撰写。

[Step5] 相关文档评审。

对上述过程产生的工作产品（主要包括《用户接口设计说明书》和《系统测试说明书》）进行评审并修改。

5.2.2 软件需求分析阶段的成果

根据上述软件需求分析阶段工作的主要步骤可以得知，软件需求分析阶段的主要成果有：

（1）《用户需求说明书》；

（2）《软件需求规格说明书》；

（3）《用户接口设计说明书》；

（4）《系统测试说明书》。

下面分别给出上述文档的模板以供读者参考。

1.《用户需求说明书》

该文档建议采用 Word 文档的格式进行制作。

用户需求说明书

1. 引言

引言部分省略,和其他文档构成一样。

2. 软件系统介绍

说明软件系统是什么,有什么用途,介绍该系统的开发背景。

3. 产品面向的用户群体

(1)描述本软件系统面向的用户(客户和最终用户)的特征。

(2)说明本软件系统将给他们带来什么好处,他们选择本软件系统的可能性有多大。

4. 产品应当遵循的标准或规范

阐述本软件应当遵循什么标准、规范或业务规则(Business Rules)。

5. 软件系统的功能性需求

如下表所示,将功能性需求先粗分再细分。

功能类别	子 功 能
Feature A	Function A. 1
	Function A. 2
	...
Feature B	Function B. 1
	Function B. 2
	...
...	

5.1　Feature A

此处写一些承上启下的文字。

5.1.1　Function A.1

对子功能 A.1 进行详细描述。

...

6. 软件系统的非功能性需求

6.1　用户界面需求

需 求 名 称	详 细 要 求

6.2　软硬件环境需求

需 求 名 称	详 细 要 求

6.3　软件系统质量需求

主 要 质 量 属 性	详 细 要 求
正确性	
健壮性	
可靠性	
性能及效率	
易用性	
清晰性	
安全性	
可扩展性	
兼容性	
可移植性	
…	

……

6.n　其他需求

描述其他需求内容。

附录 A　用户需求调查报告

A.1　需求1

需求1	
调查方式	
调查人	
调查对象	
时间、地点	
需求信息记录	

……

A. *n* 需求 *n*

需求 *n*	
调查方式	
调查人	
调查对象	
时间、地点	
需求信息记录	

2.《软件需求规格说明书》

该文档建议采用 Word 文档的格式进行制作。

软件需求规格说明书

1. 引言

引言部分省略,和其他文档构成一样。

2. 项目概述

2.1 项目系统描述

〔叙述该项软件开发的意图、应用目标、作用范围以及其他应向读者说明的有关该软件开发的背景材料。解释被开发软件与其他有关软件之间的关系。如果本软件产品是一项独立的软件,而且全部内容自含,则说明这一点。如果所定义的产品是一个更大的系统的一个组成部分,则应说明本产品与该系统中其他各组成部分之间的关系,为此可使用一张方框图来说明该系统的组成和本产品同其他各部分的联系和接口。〕

2.2 项目系统功能

〔本节是为将要完成的软件功能提供一个摘要。〕

2.3 用户特点

〔列出本软件系统的最终用户的特点,充分说明操作人员和维护人员的教育水平和技术专长,以及本软件的预期使用频度。这些是软件设计工作的重要约束。〕

2.4 一般约束

〔本节对设计系统时限制开发者选择的其他约束作一般性描述。这些约束将限定开发者在设计系统时的自由度。这些约束包括:

(1) 管理方针;

(2) 硬件的限制;

（3）与其他应用间的接口；

（4）并行操作；

（5）审查功能；

（6）控制功能；

（7）所需的高级语言；

（8）通信协议；

（9）应用的临界点；

（10）安全和保密方面的考虑。］

2.5 假设和依据

［本节列出影响需求说明中的需求的每一个因素。这些因素不是软件的设计约束，但是它们的改变可能影响到需求说明中的需求。例如，假定一个特定的操作系统是在被软件产品指定的硬件上使用的，然而，事实上这个操作系统是不可能使用的，于是，需求说明就要进行相应的改变。］

3. 具体需求

3.1 功能需求

3.1.1 功能需求 1

［对于每一类功能，或者有时对于每一个功能，需要具体描述其输入、加工和输出的需求。本部分内容由 4 个部分组成：

（1）引言：描述功能要达到的目标、所采用的方法和技术，还应清楚说明功能意图的由来和背景。

（2）输入：详细描述该功能的所有输入数据，如输入源、数量、度量单位、时间设定和有效输入范围（包括精度和公差）。

（3）加工：定义输入数据和中间参数，以获得预期输出结果的全部操作。

（4）输出：详细描述该功能的所有输出数据，例如输出目的地、数量、度量单位、时间关系、有效输出的范围（包括精度和公差）、非法值的处理和出错信息。］

3.1.2 功能需求 2

…

3.1.n 功能需求 n

3.2 外部接口需求

3.2.1 用户接口

［提供用户使用软件产品时的接口需求。］

3.2.2 硬件接口

［要给出软件产品和系统硬部件之间每一个接口的逻辑特点。还可能包括如下事宜：支撑什么样的设备，如何支撑这些设备，有何约定。］

3.2.3 软件接口

［指定需使用的其他软件产品（例如数据管理系统、操作系统或数学软件包），以及同其他应用系统之间的接口。对每一个所需的软件产品，要提供如下内容：名字、助记符、规格说明号、版本号和来源。］

3.2.4　通信接口

[指定各种通信接口,例如局部网络的协议等。]

3.3　性能需求

[本节具体说明软件、或人与软件交互的静态或动态数值需求。静态数值需求可能包括支持的终端数、支持并行操作的用户数、处理的文卷和记录数、表和文卷的大小。动态数值需求可能包括欲处理的事务和任务的数量,以及在正常情况下和峰值工作条件下一定时间周期中处理的数据总量。所有这些需求都必须用可以度量的术语来叙述。]

3.4　设计约束

[描述设计约束受其他标准和硬件限制等方面的影响。]

3.4.1　其他标准的约束

[指定由现有的标准或规则派生的要求。例如:

(1) 报表格式;

(2) 数据命名;

(3) 财务处理;

(4) 审计追踪,等等。]

3.4.2　硬件的限制

[描述在各种硬件约束下运行的软件要求,例如,应该包括硬件配置的特点(接口数、指令系统等)以及内存储器和辅助存储器的容量。]

3.5　属性

[在软件的需求中有若干个属性,以下指出其中的几个,注意:以下列出的并不是全部属性]。

3.5.1　可用性

[可以指定一些因素,如检查点、恢复和再启动等,以保证整个系统有一个确定的可用性级别。]

3.5.2　安全性

[安全性指的是保护软件的要素,以防止各种非法的访问、使用、修改、破坏或者泄密。这个领域的具体需求必须包括:利用可靠的密码技术;掌握特定的记录或历史数据集;给不同的模块分配不同的功能;限定一个程序中某些区域的通信;计算临界值的检查和。]

3.5.3　可维护性

[规定若干需求以确保软件是可维护的。例如,软件模块所需要的特殊的耦合矩阵;为微型装置指定特殊的数据/程序分割要求。]

3.5.4　可转移/转换性

[规定把软件从一种环境移植到另一种环境所要求的用户程序以及用户接口兼容方面的约束等。]

3.6 其他需求

[根据软件和用户组织的特性等,将某些需求放在下面各项中描述。]

3.6.1 数据库

[本节对作为产品的一部分进行开发的数据库规定一些需求,它们可能包括:在功能需求中标识的信息类别;使用的频率;存取能力;数据元素和文卷描述符;数据元素、记录和文卷的关系;静态和动态的组织;数据保存要求。]

3.6.2 操作

[说明用户要求的常规的和特殊的操作。说明在用户组织之中各种方式的操作。例如,用户初始化操作;交互作用操作的周期和无人操作的周期;数据处理运行功能;后援和恢复操作。这里的内容有时是用户接口的一部分。]

3.6.3 场合适应性需求

[对给定场合或相关任务或操作方式的任何数据或初始化顺序的需求进行定义。]

4. 附录

[对一个实际的需求规格说明来说,若有必要应该编写附录。附录中可能包括以下内容:

(1) 输入输出格式样本,成本分析研究的描述或用户调查结果。

(2) 有助于理解需求说明的背景信息。

(3) 软件所解决问题的描述。

(4) 用户历史、背景、经历和操作特点。

(5) 交叉访问表。按先后次序进行编排,使一些不完全的软件需求得以完善。

(6) 特殊的装配指令用于编码和媒体,以满足安全、输出、初始装入或其他要求。

注:当包括附录时,需求说明必须明确地说明附录是否需求要考虑的部分。]

3.《用户接口设计说明书》

该文档建议采用 Word 文档的格式进行制作。

用户接口设计说明书

1. 引言

引言部分省略,和其他文档构成一样。

2. 软件系统功能列表

[说明本系统"是什么",描述本系统的主要功能。]

3. 系统外部接口

[明确系统与外部的接口。]

4．开发环境的配置

〔说明本系统应当在什么样的环境下开发，有什么强制要求和建议。〕

类　别	标 准 配 置	最 低 配 置
计算机硬件		
软件		
网络通信		
其他		

5．运行环境的配置

〔说明本系统应当在什么样的环境下运行，有什么强制要求和建议。〕

类　别	标 准 配 置	最 低 配 置
计算机硬件		
软件		
网络通信		
其他		

6．测试环境的配置

〔说明本系统应当在什么样的环境下测试，有什么强制要求和建议。〕

4．《系统测试说明书》

该文档建议采用 Excel 文档的格式进行制作，也可以采用 Word 文档的格式进行制作，不管采用何种格式，须按照项目需求内容进行测试用例的编写，具体可参考以下内容。

系统测试说明书

1．健壮性测试用例

1.1　测试对象介绍

〔描述健壮性测试的测试对象。〕

1.2　测试范围与目的

〔描述健壮性测试的测试范围与目的。〕

1.3　测试环境与辅助工具描述

〔说明健壮性测试的测试环境与辅助工具。〕

1.4　测试驱动程序的设计

〔需要设计驱动程序时描述驱动程序的设计内容。〕

1.5 测试用例

异常输入/动作	容错能力/恢复能力	造成的危害、损失
错误的数据类型		
定义域外的值		
错误的操作顺序		
异常中断通信		
异常关闭某个功能		
负荷超出了极限		
…		

2. 性能测试用例

{2.1～2.4 的格式内容同"1. 健壮性测试用例"中的 1.1～1.4，此处省略。}

2.5 测试用例

性 能 A		
性能 A 描述		
用例目的		
前提条件		
输入数据	期望的性能（平均值）	实际性能（平均值）
…		
性能 B		
…		

3. 图形用户界面测试用例

{3.1～3.4 的格式内容同"1. 健壮性测试用例"中的 1.1～1.4，此处省略。}

3.5 测试用例

测 试 项	测试评价
窗口切换、移动和改变大小时正常吗？	
各种界面元素的文字正确吗？（如标题、提示等）	
各种界面元素的状态正确吗？（如有效、无效和选中等状态）	

续表

测　试　项	测试评价
各种界面元素支持键盘操作吗？	
各种界面元素支持鼠标操作吗？	
对话框中的默认焦点正确吗？	
数据项能正确回显吗？	
对于常用的功能,用户能否不必阅读手册就能使用？	
执行有风险的操作时,有"确认"和"放弃"等提示吗？	
操作顺序合理吗？	
有联机帮助吗？	
各种界面元素的布局合理吗？ 美观吗？	
各种界面元素的颜色协调吗？	
各种界面元素的形状美观吗？	
字体美观吗？	
图标直观吗？	
...	

4．安全性测试用例

{4.1～4.4 的格式内容同"1．健壮性测试用例"中的 1.1～1.4,此处省略。}

4.5　测试用例

假想目标 A		
假想目标 A 描述		
前提条件		
非法入侵手段	是否实现目标	代价-利益分析

5．压力测试用例

{5.1～5.4 的格式内容同"1．健壮性测试用例"中的 1.1～1.4,此处省略。}

5.5 测试用例

极限名称 A		
极限名称 A	例如"最大并发用户数量"	
前提条件		
输入/动作	输出/响应	是否能正常运行
例如：10 个用户并发操作		
…		
极限名称 B		
…		

6. 可靠性测试用例

　{6.1～6.4 的格式内容同"1.健壮性测试用例"中的 1.1～1.4,此处省略。}

6.5 测试用例

任　务　A	
任务 A 描述	
连续运行时间	
故障发生的时刻	故　障　描　述
统　计　分　析	
任务 A 无故障运行的平均时间间隔	(CPU 小时)
任务 A 无故障运行的最小时间间隔	(CPU 小时)
任务 A 无故障运行的最大时间间隔	(CPU 小时)
任　务　B	
…	

7. 安装/反安装测试用例

　{7.1～7.4 的格式内容同"1.健壮性测试用例"中的 1.1～1.4,此处省略。}

7.5 测试用例

配置说明		
安装选项	描述是否正常	使用难易程度
全部		

续表

安装选项	描述是否正常	使用难易程度
部分		
升级		
其他		
反安装选项	描述是否正常	使用难易程度
...		

5.2.3　软件需求评审

软件需求分析的所有工作成果通过评审后建立的需求基线是设计等后续阶段开发活动的基础,正确地进行软件需求分析和确定软件需求规格对一个软件项目的成功是非常关键的。许多软件项目在系统和验收测试时发现的缺陷是在需求阶段产生的。在验收阶段去掉需求阶段产生的一个错误将比在需求阶段本身去掉该错误要多花 100 多倍的费用。因此在软件需求分析阶段,正确地生成具有最少缺陷的软件需求规格是非常必要的。为了保证软件质量,必须加强对软件需求的评审工作。

软件需求评审作为技术评审的一种,必须按照 3.3.5 节的相关规范去实施,为了提高软件需求评审的效果,必须事先制订软件需求评审的检查表。表 5-1 给出了软件需求评审检查表示例以供读者参考。

表 5-1　需求评审检查表示例

序号	主要检查项
格式规范性	
1	是否有规定的文档标识?
2	引用的文档是否现在有效?
3	文档编写的内容和格式是否符合相关标准和规定的要求?
4	文档是否经相关人员签署?
5	文档是否有独立的版本说明?
内容完整性、正确性	
6	有没有丢失任何需求或必要信息?
7	是否包括了所有的原始需求?
8	所有用户要完成的任务都包含了吗?
9	需求表达是否清晰、易理解、无二义性?

续表

序号	主要检查项
10	是否每个功能需求都适当地指定了输入输出项?
11	是否明确了需求的所有条件与限制?
12	数据精度、时间特性和适应性是否已经明确?
13	运行需求是否明确(如运行平台、接口需求和用户界面等)并符合初始需求?
14	对质量(如正确性、健壮性和安全性等)的要求是否明确、合理?
15	是否分析了潜在的需求?
16	是否标识并解决了需求中的潜在问题?
17	是否可以根据软件需求的信息制订出详细的测试集(每项需求是否可以测试)?
18	是否进行了需求跟踪管理?
内容一致性	
19	是否存在冲突或重复的需求项?
20	需求描述中的命名、术语和缩写是否上下文一致?

5.2.4 软件需求确认和需求管理

通过分析软件需求分析过程不难看出,软件需求分析阶段实际上做了 4 件事情,即需求获取、需求分析、需求建模和需求传递。为了保证软件质量,除了必须对软件需求进行评审外,还应特别重视软件需求确认及需求管理(包括需求跟踪和需求变更管理)。如图 5-2 所示的需求获取、需求分析、需求建模、需求传递、需求确认和需求管理 6 个部分构成整个需求工程过程。

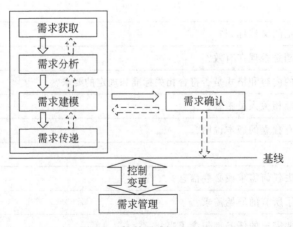

图 5-2 软件需求工程过程

需求确认用来保证软件需求分析的相关文档没有有歧义的描述、内容的不一致、内容的遗漏和内容的错误,而且保证软件需求相关文档符合软件过程及软件产品的标准。需求确认可以通过下列方式来进行。

（1）建立软件系统实际运用环境下的操作设想和场景。

操作设想就是软件系统设想的使用方法的描述；操作场景就是在软件系统实际使用过程中可能发生的事件序列，包括软件系统运行环境、与用户的交互以及组件间的交互。通过操作设想和操作场景的建立，可以进一步明确和验证客户的设想和对软件系统的期望，避免出现需求理解的偏差，而且可能因此发现新的软件需求。

（2）建立和维护功能需求的定义。

明确包括动作、顺序、输入、输出或其他一些与软件系统使用方式有关的信息。

（3）分析需求。

分析需求的完整性、正确性、可行性、必要性和可验证性。每一项需求必须将所要实现的功能描述清楚；必须准确地陈述其要开发的功能；必须在已知系统和环境的功能和限制范围内是可以实施的。检查每一项需求是否能通过设计测试用例或其他的验证方法来验证。另外，不同需求所包含的成本、进度和质量等要素的要求可能各不相同，分析需求必须在不同的需求之间进行选择和平衡，使得最终确定的需求定义能够符合成本和风险的要求。

需求确认完成后，需求相关文档将会被最终确认，它将作为软件开发的"合约"。虽然此后会有需求的变更，但客户必须清楚，以后的变更都是对软件范围的扩展，它可能带来成本的增加和项目进度的延迟。关于软件需求变更的管理详细参考 4.4 节。

5.3　软 件 设 计

软件设计是软件需求分析之后的第一步工作，是软件开发的重要阶段之一，通常是为了明确"开发人员怎样实现既定的功能目标"，是把软件需求转换为软件表示的过程，也是将用户需求准确转换为软件系统的唯一途径。在软件需求分析质量得到保证的前提下，软件设计的质量直接影响软件的最终质量，关系到软件的最终实现，对软件编码、测试和维护也都有直接影响。

5.3.1　软件设计的主要工作

软件设计的基本目标是确保软件在总体结构、外部接口、主要组件功能分配、全局数据结构以及各主要组件之间的接口等方面的合适性和完整性，以保证用较低的成本开发出高质量的软件系统。软件设计一般可以分为系统结构（System Structure，SS）设计和程序结构（Program Structure，PS）设计两个阶段。

1. 系统结构设计

系统结构设计又称概要设计，是高层次的设计，在这个阶段，将从计算机实现的逻辑角度开发针对用户需求的解决方案。这一解决方案是一个高级的抽象方案。概要设计是通过分析与设计软件的系统结构，进行系统分解，设计出构成系统的各主要部分（各子系统或者组件），并说明它们在技术上如何工作，包括：（1）内在环境，即各子系统或组件的功能任务,各子系统或者组件间的接口及其到运行环境的外部接口;(2)所需的外在的硬件和软件环境;(3)各主要部件(各子系统或者组件)之间的协作关系。该设计阶段的基本任务包括:设计软件系统结构、数据结构及数据库设计,编写概要设计文档以及概要设计文档评审。

【参与人员】

◆ 项目经理;

◆ 项目组成员(包括系统架构师、模块设计师和测试人员)。

【开始准则】

用户接口设计结束。

【结束准则】

《系统概要设计说明书》编写及评审结束。

【输入】

◆《软件需求规格说明书》;

◆《用户接口设计说明书》。

【输出】

◆《系统概要设计说明书》;

◆《数据库设计说明书》;

◆《集成测试说明书》。

【主要活动】

[Step1] 设计准备。

项目经理分配概要设计任务,包括系统结构设计和模块设计等。担当概要设计的人员(一般是系统架构师或模块设计师)阅读前期工程产物(主要包括《软件需求规格说明书》和《用户接口设计说明书》),明确设计任务,并准备相关的设计工具(如 Enterprise Architect)和资料。

[Step2] 分析影响系统设计的约束因素。

系统结构设计人员从前期工程产物中提取需求约束,例如:

◆ 系统应当遵循的标准或规范;

◆ 软硬件环境(包括运行环境和开发环境)的约束;

◆ 接口的约束;

◆ 协议的协议;

◆ 用户界面的约束;

◆ 软件质量的约束(如正确性、健壮性、可靠性、性能、易用性、安全性、可扩展性、兼容性和可移植性等)。

有一些假设或依赖条件并没有在前期工程产物中明确指出,但可能会对系统设计产生影响,系统结构设计人员还应当提取系统的隐含约束,尽可能地在此处明确,例如,对用户特征、计算机技能的一些假设或依赖条件,对支撑本系统的软件硬件的假设或依赖条件等。

[Step3] 确定设计策略。

系统结构设计人员根据软件系统的需求与发展战略,确定设计策略(design strategy)。例如:

(1) 扩展策略:说明为了方便系统在将来扩展功能,现在应采取什么措施。

(2) 复用策略:说明系统在当前以及将来的复用策略。

(3) 折中策略:说明当两个目标难以同时优化时如何折中,例如,"时间-空间"效率折中,复杂性与实用性折中。

[Step4] 系统分解与设计。

根据项目特点选择运行的目标平台和开发工具,制订软件的体系结构,将系统分解为若干子系统,确定每个子系统的功能以及子系统之间的关系,将子系统分解为若干模块,确定每个模块的功能以及模块之间的关系。具体来讲,若采用面向对象设计,则包括确定类、类的属性、类的方法、类之间的关系和对象间的动态交互。若采用结构化设计,则该活动应为功能设计。

根据软件的数据模型,得到物理数据库结构,并进行物理数据库设计,包括确定表/记录类型、域和其他部分。

最后,确定系统开发、测试和运行所需的软硬件环境。

[Step5] 撰写系统结构设计文档。

系统结构设计人员按照文档编写规范撰写《系统概要设计说明书》,主要内容包括但不限于:

(1) 软件系统概述;

(2) 设计策略;

(3) 系统总体结构;

(4) 子系统的结构与模块功能;

(5) 系统内部主要接口。

对有数据库设计的项目,需要撰写《数据库设计说明书》。

[Step6] 系统结构设计评审。

组织相关专家对系统结构设计进行正式技术评审,系统结构评审的重点不是对错,而是好坏。主要评审要素包括:

(1) 设计部分是否完整地实现了需求中规定的功能。

(2) 考察设计方案的可行性,该系统结构是否适合于该软件需求,是否可在预定计划内实现。

(3) 关键的处理及外部接口定义是否正确、有效,各部分之间是否一致。

(4) 系统的综合能力(capability)是否满足需求。例如,"时间-空间"效率(性能和容量等)、可扩展性、可维护性、可复用性和安全性等,视软件系统特征而定。

[Step7] 撰写《集成测试说明书》。

通过参与系统结构设计文档的评审和分析,测试人员按照相关文档规范撰写《集成测试说明书》。

[Step8]《集成测试说明书》评审。

《集成测试说明书》和系统结构设计文档一样同样需要评审并修改。

2. 程序结构设计

程序结构设计又称详细设计。主要考虑在技术上如何实现已经设计好的体系结构，根据体系结构的设计划分模块，定义函数，分解函数，确定函数的调用关系，设计软件所有模块的主要接口与属性、数据结构和算法等细节，为编码做准备。

【参与人员】

◆ 项目经理；

◆ 项目组成员（包括模块设计师和程序员）。

【开始准则】

系统结构设计结束。

【结束准则】

《系统详细设计说明书》编写并评审结束。

【输入】

◆《软件需求规格说明书》；

◆《用户接口设计说明书》；

◆《系统概要设计说明书》。

【输出】

◆《系统详细设计说明书》；

◆《单元测试说明书》。

【主要活动】

[Step1] 设计准备。

模块设计师阅读前期工程产物（主要包括《软件需求规格说明书》、《用户接口设计说明书》和《概要设计说明书》），明确设计任务，并准备相关的设计工具和资料。确定本软件系统的编程规范，确保编码的风格保持一致。

[Step2] 模块设计。

针对在系统结构设计阶段所确定的模块，对模块所需要实现的接口和功能进行分解，并设计模块的详细内部数据结构和实现算法。一般要经历接口与属性设计和数据结构与算法设计两个子步骤，并且通常需要反复迭代。

[Step2.1] 接口与属性设计。

模块设计师设计每个模块的主要接口与属性。如果采用面向对象方法（OOD），相当于设计类的函数和成员变量。

[Step2.2] 数据结构与算法设计。

模块设计师设计每个模块，包括确定调用方法、输入和输出、程序逻辑、数据结构和算法等。

为了提高效率，模块的详细设计和编程可以很好地融合在一起，甚至有些工具还具有代码自动生成功能。一般地,详细设计只要确定每个模块的主要接口、数据结构与算法。

[Step3] 撰写详细设计文档。

通过对接口与属性设计、数据结构与算法设计的进一步明确,模块设计师撰写《系统详细设计说明书》,主要包括下列内容:

◆ 模块汇总;

◆ 每个模块的主要接口与属性;

◆ 每个模块的数据结构与算法。

[Step4] 详细设计文档评审。

组织专家对详细设计文档进行评审并进行修改,项目经理或项目经理指定的技术专家从技术角度对详细设计的框架进行把关。详细设计文档评审的主要要素包括:

◆ 信息隐藏(独立性);

◆ 高内聚、低耦合;

◆ 数据结构与算法的效率。

[Step5] 撰写《单元测试说明书》。

通过参与详细设计文档的评审和分析,测试人员(一般由程序员担当)根据模块的逻辑,确定单元测试环境、测试用例和测试数据等,并撰写《单元测试说明书》。

[Step6]《单元测试说明书》评审。

《单元测试说明书》和详细设计文档一样同样需要评审并修改。

5.3.2 软件设计阶段的成果

总结上述软件设计阶段的工作步骤,软件设计阶段的主要成果有:

(1)《系统概要设计说明书》;

(2)《数据库设计说明书》;

(3)《系统详细设计说明书》;

(4)《集成测试说明书》;

(5)《单元测试说明书》。

下面分别给出上述文档的模板以供参考。

1.《系统概要设计说明书》

该文档建议采用 Word 文档的格式进行制作。

系统概要设计说明书

1. 引言

引言部分省略,和其他文档构成一样。

2. 软件系统概述

[本节描述该项目软件系统开发的意图、应用目标、作用范围以及其他应向读者说明的有关该软件开发的背景材料。]

---

3. 设计策略

〔本节描述系统的扩展、复用和折中策略。〕

4. 总体设计

4.1 需求规定

〔说明对本系统主要的输入输出项目、处理的功能性能要求。〕

4.2 运行环境

〔简要地说明对本系统的运行环境(包括硬件环境和支持环境)的规定。〕

4.3 基本设计概念和处理流程

〔说明本系统的基本设计概念和处理流程,尽量使用图表的形式。〕

4.4 结构

〔用一览表及框图的形式说明本系统的系统元素(各层模块、子程序和公用程序等)的划分,扼要说明每个系统元素的标识符和功能,分层次地给出各元素之间的控制与被控制关系。〕

4.5 功能需求与程序的关系

〔用如下所示的矩阵图说明各项功能需求的实现同各块程序的分配关系。〕

	程序 1	程序 2	...	程序 m
功能需求 1	√			
功能需求 2		√		
...				
功能需求 n		√		√

4.6 人工处理过程

〔说明在本软件系统的工作过程中不得不包含的人工处理过程(如果有的话)。〕

4.7 尚未解决的问题

〔说明在概要设计过程中尚未解决而设计者认为在系统完成之前必须解决的各个问题。〕

5. 系统内部主要接口

〔说明系统内的各个系统元素之间的接口的安排。〕

6. 运行设计

6.1 运行模块组合

〔说明对系统施加不同的外界运行控制时所引起的各种不同的运行模块组合,说明每种运行所历经的内部模块和支持软件。〕

6.2 运行控制

〔说明每一种外界的运行控制的方式方法和操作步骤。〕

6.3 运行时间

〔说明每种运行模块组合将占用各种资源的时间。〕

7. 系统数据结构设计

7.1 逻辑结构设计要点

〔给出本系统内所使用的每个数据结构的名称、标识符以及它们之中每个数据项、记录、文卷和系的标识、定义、长度及它们之间的层次的或表格的相互关系。〕

7.2 物理结构设计要点

〔给出本系统内所使用的每个数据结构中的每个数据项的存储要求、访问方法、存取单位、存取的物理关系（索引、设备、存储区域）、设计考虑和保密条件。〕

7.3 数据结构与程序的关系

〔说明各个数据结构与访问这些数据结构的各个程序之间的对应关系，可采用如下的矩阵图的形式。〕

	程序 1	程序 2	...	程序 m
数据结构 1	√			
数据结构 2		√		
...				
数据结构 n		√		√

8. 系统出错处理设计

8.1 出错信息

〔说明每种可能的出错或故障情况出现时，系统输出信息的形式、含意及处理方法。〕

8.2 补救措施

〔说明故障出现后可能采取的变通措施，包括以下 3 个方面。

（1）后备技术：说明准备采用的后备技术，当原始系统数据万一丢失时启用的副本的建立和启动的技术，例如，周期性地把磁盘信息记录到磁带上去就是对于磁盘媒体的一种后备技术。

（2）降效技术：说明准备采用的后备技术，使用另一个效率稍低的系统或方法来求得所需结果的某些部分，例如，一个自动系统的降效技术可以是手工操作和数据的人工记录。

（3）恢复及再启动技术：说明将使用的恢复及再启动技术，即使软件从故障点恢复执行或使软件从头开始重新运行的方法。〕

8.3 系统维护设计

〔说明为了系统维护的方便而在程序内部设计中作出的安排，包括在程序中专门安排用于系统的检查与维护的检测点和专用模块。〕

2. 《**数据库设计说明书**》

该文档建议采用 Word 文档的格式进行制作。

数据库设计说明书

1. 引言

引言部分省略,和其他文档构成一样。

2. 外部设计

2.1 标识符和状态

［详细说明用于唯一地标识该数据库的代码、名称或标识符。］

2.2 使用程序

［列出访问此数据库的所有应用程序,对于每个应用程序,给出它的名称和版本号。］

2.3 约定

［描述一个程序员或一个系统分析员为了能使用此数据库而需要了解的约定,例如用于标识数据库的不同版本的约定和用于标识库内各个文卷、记录和数据项的命名约定等。］

2.4 专门指导

［描述将被送入数据库的数据的格式和标准、送入数据库的操作规程和步骤,用于产生、修改、更新或使用这些数据文卷的操作指导,其目的是给准备从事此数据库的生成、测试和维护人员提供专门的指导。如果这些指导的内容篇幅很长,可另立文件。］

2.5 支持软件

［简单介绍同此数据库直接有关的支持软件,如数据库管理系统、存储定位程序和用于装入、生成、修改和更新数据库的程序等。说明这些软件的名称、版本号和主要功能特性,如所用数据模型的类型、允许的数据容量等。列出这些支持软件的技术文件的标题、编号及来源。］

3. 结构设计

3.1 概念结构设计

［说明本数据库将反映的现实世界中的实体、属性和它们之间的关系等的原始数据形式,包括各数据项、记录、系和文卷的标识符、定义、类型、度量单位和值域,建立本数据库的每一幅用户视图。］

3.2 逻辑结构设计

［说明把上述原始数据进行分解、合并后重新组织起来的数据库全局逻辑结构,包括所确定的关键字和属性、重新确定的记录结构和文卷结构、所建立的各个文卷之间的相互关系,形成本数据库的数据库管理员视图。］

3.3　物理结构设计

〔建立系统程序员视图,包括:数据在内存中的安排(包括对索引区和缓冲区的设计),所使用的外存设备及外存空间的组织(包括索引区和数据块的组织与划分)以及访问数据的方式方法。〕

4.　运用设计

4.1　数据字典设计

〔对数据库设计中涉及的各种项目,如数据项、记录、系、文卷、模式和子模式等一般要建立起数据字典,以说明它们的标识符、同义名及有关信息。在本节中要说明对此数据字典设计的基本考虑。〕

4.2　安全保密设计

〔说明在数据库的设计中,如何通过区分不同的访问者、不同的访问类型和不同的数据对象而获得数据库安全保密性的设计考虑。〕

3.《系统详细设计说明书》

该文档建议采用 Word 文档的格式进行制作。

系统详细设计说明书

1.　引言

引言部分省略,和其他文档构成一样。

2.　程序系统的结构

〔用一系列图表列出本程序系统内的每个程序(包括每个模块和子程序)的名称、标识符和它们之间的层次结构关系。〕

3.　程序 1 设计说明

〔从本节开始,逐个给出各个层次中的每个程序的设计考虑。以下给出的提纲是针对一般情况的。对于一个具体的模块,尤其是层次比较低的模块或子程序,其很多条目的内容往往与它所隶属的上一层模块的对应条目的内容相同,在这种情况下,只要简单地说明这一点即可。〕

3.1　程序描述

〔给出对该程序的简要描述,主要说明安排设计本程序的目的和意义,并且说明本程序的特点(例如,是常驻内存还是非常驻内存,是否为子程序,是可重入的还是不可重入的,有无覆盖要求,是顺序处理还是并发处理,等等)。〕

3.2　功能

〔说明该程序应具有的功能,可采用 IPO 图(即输入-处理-输出图)的形式。〕

3.3 性能

〔说明对该程序的全部性能要求，包括对精度、灵活性和时间特性的要求。〕

3.4 输入项

〔给出每一个输入项的特性，包括名称、标识，数据的类型和格式，数据值的有效范围，输入的方式、数量和频度，输入媒体，输入数据的来源和安全保密条件等。〕

3.5 输出项

〔给出每一个输出项的特性，包括名称、标识，数据的类型和格式，数据值的有效范围，输出的形式、数量和频度，输出媒体，对输出图形和符号的说明以及安全保密条件等。〕

3.6 算法

〔详细说明本程序所选用的算法、具体的计算公式和计算步骤。〕

3.7 流程逻辑

〔用图表(例如流程图和判定表等)辅以必要的说明来表示本程序的逻辑流程。〕

3.8 接口

〔用图的形式说明本程序所隶属的上一层模块及隶属于本程序的下一层模块和子程序，说明参数赋值和调用方式，说明与本程序直接关联的数据结构(数据库和数据文卷)。〕

3.9 存储分配

〔根据需要，说明本程序的存储分配。〕

3.10 注释设计

〔说明准备在本程序中安排的注释。〕

3.11 限制条件

〔说明本程序运行中所受到的限制。〕

3.12 测试计划

〔说明对本程序进行单元测试的计划，包括对测试的技术要求、输入数据、预期结果、进度安排、人员职责、设备条件、驱动程序及桩模块等的规定。〕

3.13 尚未解决的问题

〔说明在本程序的设计中尚未解决而设计者认为在软件完成之前应解决的问题。〕

4. 程序 2 设计说明

...

〔用类似"3. 程序 1 设计说明"的方式说明第 2 个程序乃至第 n 个程序的设计考虑。〕

4.《集成测试说明书》

该文档建议采用 Excel 文档的格式进行制作，也可以采用 Word 文档的格式进行制作，不管采用何种格式，须按照相关接口内容进行测试用例的编写，具体可参考以下内容。

集成测试说明书

1. 集成测试用例设计

1.1 集成内容描述

〔用表格的形式描述集成测试的内容。〕

子系统名称	组　件

1.2 集成测试接口描述

〔用表格的形式描述集成组件间的接口,即需要进行集成测试的接口一览。〕

接口编号	接口名	调用模块	被调用模块

1.3 集成测试顺序描述

〔对集成测试顺序进行描述,比如集成的次数以及每次集成的组件。以下按照每次集成具体描述。〕

1.3.1 第 1 次集成描述

〔用表格的形式描述第 1 次集成的接口及接口调用关系。〕

接口编号	接口名	接口调用顺序

......

〔其余各次集成的描述形式同上。〕

1.4 测试用例

1.4.1 接口 1 测试用例

测试用例编号	输入/操作	预期结果

......

〔其余接口的描述形式同上。〕

5.《单元测试说明书》

该文档建议采用 Excel 文档的格式进行制作,也可以采用 Word 文档的格式进行制作,不管采用何种格式,须按照详细设计中确定的模块内容进行测试用例的编写,具体可参考以下内容。

单元测试说明书

1. 测试程序版本

[指明测试程序的版本。]

2. 模块描述

[描述该程序的模块组成、模块的命名空间及功能,并用表格的形式列出各模块函数/方法一览。]

模块 ID	模块名称	函数/方法编号	函数/方法名称	原型	参数	返回值

3. 测试用例

3.1 模块 1

3.1.1 模块 1—函数 1

[如下表所示,对函数 1 进行输入,输出组合测试的描述。]

测试编号	函数名	输入数据		期望结果	实际结果
		数据类型	值		
	函数 1				
	函数 1				
	...				

...

[其余模块的各函数描述形式同上。]

5.3.3 软件设计的评审

软件设计的评审作为技术评审的一种,同样必须按照 3.3.5 节的相关规范去实施。为了提高软件设计的评审效果,软件设计评审检查表必须事先制订。表 5-2 给出了软件设计评审检查表的示例以供读者参考。

表 5-2　设计评审检查表示例

序号	主要检查项
格式的规范性	
1	是否有规定的文档标识？
2	引用的文档是否现在有效？
3	文档编写的内容和格式是否符合相关标准和规定的要求？
4	文档是否经相关人员签署？
5	文档是否有独立的版本说明？
内容的完整性	
6	文档是否有目录页？
7	是否有总体设计部分？
8	是否有功能设计部分？
9	是否有接口设计（内部和外部）部分？
10	是否有性能设计部分？
内容的可追溯性	
11	设计是否可以追踪到需求？
12	需求是否可以追溯到设计？
内容的正确性	
13	是否每个设计都是可测试的？
14	设计范围、边界是否清晰，文档中是否清晰阐明了系统的各项特性及预期的结果？
15	逻辑性、算法和处理过程是否正确？
16	文档是否符合客户的需要？
17	设计是否考虑到未来的扩充性？
18	设计的系统是否易于维护？
19	模块的划分是否合适？
20	模块与模块之间是否具有一定的独立性？
21	每个模块的功能和接口定义是否正确？
22	数据结构的定义是否正确？
23	模块内的数据流和控制流的定义是否正确？
24	用户接口设计是否正确、全面，是否有单独的用户界面设计文档？
25	软件接口设计是否正确、全面？
26	是否包含有通信接口设计，通信接口设计是否正确、全面？
27	是否描述了各类接口的功能？
28	各接口与其他接口或模块之间的关系是否具有可测试性？

5.3.4　软件体系结构的设计和选择的原则

软件体系结构的设计是整个软件开发过程中关键的一步。对于当今那些庞大而复杂的软件系统来说,没有一个合适的体系结构,成功的软件设计几乎是不可想象的。可以把软件体系结构比喻成软件的骨架,软件体系结构设计的好坏直接关系到软件系统的关键性质量因素。

软件体系结构是一个系统的草图,软件体系结构描述的对象是直接构成系统的抽象组件,各组件之间的连接则相对细致地描述组件之间的通信。一个良好的体系结构设计是一个可扩展的和可改变的系统的基础,子系统(组件)可能关注特定的功能领域或关注特定的技术领域。不同类型的系统需要不同的体系结构,甚至一个系统的不同子系统也需要不同的体系结构。

典型的软件体系结构风格有很多。例如,设计图形用户界面(GUI)常用的事件驱动风格,设计操作系统常用的层次化设计风格,设计编译程序常用的管道与过滤器风格,设计分布式应用程序常用的客户端/服务器风格,等等。一个实用的软件系统通常是几种典型体系结构风格的组合。

软件体系结构的设计和选择应普遍地遵循以下原则。

1. 为变化而设计

好的软件体系结构设计是为变化而设计的。用户的需求日新月异,千变万化,大的项目一般都会有第一期、第二期、第三期、…。怎样才能让自己的架构设计满足不断变化的用户需求?"为变化而设计"应该是解决这个问题的战略方针。

2. 抽象的原则

抽象是人们认识复杂事物的基本方法。它的实质是集中表现事物的主要特征和属性,隐藏和忽略细节部分,并用于概括普遍的、具有相同特征和属性的事物。

3. 分而治之的原则

分而治之即将大的问题分解成几个小的问题,软件设计中的分解包括横向分解和纵向分解。横向分解是按照从底层基础到上层问题的方式,将问题分解成相互独立的层次,每层完成局部问题并对上层提供支持;纵向分解则是在每个层次上将问题分解成多项,相互配合实现完整的解。

4. 封装和信息隐藏原则

采用封装的方式,隐藏各部分处理的复杂性,只留出简单的、统一形式的访问方式。这样可以减少各部分之间的相互依赖程度,增强可维护性。

5. 模块化原则

模块是软件被划分成独立命名的并可被独立访问的成分。模块划分的粒度可大可小,划分的依据是对应用逻辑结构的理解。

6. 高内聚和低耦合

内聚性是指软件成分的内部特性,一个软件成分中各处理元素的关联越紧密越好,耦合性是指软件成分间关系的特性,软件成分间的关联越松散越好。

7. 关注点分离原则

软件成分被用于不同的场景时,会有对于不同场景的适应性问题。但是,所必须适应的内容并非全部,而只是一部分,即所谓的关注点。软件设计要将关注点和非关注点分离,关注点的部分可以设定,而非关注点的部分用来复用,非关注点应选择与条件和场景独立的软件成分。

8. 策略和实现的分离原则

策略指的是软件中用于处理上下文相关的决策、信息语义和解释转换、参数选择等成分。实现指的是软件中规范且完整的执行算法。软件设计中要将策略成分和实现成分分离,至少在一个软件成分中明显分开,这样可以提高维护性,这是因为实现的变动远比策略的变动要少得多。

9. 接口和实现分离原则

软件设计要将接口和实现分离,这样可以保障成分的信息隐蔽性,并可以提高可维护性。

5.3.5 设计模式的应用

模式是一条由 3 部分组成的规则,它表示了一个特定环境、一个问题和一个解决方案之间的关系。每一个模式描述了一个在不断重复发生的问题以及该问题的解决方案的核心。

将设计模式引入软件设计和开发过程的目的在于充分利用已有的软件开发经验。因为设计模式通常是对于某一类软件设计问题的可重用的解决方案。不是所有的问题都需要从头开始解决,在软件设计时,只要搞清楚设计模式,就可以完全或者说很大程度上吸收那些蕴含在模式中的宝贵经验,从而对软件体系结构有更全面的了解,通过使用这些模式还可以直接指导软件设计中的重要建模问题,从而省去很多摸索工作。

5.3.6 数据库设计原则

设计数据库是指对于一个给定的应用环境,构造最优的数据模式,建立数据库,使其能够有效地存储数据记录,并能满足各种应用要求。在设计一个数据库时,应该注意把数据库的设计和应用系统的设计结合起来,也就是说,要注意把结构(数据)设计和行为(处理)设计结合起来。数据库设计质量的好坏将直接影响到系统中各个处理过程的质量和运行性能。

在设计数据库时主要应考虑以下 3 个方面。

1. 数据层的需求与组件

数据层代表物理数据库,是实现数据网络交互共享的基础,可以被分成数据访问元数据、数据访问层和数据提供层。数据访问元数据是描述数据的存取方法的数据,为系统的每一个存取数据逻辑提供描述并使用数据访问点命名此访问逻辑,元数据存于数据库中。数据访问层是一个组件,管理数据库驱动,屏蔽数据库差别,为上层提供简单一致的接口执行调用。该层设计原则为,简化对数据库的操作,数据存取集中进行处理,有利于屏蔽数据库之间的差别,管理数据源,管理数据库的认证,管理事务性的操作,管理数据库连接。数据提供层使用数据访问层执行数据的 CRUD(Create 增加、Retrieve 查询、Update 更新和 Delete 删除)操作,使用数据访问元数据控制数据调用指令。其设计原则为,仅返回需要的数据,为不同的调用提供一致的接口,为输入输出参数提供简单的映射和转换。

2. 数据字典设计

数据字典使得信息描述准确,以确保系统工作正常。例如,优化器利用索引和其他物理存储结构的字典信息,以及其他信息来帮助决定怎样实现用户的请求。同样地,安全子系统首先利用用户与安全性约束的字典信息来准许或者拒绝这些请求。数据字典有助于数据的进一步管理和控制,为设计人员和数据库管理人员在数据库设计、实现和运行阶段控制有关数据提供了依据。

3. 数据流设计

一个软件系统的目的都是为了解决数据处理问题,就是将一种形式的数据转换为另一种形式的数据(输入、处理和输出)。数据应该包括数据流、数据内容和数据结构,其中以数据流的设计贯穿整个系统设计的始终,因此必须在对整个系统的框架有一个全面了解的基础上,对数据流的设计进行逐步求精。

5.3.7 详细设计原则

详细设计的目标任务如下:

(1)为每个模块确定采用的算法,选择某种适当的工具表达算法的过程,写出模块的详细过程性描述。

(2)确定每一模块使用的数据结构。

(3)确定模块接口的细节,包括对系统外部的接口和用户界面,对系统内部其他模块的接口,以及模块输入数据、输出数据及局部数据的全部细节。

(4)要为每个模块设计出一组测试用例,以便在编码阶段对模块代码(程序)进行预定的测试。

详细设计应掌握以下的原则:

(1)模块的逻辑描述要清晰易读、准确可靠。

(2)采用结构化或面向对象设计方法,改善控制结构,降低程序的复杂程度,从而提高程序的可读性、可测试性和可维护性(比如,程序语言中应尽量少用 GOTO 语句,以确保程序结构的独立性;使用单入口单出口的控制结构,确保程序的静态结构和动态执行情况一致)。

5.4　软件编码

经过前期对软件系统的需求分析及设计,软件产品即进入实现阶段——代码编写阶段。软件质量控制贯穿软件的整个生命周期,所以对代码编写阶段的质量控制也是十分重要的。编码质量主要体现在代码风格、编程技术、代码评审和单元测试上。

5.4.1　软件编码阶段的主要工作

软件编码是根据详细设计文档所设计的模块接口和属性、数据结构和算法进行代码编写以实现软件功能的过程。由于程序代码往往会存在许多潜在的问题,这些问题总是潜伏在角落里,聚集在边界上,这些问题仅仅通过软件测试工程通常很难发现或者总是找不完,因此,软件编码往往包含对代码的单元测试,本节按照程序编码和单元测试两个阶段来介绍软件编码阶段的主要工作。

1. 程序编码

程序编码是根据详细设计用编程语言编写所需的程序。这个阶段根据合适的编码规范产生源代码、可执行代码以及数据库(如果使用了数据库)。这个阶段的输出是随后测试和验证的主体。程序编码的主要任务包括代码编写、代码自查以及代码评审。

【参与人员】
◆ 项目经理;
◆ 项目组成员(主要是程序员)。

【开始准则】
详细设计结束。

【结束准则】
代码编码及评审结束。

【输入】
◆《用户接口设计说明书》;
◆《系统概要设计说明书》;
◆《系统详细设计说明书》。

【输出】
程序代码。

【主要活动】
[Step1] 制订编码计划。

编码小组共同协商并按照相应的文档规范制作编码的计划。该计划主要内容包括编码计划、代码评审计划和缺陷管理与改正计划。

［Step2］评审编码计划。

项目经理评审编码计划。

［Step3］确定编码规范。

编码小组和项目经理共同确定项目编码、代码评审、缺陷管理与改错等规范（可根据项目需要定制或修改已有规范）。

［Step4］准备相关的软件工具。

编码小组确定并安装相关的软件开发工具和缺陷管理工具等。

［Step5］编码。

根据详细设计文档进行编码，编码过程中需要遵守编码规范。特别要注意的是，编码人员应当对自己的代码进行自查，但是不作为该代码已经通过评审和测试的依据。如果有条件也可把编制的代码用专用的代码静态分析工具进行分析。

［Step6］代码评审。

为确保代码的质量，编码小组应该在程序员各自的代码编写和自查结束后，召集专家对代码（特别是针对重要代码或者是新手编制的代码）进行评审。

［Step7］缺陷管理。

代码评审中发现的缺陷应使用统一的缺陷管理工具进行管理，并及时对发现的缺陷及相关文档进行修正。

2. 单元测试

单元测试是软件开发过程中最基本的测试，集中在最小的程序单位——模块、子程序、封装的类或对象。单元测试的目的是根据详细设计阶段所制订的《单元测试说明书》检验每个软件单元能否正确地实现其功能，是否满足其性能和接口要求，并验证程序和详细设计说明的一致性。

【参与人员】
◆ 项目经理；
◆ 项目组成员（单元测试人员，通常是由编码程序员兼任）。

【开始准则】
编码结束（静态分析完成，代码评审完成及编译通过）。

【结束准则】
单元测试用例测试完毕，全部缺陷修改完毕且达到预先设定的质量要求（如语句覆盖率达 100％等要求）。

【输入】
◆《软件项目开发计划》；
◆《系统详细设计说明书》；
◆《单元测试说明书》。

【输出】

◆ 《单元测试成绩书》；

◆ 《缺陷管理表》。

【主要活动】

［Step1］制订单元测试计划。

单元测试小组共同协商并按照相关文档规范制订单元测试计划,该计划主要内容包括单元测试实施计划和缺陷管理与改正计划。

［Step2］评审单元测试计划。

项目经理评审单元测试计划。

［Step3］确定相关的规范。

单元测试小组和项目经理确定单元测试、缺陷管理与改错等规范(可根据项目的需要定制或修改已有规范)。

［Step4］准备相关的软件工具。

单元测试小组确定并安装相关的软件测试工具和缺陷管理工具等。单元测试的工具有 CPPUnit/JUnit、Parasoft C++ Test、Parasoft Insure++ 、Parasoft CodeWizard 等,可根据实际编程语言选用。

［Step5］实施单元测试。

单元测试人员根据《单元测试说明书》的内容进行单元测试,并将测试结果记入《单元测试成绩书》中。如果测试中发现缺陷,应将缺陷详细情况登记在《缺陷管理表》中(如使用缺陷管理工具,则登记在缺陷管理系统中)。

［Step6］代码修正。

编码小组针对管理中的缺陷,分析缺陷产生的原因,并对代码进行修改。修正完成后再次进行测试以确认修改的正确性。如果因代码的修改涉及前期文档(如《系统详细设计说明书》等)修改的,应及时对前期文档进行相应的修改。

5.4.2 软件编码阶段的成果

总结上述软件编码阶段的工作步骤,软件编码阶段的主要成果有:

(1) 程序代码；

(2)《单元测试成绩书》；

(3)《缺陷管理表》。

《单元测试成绩书》不需要做成专门的文档格式,只需对《单元测试说明书》中的测试用例部分记录测试结果即可。《缺陷管理表》可以是 Excel 文档的形式,也可以是数据库形式。不管采用何种形式,缺陷管理中应至少明确下列要素:

(1) 缺陷发现日期；

(2) 缺陷发现者；

(3) 缺陷详细描述；

(4) 缺陷发生软件版本；

(5) 缺陷发现工程；

（6）缺陷原因；

（7）缺陷原因工程；

（8）缺陷修正优先度；

（9）缺陷修改内容；

（10）缺陷修改模块或程序；

（11）缺陷修改日期；

（12）缺陷修改者；

（13）缺陷修改确认日期；

（14）缺陷修改确认者；

（15）缺陷状态。

5.4.3　程序代码评审

提高代码质量的一种重要方法就是代码评审，加强代码评审，特别是由资深开发人员或质量工程师参与的评审非常重要。但是在实际工作中这个重要环节往往被忽视，代码没有经过代码评审就直接进入单元测试。

代码评审通常有两种，一种是代码走查（walk through），这是一种使用静态分析方法的非正式评审过程；另一种是代码评审。软件编码的人为因素较多，如编程习惯、编程能力和编程技巧等。但是，软件编程中也存在一些共同的特点是可以规范和控制的，如语句的完整性、注释的明确性、数据定义的准确性、嵌套的次数限制、特定语句的限制等。代码评审要注意限时和避免现场修改。限时是为了避免跑题，不要针对某个技术问题进行无休止的讨论；发现问题时不要现场修改，要适当地记录，会后进行修改，否则浪费大家的时间。另外，代码评审的要点是检查代码编写是否符合标准和规范，是否存在着逻辑错误，因此代码评审要事先制订切实可行的评审检查表。表 5-3 给出一个程序代码评审的检查表示例以供读者参考。

表 5-3　代码评审检查表示例

序号	主要检查项
命名	
1	命名规则是否与所采用的规范保持一致？
2	是否遵循了"最小长度、最多信息"原则？
3	has/can/is 前缀的函数是否返回布尔型？
注释	
4	注释是否清晰且必要？
5	复杂的分支流程是否已经被注释？
6	距离较远的"}"是否已经被注释？
7	非通用变量是否全部被注释？

序号	主要检查项
8	函数是否已经有文档注释(功能、输入、返回及其他可选)?
9	特殊用法是否被注释?
声明、空白和缩进	
10	每行是否只声明了一个变量(特别是那些可能出错的类型)?
11	变量是否已经在定义的同时初始化?
12	类属性是否都执行了初始化?
13	代码段落是否被合适地以空行分隔?
14	是否合理地使用了空格使程序更清晰?
15	代码行长度是否在要求之内?
16	长行拆分是否恰当?
语句/功能分布/规模	
17	包含复合语句的{ }是否成对出现并符合规范?
18	是否给单个的循环和条件语句也加了{ }?
19	If/if-else/if-else if-else/do-while/switch-case 语句的格式是否符合规范?
20	单个变量是否只做单个用途?
21	单行是否只有单个功能?
22	单个函数是否执行了单个功能并与其命名相符?
23	操作符++和——的使用是否符合规范?
规模	
24	单个函数是否不超过规定行数?
25	缩进层数是否不超过规定?
可靠性	
26	是否已经消除了所有警告?
27	对象使用前是否进行了检查?
28	局部对象变量使用后是否被复位为 NULL?
29	对数组的访问是否是安全的(合法的 index 取值为[0,MAX_SIZE-1])?
30	是否确认没有同名变量局部重复定义问题?
31	程序中是否只使用了简单的表达式?
32	是否已经用()使操作符优先级明确化?
33	所有判断是否都使用了(变量==变量)的形式?

序号	主要检查项
34	是否每个 if-else 语句都有最后一个 else 以确保处理了全集？
35	是否每个 switch-case 语句都有最后一个 default 以确保处理了全集？
36	for 循环是否都使用了包含下限不包含上限的形式(k＝0；k＜MAX)？
37	XML 标记书写是否完整？字符串的拼写是否正确？
38	对于流操作代码的异常捕获是否有 finally 操作以关闭流对象？
39	退出代码段时是否对临时对象做了释放处理？
40	对浮点数值的相等判断是否是恰当的(严禁使用＝＝直接判断)？

可靠性(函数)

序号	主要检查项
41	入口对象是否都进行了不为 NULL 判断？
42	入口数据的合法范围是否都进行了判断(尤其是数组)？
43	是否对有异常抛出的方法都执行了 try-catch 保护？
44	是否函数的所有分支都有返回值？
45	int 的返回值是否合理(负值为失败,非负值为成功)？
46	对于反复进行的 int 返回值判断是否定义了函数来处理？
47	关键代码是否做了捕获异常处理？
48	是否对方法返回值对象做了 NULL 检查？该返回值定义时是否被初始化？
49	是否对同步对象的遍历访问做了代码同步？
50	是否确认在对 Map 对象使用迭代遍历过程中没有做增减元素操作？
51	线程处理函数循环内部是否有异常捕获处理以防止线程抛出异常而退出？
52	原子操作代码异常中断,使用的相关外部变量是否恢复先前状态？
53	函数对错误的处理是否恰当？

可维护性

序号	主要检查项
54	实现代码中是否消除了直接常量(用于计数起点的简单常数除外)？
55	是否消除了导致结构模糊的连续赋值(如 a＝(b＝d＋c))？
56	是否有冗余判断语句(如：if(b)return ture;else return false;)？
57	是否把方法中的重复代码抽象成私有函数？

5.4.4 SQL 语言及使用

结构化查询语言(Structured Query Language,SQL)是一种数据库操作和程序设计语言,用于存取、查询、更新和管理关系数据库系统。SQL 语言的前身是 SQUARE 语言,最早是由 IBM 公司的圣约瑟研究实验室为其关系数据库管理系统 System R 开发的一种查询语言。SQL 是高级的非过程化编程语言,是沟通数据库服务器和客户端的重要工具,允许用户在高层数据结构上工作。它不要求用户指定对数据的存放方法,也不需要用户了解具体的数据存放方式,所以,具有完全不同的底层结构的数据库系统可以使用相同的 SQL 语言作为数据输入与管理的接口。SQL 语言以记录集合作为操作对象,所有 SQL 语句接受集合作为输入,返回集合作为输出,这种集合特性允许一条 SQL 语句的输出作为另一条 SQL 语句的输入,所以 SQL 语句可以嵌套,这使它具有极大的灵活性和强大的功能。在多数情况下,在其他语言中需要一大段程序实现的功能只需要一个 SQL 语句就可以达到目的,这也意味着用 SQL 语言可以写出非常复杂的语句。

由于 SQL 语言简洁、功能强大、简单易学,所以自从 1981 年由 IBM 公司推出后,迅速得到广泛的应用。如今 Oracle、Sybase、DB2、Informix、SQL Server 等大型的数据库管理系统都支持 SQL,PC 上常用的数据库开发系统,如 Visual Foxpro、PowerBuilder 等,都支持 SQL 语言。为此,美国国家标准局(ANSI)与国际标准化组织(ISO)都已经制订了 SQL 标准。1992 年,ISO 和 IEC 发布了 SQL 的国际标准,即 SQL-92。ANSI 随之也发布了相应的 SQL 标准 ANSI SQL-92,有时也被称为 ANSI SQL。尽管不同的关系数据库使用的 SQL 版本不同,但大多数都遵循 ANSI SQL 标准。有一些关系数据库在遵循 SQL 标准的基础上使用了 SQL 标准的扩展集,较为典型的 SQL 扩展集有 T-SQL 和 PL/SQL 两种。T-SQL 是 SQL Server 数据库对 SQL 语言的扩展,PL/SQL 是 Oracle 数据库对 SQL 语言的扩展。

标准 SQL 语言包含 4 个部分:

(1) 数据定义语言(DDL),如 CREATE、DROP、ALTER 等语句。

(2) 数据操作语言(DML),如 INSERT、UPDATE、DELETE 等语句。

(3) 数据查询语言(DQL),如 SELECT 等语句。

(4) 数据控制语言(DCL),如 GRANT、REVOKE、COMMIT、ROLLBACK 等语句。

使用 SQL 语言编码和使用其他编程语言一样,需要注意程序的可维护性、可读可理解性、可修改性以及代码逻辑与效率等方面的因素。对于 SQL 语言的编码规范目前业界并没有完全统一的认识,表 5-4 在收集各种资料和总结作者开发经验的基础上给出了使用 SQL 语言编程的一些规范供读者参考。需要指出的是,真正在数据库实施阶段,每个不同的数据库管理系统都有自己的特点,在实际项目中,应结合实际的开发情况对编码规范进行选择,切忌盲目照搬。

表 5-4   SQL 编程规范示例

序号	编程规范条款
1 书写规范	
1-1	SQL 语句中所有表名和字段名全部小写,系统保留字、内置函数名和 SQL 保留字大写
1-2	连接符 OR、IN、AND 以及 =、<=、>= 等前后加上一个空格
1-3	对较为复杂的 SQL 语句加上注释,说明其算法和功能
1-4	一行有多列,超过 80 个字符时,基于列对齐原则,采用下行缩进

序号	编程规范条款
1-5	WHERE 子句书写时,每个条件占一行。语句另起一行时,以保留字或者连接符开始,连接符右对齐
1-6	多表连接时,使用表的别名来引用列
1-7	变量命名不能超出 Oracle 的限制(30 个字符),命名要规范,要用英文命名,且从命名上能看到变量的作用
1-8	查找数据库表或视图时,取出确实需要的那些字段,不要使用 * 来代替所有列名。要清楚地使用列名,而不要使用列的序号
1-9	功能相似的过程和函数要尽量写到同一个包中,以加强管理
2　性能	
2-1	避免嵌套连接
2-2	WHERE 条件中尽量减少使用常量比较,应改用主机变量
2-3	系统可能选择基于规则的优化器,所以将结果集返回数据量小的表作为驱动表(FROM 后边的最后一个表)
2-4	大量的排序操作影响系统性能,所以尽量减少 ORDER BY 和 GROUP BY 排序操作
2-5	如需使用排序操作,排序尽量建立在有索引的列上。而且如结果集不需唯一,应使用 UNION ALL 代替 UNION
2-6	尽量避免对索引列进行计算。如对索引列计算较多,请提请系统管理员建立函数索引
2-7	尽量注意比较值与索引列数据类型的一致性
2-8	对于复合索引,SQL 语句必须使用主索引列
2-9	索引中,尽量避免使用 NULL
2-10	对于索引的比较,尽量避免使用 NOT＝(!＝)
2-11	查询列和排序列与索引列次序保持一致
2-12	尽量避免相同语句由于书写格式的不同而导致多次语法分析,尽量使用 Bind 变量
2-13	尽量使用共享的 SQL 语句
2-14	查询的 WHERE 过滤原则,应使过滤记录数最多的条件放在最前面
2-15	任何对列的操作都将导致表扫描,它包括数据库函数和计算表达式等,查询时要尽可能将操作移至等号右边
2-16	IN、OR 子句常会使用工作表,使索引失效;如果不产生大量重复值,可以考虑把子句拆开;拆开的子句中应该包含索引
3　其他	
3-1	尽量少用嵌套查询。在必须使用时,请用 NOT EXIST 代替 NOT IN 子句
3-2	用多表连接代替 EXISTS 子句
3-3	少用 DISTINCT,用 EXISTS 代替
3-4	使用 UNION ALL、MINUS、INTERSECT 提高性能

续表

序号	编程规范条款
3-5	使用 ROWID 提高检索速度。对 SELECT 得到的单行记录,需进行 DELETE、UPDATE 操作时,使用 ROWID 将会使效率大大提高
3-6	使用优化线索机制进行访问路径控制
3-7	使用 CURSOR 时,显式光标优于隐式光标

5.4.5　单元测试的认识误区和实施原则

在很多软件的测试工作中发现,在测试阶段的后期仍然会存在许多潜在的问题,这样使得软件的可靠性很差,许多潜在的缺陷潜伏在角落里,聚集在边界上,总是找不完。问题的症结就在于单元测试未得到很好的实施。针对这种潜伏在角落里、聚集在边界上的缺陷,单元测试是相当有效的。

1. 关于单元测试的几个认识误区

单元测试非常重要,但是对大多数开发人员和一部分项目经理来说,对单元测试往往存在着许多认识误区,从而忽视单元测试的重要性。以下是有代表性的 3 个错误认识。

(1) 单元测试效率低,浪费时间太多。

许多开发人员一旦编码完成,马上进行软件集成工作。这种情况下,软件系统能正常工作的少之又少,更多情况下是充满着各种各样的缺陷。这些缺陷对单元测试来说是琐碎、微不足道的,但当软件被集成为一个系统时将会增加额外的工期和费用。如果在切实完成单元测试,确保各模块可靠的基础上再进行系统集成,才是真正有意义的高效率。实践证明,缺陷发生和被发现之间的时间与发现和修改该缺陷的成本呈指数关系,缺陷发生和被发现之间的时间越长,该缺陷越难被发现,即使被发现,修改的成本也将越高,因此,单元测试使得缺陷的排查变得容易,排查所需时间变短,同时由于缺陷发现得相对较早,带来的连锁反应少,修改成本也低。

(2) 单元测试必须由测试人员进行。

其实不然,单元测试应该由软件开发人员,最好是编码人员亲自主导或者担当。在对每个模块进行单元测试时,首先不能忽略各模块内部的逻辑以及和其他模块的关系,如果仅仅靠测试人员进行单元测试的话,周期长、耗资巨大,事倍功半。因此单元测试往往和编码同步进行,每完成一个模块的编码就可以进行单元测试。

(3) 设计和编码质量高,不需要进行单元测试。

有些人认为,如果设计和编码质量高,就不会有缺陷。这永远都只是一个不会实现梦想和神话。实践证明,编码一般都不会一次性通过,都必须经过许多测试才可能通过,其中单元测试是基础测试。缺乏测试的程序中一定会包含许多的缺陷。

2. 单元测试原则

为了切实保证单元测试的质量,实施单元测试时应坚持以下原则:

（1）单元测试一般在代码编译之后实施，但在实施单元测试之前应该对代码进行静态分析和代码的评审，这样会排除一些代码的逻辑表达错误，提高单元测试的效率。

（2）单元测试应采用白盒测试和黑盒测试相结合的测试方法（灰盒测试方法）。白盒测试基于对模块内部结构有清晰的了解，可以用来对代码结构进行全面的测试；黑盒测试用来验证模块功能和性能是否得到实现。

（3）在上下边界及可操作范围内运行所有的循环。

（4）单元测试应该选择足够的测试用例，保证以下条件都得到满足：

① 程序中每一条可执行语句至少得到一次执行。

② 程序中每一个分支判断的每一种可能结果都至少被执行一次。

③ 程序中每一个分支判断中的每一个条件的可能结果都至少被执行一次。

④ 程序同时满足判定覆盖和条件覆盖。

⑤ 程序中所有的可能路径都至少执行一次。

⑥ 程序中每一个分支判断中的每一个条件的每一种可能组合结果都至少被执行一次。

5.5　软件测试

软件测试，是对软件实现阶段产生的软件产品的各个组件依次组装和测试，并对软件系统进行全面的测试，确认软件系统是否实现了在需求开发阶段确认的用户和产品需求，是否实现了用户和产品预期的功能。

5.5.1　软件测试阶段的主要工作

软件测试是按照事先确定的顺序、流程和环境，依次集成和测试各个软件系统组件，确保不同组件之间的接口的适合性，并将软件系统组件组合为软件系统，确保已集成的软件组件能适当地运行。软件测试阶段通常包括软件产品集成、集成测试、系统测试和验收测试等工程活动。

1. 软件产品集成

软件产品集成的主要目的是根据预定的集成顺序和集成程序，在集成环境下对各个软件系统组件进行集成，并确认已集成的软件系统组件是否满足集成准则。

【参与人员】
◆ 项目经理；
◆ 项目组成员（主要是集成人员，一般和测试人员相同）。

【开始准则】
集成对象组件单元测试结束。

【结束准则】
所有软件系统组件满足集成准则。

【输入】

所有软件组件的程序代码。

【输出】

◆ 《集成计划》；

◆ 《缺陷管理表》。

【主要活动】

〔Step1〕制订集成顺序。

集成人员识别待集成的全部软件系统的组件,形成软件系统组件一览表,识别并选择最佳集成顺序。集成通常可以采用以下两种方式分别进行或结合进行。

（1）非渐增式方式：先测试各个组件,再按照集成顺序和集成程序,一次性对所有组件产品进行集成。

（2）渐增式方式：把下一个要测试的组件同已集成好的集成组件按集成顺序和集成程序结合起来,如此反复进行的一种集成方式。

〔Step2〕建立产品集成环境。

集成人员识别软件系统集成环境的需求、集成环境的验收准则与程序,通过自制或采购建立产品集成所需的环境。

〔Step3〕建立产品集成程序与准则。

建立软件系统组件的集成程序和评估、确认、交付准则。

〔Step4〕审查接口的完整性和一致性。

集成人员审查软件系统与软件系统组件的内部与外部接口的完整性和一致性,接口的定义或设计变更时,应及时对接口的完整性和一致性进行管理和维护。

〔Step5〕制订集成计划。

集成人员根据软件项目开发计划制订集成计划,该计划主要包括：

（1）待集成的软件系统组件一览表；

（2）软件系统组件集成顺序的相关描述；

（3）软件系统集成环境的相关描述；

（4）软件系统组件接口清单；

（5）软件系统集成程序与准则；

（6）人员与任务表。

项目经理非正式地评审集成计划。

〔Step6〕执行产品集成。

集成人员根据集成计划进行集成,并确认已集成软件系统满足集成准则。如发现缺陷,应将缺陷记入《缺陷管理表》中,并及时通报给相关人员(项目经理及项目组成员)。

〔Step7〕缺陷管理与修正。

项目组成员对已发现的缺陷进行原因分析,制订解决方案及相应的修改影响分析,按照选定的解决方案进行缺陷修改。修改缺陷之后立即进行再集成,以确保不会引入新的缺陷。

2. 集成测试

集成测试是集成软件的系统测试技术,按设计要求把通过了单元测试的各个组件组装在一起后进行测试,以便发现与接口有关的各种错误。集成测试针对的是各个相关组件的集成,最终的目标是将整个软件系统组件正确且成功地集成起来,没有明显的组件之间的匹配问题。时常有这样的情况发生,每个组件都能单独工作,但这些组件集成在一起之后却不能正常工作。主要原因有:组件相互调用时接口会引入新问题;一个组件对另一组件可能造成不应有的影响;几个组件组合起来不能实现相应功能;误差不断积累达到不可接受的程度,等等。

【参与人员】
◆ 项目经理;
◆ 项目组成员(主要是测试人员)。

【开始准则】
集成测试对象组件单元测试结束并通过集成。

【结束准则】
所有软件系统组件满足集成测试准则。

【输入】
◆ 程序代码;
◆《集成测试说明书》。

【输出】
◆《集成测试计划》;
◆《集成测试成绩书》;
◆《缺陷管理表》。

【主要活动】
[Step1] 制订集成测试计划。
测试人员根据软件项目开发计划制订集成测试计划,该计划主要包括:
(1) 测试范围(内容);
(2) 测试方法;
(3) 测试环境与辅助工具;
(4) 测试完成准则;
(5) 人员与任务表。
项目经理非正式评审集成测试计划。
[Step2] 建立测试环境。
根据集成测试计划,建立测试环境。
[Step3] 执行集成测试。
集成测试人员根据集成测试计划和《集成测试说明书》实施测试活动,将测试结果如

实记录在《集成测试成绩书》中。如果发现缺陷,应将缺陷记入《缺陷管理表》中,并及时通报给相关人员(项目经理及项目组成员)。

　　[Step4]缺陷管理与修正。

　　项目组成员对已发现的缺陷进行原因分析,制订解决方案及相应的修改影响分析,根据选定的解决方案,进行缺陷修改,修改缺陷之后立即进行回归测试,以确保不会引入新的缺陷。

3. 系统测试

　　系统测试是在充分运行最终软件系统的基础上,全面地验证系统各组件是否都能正常工作并完成所赋予的任务,确保软件系统满足软件需求并且遵循系统设计的过程。该过程由若干个不同目的的测试组成,包括但不限于:

　　(1)验证测试。以前期的软件需求规格说明书的内容为依据,验证系统是否正确无误地实现了软件需求中的全部内容。

　　(2)压力测试。检查软件系统对异常情况的抵抗能力。压力测试总是迫使系统在异常的资源配置下运行,验证系统的健壮性是否可靠。

　　(3)性能测试。对于有些实时系统,软件部分即使满足功能要求,也未必能够满足性能要求。虽然从单元测试起,每一测试步骤都包含性能测试,但只有当系统真正集成之后,在真实环境中才能全面、可靠地测试运行性能。性能测试即用来完成这一任务。性能测试有时与压力测试相结合,经常需要其他软硬件的配套支持。

【参与人员】
- 项目经理;
- 项目组成员(主要是测试人员)。

【开始准则】
系统集成测试完成。

【结束准则】
测试用例测试完毕,缺陷修改达到预先设定的质量要求。

【输入】
- 程序代码;
- 《系统测试说明书》。

【输出】
- 《系统测试计划》;
- 《系统测试成绩书》;
- 《缺陷管理表》。

【主要活动】
系统测试的主要活动过程和集成测试基本相同,不同的是测试的目的和测试用例。

[Step1] 制订系统测试计划。

系统测试人员根据软件项目开发计划制订系统测试计划,该计划主要包括:

◆ 测试范围(内容);

◆ 测试方法;

◆ 测试环境与辅助工具;

◆ 测试完成准则;

◆ 人员与任务表。

项目经理审批系统测试计划。

[Step2] 建立测试环境。

根据系统测试计划,建立测试环境。

[Step3] 执行系统测试。

系统测试人员根据系统测试计划和《系统测试规格说明书》实施测试活动,将测试结果如实记录在《系统测试成绩书》中。如果发现缺陷,应将缺陷记入《缺陷管理表》中,并及时通报给相关人员(项目经理及项目组成员)。

[Step4] 缺陷管理与改错。

项目组成员对已发现的缺陷进行原因分析,制订解决方案及相应的修改影响分析,根据选定的解决方案进行缺陷修改,然后立即进行回归测试,以确保不会引入新的缺陷。

4. 验收测试

经集成测试后,已经按照设计把所有的模块组装成一个完整的软件系统,接口错误已经基本排除,下一步就是验证软件系统的有效性,即软件的功能和性能能够如同用户所期待的那样,这就是验收测试的任务。验收测试是部署软件之前的最后一个测试操作,其目的是:确保软件准备就绪,并且可以让最终用户将其用于执行软件的既定功能和任务,向未来的用户表明系统能够像预定要求那样工作。

验收测试的结果有两种可能,一种是功能和性能等指标满足软件需求说明的要求,用户可以接受;另一种是软件不满足软件需求说明的要求,用户无法接受。如果项目进行到这个阶段才发现严重错误和偏差,一般很难在预定的工期内改正,因此必须与用户协商,寻求一个妥善解决问题的方法。

【参与人员】

项目验收小组(一般为用户或者用户组织的人员)。

【开始准则】

系统测试完成。

【结束准则】

测试用例测试完毕,《验收测试报告》编写完毕。

【输入】

所有与软件系统相关的程序及文档。

【输出】

◆ 验收测试计划；

◆《验收测试报告》。

【主要活动】

[Step1] 验收测试准备。

项目开发组向项目验收小组提交所有开发产物及开发产物清单。就软件外包项目而言一般包括：

（1）可执行程序、源程序、配置脚本和测试程序或脚本。

（2）主要的用户文档，包括维护手册和用户操作手册。

（3）主要的开发文档，包括《软件需求规格说明书》、《概要设计说明书》、《详细设计说明书》和《数据库设计说明书》等。

（4）主要的管理文档：软件项目开发计划、质量保证计划、配置管理计划、用户培训计划、质量总结报告、会议记录、开发进度月报和项目完了总结报告书等。

[Step2] 软件配置审查。

验收小组对相关文档和源代码进行审核，还要注意文档与源代码的一致性。在实际的验收测试执行过程中，常常会发现文档审核是最难的工作，一方面由于市场需求等方面的压力使这项工作常常被弱化或推迟，造成持续时间长，文档审核的难度大；另一方面，每个项目都有一些特别的地方，文档审核中不易把握的地方非常多。

[Step3] 验收测试计划。

验收小组和项目组在协商的基础上，根据软件需求和验收要求编制测试计划，制订需要测试的测试项目、测试策略及验收通过准则，并通过有客户参与的评审。

[Step4] 验收测试设计。

根据验收测试计划和项目验收准则编制测试用例，并通过评审。

[Step5] 测试环境搭建。

建立验收测试的硬件环境和软件环境等。

[Step6] 测试实施。

测试并记录测试结果。

[Step7] 测试结果分析。

根据验收通过准则分析测试结果，作出验收是否通过的测试评价。

[Step8] 测试报告。

根据测试结果编制缺陷报告和验收测试报告，并提交给客户。

5.5.2 软件测试阶段的成果

总结上述软件测试阶段的工作步骤，软件测试阶段的主要成果有：

（1）各类计划（含集成、集成测试、系统测试和验收测试计划）；

（2）各类测试成绩书（含集成测试和系统测试成绩书）；

（3）《缺陷管理表》；

（4）《验收测试报告》。

各类测试成绩书不需要做成专门的文档,只需对《集成测试说明书》和《系统测试说明书》中的测试用例部分记录测试结果即可。《缺陷管理表》和 5.4.2 节中介绍的《单元测试缺陷管理表》相同。《验收测试报告》一般不是开发方编制的文档,本书不详细介绍。本节详细给出各类计划(含集成、集成测试、系统测试和验收测试计划)的模板以供参考。

测试计划采用 Word 文档的格式进行制作。

测 试 计 划

1. 引言

引言部分省略,和其他文档构成一样。

2. 计划

2.1 软件说明

〔用表格的形式逐项说明被测软件的功能、输入和输出等质量指标。〕

2.2 测试内容

〔列出测试中的每一项测试内容的名称和标识符,这些测试的进度安排、内容和目的。〕

2.3 测试 1(标识符)

〔给出这项测试内容的参与单位及被测试的部位。〕

2.3.1 进度安排

〔给出对这项测试的进度安排,包括进行测试的日期和工作内容(如熟悉环境、培训、准备输入数据等)。〕

2.3.2 条件

〔描述本项测试工作对资源的要求。包括:

(1) 设备。所用到的设备类型、数量和预定使用时间。

(2) 软件。列出将被用来支持本项测试过程而本身又并不是被测软件的组成部分的软件,如测试驱动程序、测试监控程序、仿真程序和桩模块等。

(3) 人员。列出在测试工作期间预期可由用户和开发任务组提供的工作人员的人数、技术水平及有关的预备知识,包括一些特殊要求,如倒班操作和数据输入人员。〕

2.3.3 测试资料

〔列出本项测试所需的资料,如:有关本项任务的文件;被测试程序及其所在的媒体;测试的输入和输出举例;有关控制此项测试的方法、过程的图表。〕

2.3.4 测试培训

〔说明或引用资料说明为被测软件的使用提供培训的计划,规定培训的内容、受训的人员及人事培训的工作人员。〕

2.4　测试 2（标识符）

　　[用与本测试计划 2.3 条相类似的方式说明用于另一项及其后各测试内容的测试工作计划。]

　　……

3．测试设计说明

3.1　测试 1（标识符）

　　[说明对第一项测试内容的测试设计考虑。]

3.1.1　控制

　　[说明本测试的控制方式,如输入是人工、半自动或自动引入,控制操作的顺序以及结果的记录方法。]

3.1.2　输入

　　[说明本测试中所使用的输入数据及选择这些数据的策略。]

3.1.3　输出

　　[说明预期的输出数据,如测试结果及可能产生的中间结果或运行信息。]

3.1.4　过程

　　[说明完成此项测试的各个步骤和控制命令,包括测试的准备、初始化、中间步骤和运行结束方式。]

3.2　测试 2（标识符）

　　[用与本测试计划 3.1 条相类似的方式说明用于第 2 项及其后各项测试工作的设计考虑。]

　　……

4．评价准则

4.1　范围

　　[说明所选择的测试用例能够检查的范围及其局限性。]

4.2　数据整理

　　[陈述为了把测试数据加工成便于评价的适当形式,使得测试结果可以同已知结果进行比较而要用到的转换处理技术,如手工方式或自动方式;如果是用自动方式整理数据,还要说明为进行处理而要用到的硬件和软件资源。]

4.3　尺度

　　[说明用来判断测试工作是否能通过的评价尺度,如合理的输出结果的类型、测试输出结果与预期输出之间的容许偏离范围以及允许中断或停机的最大次数。]

5.5.3　软件测试用例的评审

　　软件测试用例的评审作为技术评审的一种,同样必须按照 3.3.5 节的相关规范去实施。为了提高软件测试用例的评审效果,软件测试用例的评审检查表必须事先制订。

　　表 5-5 给出了一个软件测试用例评审的检查表示例以供读者参考。

表 5-5　软件测试评审检查表示例

序号	主要检查项
1	测试用例是否覆盖了测试计划的测试需求中描述的所有测试类型和功能点？
2	每个测试用例是否清楚地填写了测试特性、步骤和预期结果？
3	用例设计是否包含了正面和反面的用例？
4	非功能测试需求和不可测试需求是否在用例中列出并有说明？
5	不同业务流程用例是否覆盖？
6	测试用例是否包含测试数据、测试数据生成办法或者输入的相关描述？
7	每个测试用例前是否有标识？
8	用例陈述中的命名、术语和缩写是否上下文一致？
9	系统测试用例是否可追溯到软件需求？
10	软件需求是否可追踪到系统测试用例？
11	集成测试用例是否可追溯到概要设计？
12	概要设计是否可追踪到集成测试用例？

5.5.4　软件测试的原则及规范

在《软件测试的艺术》[①]一书中，梅耶（G. J. Myers）对软件测试做了如下定义：软件测试是为了发现错误而执行程序的过程。测试的目的是为了发现软件中的错误，是为了证明软件有错，而不是证明软件无错。在软件生命周期中，软件测试之前的所有工作都是"建设性"的，唯独软件测试是"破坏性"的，软件测试可以看作是对前面阶段所作工作的"最终复审"，因此软件测试在软件质量保证中占有重要地位。

1. 软件测试与质量保证的关系

软件测试在软件的生命周期中占据重要的地位。传统软件过程中，软件测试处于编码之后，运行维护阶段之前，是软件交付用户使用之前软件质量保证的最后手段，事实上这是一种误导。软件生命周期中每一个阶段都包含测试，要求检验每个阶段的成果是否都符合质量要求和达到定义的目标，尽可能早地发现错误并加以修正。如果不在早期进行测试，错误就会不断扩张、积累，常常会导致最后成品测试困难、开发周期延长、开发成本剧增（见图 5-3）。由于软件开发人员思维上的主观局限性以及所开发软件系统的复杂性决定了软件开发过程中出现软件错误是避免不了的。软件产生错误的主要原因如下：

（1）软件需求规格说明书包含错误的需求，或者漏掉一些需求，或者没有准确表达客户所需的内容。

（2）需求规格说明书中有些功能不可能或者无法实现。

（3）系统设计中存在不合理性。

---

① 梅耶. 软件测试的艺术. 张晓明, 黄琳, 译. 北京：机械工业出版社：2012.

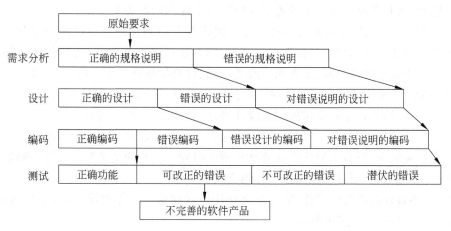

图 5-3　软件开发中的错误扩张示意图

（4）程序设计中出现错误以及程序代码中存在问题，包括错误的算法和复杂的逻辑等。

对于软件，采用新的语言、先进的开发方法和完善的开发过程可以减少错误的引入，但是不论采用什么方法和技术，不可能完全杜绝错误的发生。所有引入的错误需要通过测试来发现，软件中的错误密度也要通过测试来进行评估，测试是所有工程学科的基本组成单元，是软件开发的重要组成部分。统计表明，在典型的软件开发项目中，软件测试工作往往占软件开发总工作量的 40% 以上，占软件开发总成本的 30%～50%。

2. 软件测试的现状

当测试一个软件产品时，不可能把所有可能的情况都测试一遍，也就是说要进行软件产品的完全的功能测试是非常困难的。例如，对一个计算器程序，要测试的数字可以从 0 开始到一个很大的数，就算 8 位数字（99999999），仅仅测试其加法运算的可能情况就是 10^{16} 种，要完成这样的测试，即使借助计算机，每秒完成 10 万个测试用例，一个测试人员穷其一生也完成不了。其次，即使完成了全部功能的测试，也很难完成所有用户环境下的测试。测试环境是有限的，而软件系统的实际运行环境是复杂的、千变万化的，不仅有不同的硬件（主板、CPU、内存、网卡和显示卡等），而且还有操作系统及其版本、驱动程序及其版本、已经安装的应用程序等的差异。完成所有用户环境的软件测试也几乎是不可能的，即使可以实现，其成本也将是巨大的。最后，软件系统的性能测试、有效性测试和可靠性测试等都不能在完全真实的环境下进行。

因此，软件测试是一个具有非常大风险的工作。软件测试被认为是理解并评估与发布软件系统有关的利益和风险状况的过程。软件测试的作用则是管理或转移系统失败的风险以及如何最大程度地消除给用户带来的不良影响。

除此之外，软件测试还面临着下面一些巨大的挑战：

（1）软件测试不能提高软件质量。软件产品发布后如果缺陷较多，往往会归咎于测试人员。在许多人的心目中，测试人员是防止缺陷的最后一堵墙。实际上，所有的软件缺陷都是在需求分析、设计和编码阶段注入的，注入的缺陷越多，出现被测试漏掉的缺陷可能性就越大,因此要提高软件质量需要在软件缺陷注入的源头下工夫。

(2) 软件测试人员普遍素质和待遇差。国内存在对测试理解的误区,如测试不需要技术或者不需要过高的技术。在选用测试人员时,往往降低要求,所给的待遇也偏低,从而造成测试队伍整体能力弱、工作积极性低,对软件测试质量有较大的负面影响。

(3) 软件测试的时间往往被压缩。虽然一旦软件项目启动后,软件测试工作就开始了,包括各种文档的评审和测试用例的设计等,但软件测试的主要执行时间是在代码完成后。由于软件的日程估计往往不够准确,代码完成时间延迟经常会发生,而管理层又不想推迟软件系统的交付期,结果往往就是软件测试时间首当其冲地被缩短,造成测试不够充分或者计划好的测试项目不能保质保量地完成。

因此,要做好软件测试工作,除了要充分认识软件测试工作的风险性,还必须从思想上克服上面三种软件测试的问题。

3. 软件测试的原则

在软件测试过程中,应该注意并遵循下面的具体原则:

(1) 所有的测试标准都是建立在用户需求之上的。软件测试的目的就是验证软件系统的一致性和确认系统是否满足客户的需求,所以测试人员要始终站在用户的角度去看问题,去判断软件缺陷的影响。

(2) 软件测试必须基于"质量第一"的思想去开展工作。当时间和质量产生冲突时,时间要服从质量。

(3) 事先定义好软件的质量标准。有了质量标准,才能依据测试的结果对软件系统的质量做正确的分析和评估。如进行性能测试前,应定义好系统的性能相关的各项指标。同样,测试用例应事先确定预期输出结果,如果无法确定测试结果则无法进行校验。

(4) 应当把"尽早和不断地测试"作为测试人员的座右铭。软件项目开始了,软件的测试就开始了,不要等到编码完成才开始进行测试。在代码完成之前,测试人员应参与需求分析、系统或程序的设计的评审工作,在这个阶段要准备测试计划、测试用例、测试脚本和测试环境。

(5) 程序员应避免测试自己的程序,为达到最佳的效果,应由第三方进行测试。测试是带有"挑剔性"的行为,心理状态是测试程序的障碍。

(6) 软件测试计划是做好软件测试的前提,所以在进行实际测试工作之前应制订良好的、切实可行的软件测试计划,特别是确定测试策略和测试目标。

(7) 测试用例是设计出来的,不是写出来的。穷举测试是不可能的,所以要根据测试的目的,采用相应的方法去设计测试用例,从而提高测试的效率,更多地发现错误,提高程序的可靠性。除了检查程序是否做应该做的事情,还要看程序是否做了不该做的事情。

(8) 对做了修改的程序进行重新测试时不可将测试用例置之度外。回归测试应尽可能考虑关联性,不可随意进行。

(9) 对发现错误较多的程序段应进行更深入的测试。一般来说,一段程序中已经发现的错误越多,其中存在错误的概率也就越大。错误集中发生的现象可能与程序员的编程水平和编程习惯有很大关系。

5.6　软件发布与维护

软件完成了各种测试和评估之后,就要进行发布以投入到使用和应用中去。软件发布是软件开发过程中的最后一个环节,也是软件开发和软件运行之间的衔接阶段。经过这个阶段,软件开发阶段意味着结束。

根据软件发布模式的不同,软件发布的过程也不完全一致。软件发布模式通常有两种形式:一种是软件产品模式,另一种是软件服务模式。软件产品模式就是软件以产品包的形式提供给客户使用。这种模式下,软件的发布首先要构建软件产品包,包括软件可执行程序文件、需要的示例和数据、包含软件产品的基本信息(产品信息、版本号和基本要求等)的 readme. txt 或者 readme. html、版权信息文件、安装文档、培训文档和在线帮助等;其次,要制作软件产品包的母盘,母盘制作后要完成病毒扫描、与已测试产品包中文件进行对比、重新进行安装测试和基本功能测试等,这些测试都通过后进行大规模生产,最后将软件产品投放到市场,通过市场销售到达用户手中(见图 5-4)。

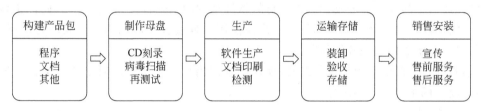

图 5-4　软件产品模式的软件发布程序

软件服务模式不同于软件产品模式,软件服务模式不是向客户直接提供软件产品,而是在网络服务器上部署软件系统以向用户提供服务。这种模式的产品发布比软件产品模式的发布要复杂得多,一般都有前期活动和后期活动。前期活动与软件需求分析、设计、编程和测试过程并行进行,在软件测试结束前完成,包括软件部署的规划、部署设计和部署设计的验证;后期活动在软件测试完成之后进行,包括软件部署的实施和软件运行监控(见图 5-5)。

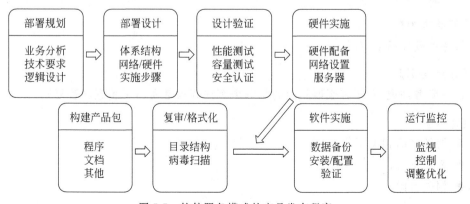

图 5-5　软件服务模式的产品发布程序

软件外包服务中,在较多情况下软件发布模式是软件产品模式,因此软件发布的程序相对比较简单,这里对软件的发布包括软件部署不做具体讨论。

软件系统进入市场或者交付给客户后,当软件系统运行出错时,或者不能很好地满足客户新的需求时,软件系统需要修改并发布新的版本,这就是软件维护的主要工作。本节主要讨论软件维护过程的规范及其质量保证的相关问题。

5.6.1　软件维护阶段的主要工作

不管是提供软件产品还是提供软件服务,软件维护都是不可或缺的。软件维护是指软件产品销售或者项目交付之后的服务,其宗旨是解决软件系统遗留的问题,满足客户新的要求,为客户提供持续的、不间断的服务,提高客户对软件产品或者服务的满意度。

软件维护通常可以分为改正型维护、增强型维护和客户技术支持。所谓改正型维护就是修改已发布软件系统中存在的问题或缺陷,而这些问题或缺陷是在测试和验收过程中没有被发现的。增强型维护是指为了使软件系统适应新的应用环境的变化而进行的软件系统的修改,或者是对软件系统增加新的功能或者增强原来的功能而进行的软件系统的修改,或者是随着软件的维护必须进行的软件结构的调整、代码的重构和代码优化等软件系统的修改。客户技术支持则是对客户在使用软件过程中出现的任何问题提供倾听、回答、咨询和解决问题等各种帮助。

通常维护阶段的活动是反应式的,仅仅当客户需要维护服务的时候才启动。维护阶段包括以下两个主要活动过程:

(1) 客户服务;

(2) 产品维护。

1. 客户服务

客户服务主要是提供技术支持,对客户在使用软件过程中出现的任何问题提供倾听、回答、咨询和解决问题等各种帮助。

【参与人员】

客户服务人员。

【开始准则】

软件系统发布上市后。

【结束准则】

客户服务结束(对于客服期间内的每一个客户要求都做出了满意的答复)。

【输入】

◆　软件产品相关文档;

◆　客户信息;

◆　相关合同。

【输出】

《客户服务报告》。

【主要活动】

[Step1] 客户服务准备。

组织建立通畅的客户服务通信渠道,包括信息管理系统、电话和电子邮件等,并对客户服务人员进行必要的培训。

[Step2] 接收客户需求。

客户通过各种渠道向客服人员提出要求(如请求、建议和投诉等),客服人员记录这些要求,并主动向客户询问,调查客户的新的要求。

[Step3] 响应客户的要求。

客服人员迅速响应客户的要求。对于简单的技术咨询类的要求,客服人员自己或在咨询相关技术人员的帮助下立即予以解答;如果客户遇到软件系统故障或者有新的需求时,客服人员应该在做好相应的说明工作的基础上将问题或者需求提交给产品维护人员进行解决。有时候可能有的客户的要求超越了服务范围,涉及诸如费用的问题,这个时候应给予充分的说明,取得客户最大程度的满意。

[Step4] 总结客服工作。

客服人员定期归纳和总结客户的要求事项,总结其中有价值的部分(包括建议和需求修改等)并向组织市场人员报告。

客户服务的主要活动流程如图 5-6 所示。

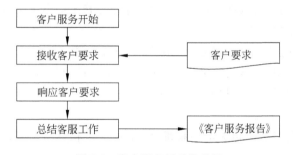

图 5-6　客户服务活动流程图

2. 产品维护

产品维护主要是针对增强型和改正型维护而进行的软件系统修改过程。

【参与人员】

产品维护人员(通常有两种,一种是由开发人员直接担当产品维护人员,软件外包服务中较多的情况是采取这种形式;另一种是由独立的机构来维护。这两种形式的维护人员各有优缺点)。

【开始准则】

以下 3 种情况之一发生时:

（1）从客服人员或者客户获得软件系统的维护要求（产品存在问题或者缺陷）。

（2）软件系统产生新的功能需求或者对原来功能有增强的需求。

（3）有必要对软件系统进行结构调整、软件代码的重构或代码优化。

【结束准则】

软件系统维护完成。

【输入】

◆ 软件产品相关文档（含源代码和开发环境等）；

◆ 维护需求相关文档。

【输出】

◆《产品维护计划》；

◆《产品维护报告》。

【主要活动】

[Step1] 维护准备。

产品维护人员整理软件系统相关的资料，包括软件系统源代码、开发环境及其相关技术文档。如果产品维护人员来自独立的维护机构的话，还应该由原来的软件开发人员对产品维护人员进行相应的培训。

[Step2] 获得维护需求。

维护人员从各方面收集维护需求，主要包括从客服人员得到维护需求，从客户直接得到维护需求，或者主动分析软件面临的复杂度、性能等状况提出维护需求。

[Step3] 分析维护需求。

维护人员分析维护需求，包括维护的可行性分析和详细分析。维护的可行性分析主要确定软件更改的影响、可行的解决方法及所需的费用；详细分析则要提出完整的更改需求说明，鉴别需要更改的要素（如模块或者组件），提出测试方案和策略。

[Step4] 制订维护计划。

维护需求的分析结果经相关部门批准后，维护人员根据维护需求制订《产品维护计划》。

[Step5] 执行维护计划。

维护计划经相关人员批准后，维护人员开展维护工作。维护工作主要包括设计、实现和系统测试工作。在维护期间，维护人员必须严格遵循配置管理规范，避免工作成果的版本发生混乱。

[Step6] 验收测试。

由客户、用户或者第三方进行综合测试，报告测试结果，进行功能配置审核，建立软件新版本，准备软件文档的最终版本。

[Step7] 总结维护工作。

维护人员归纳总结维护工作，制作《产品维护报告》。

产品维护的主要活动流程如图 5-7 所示。

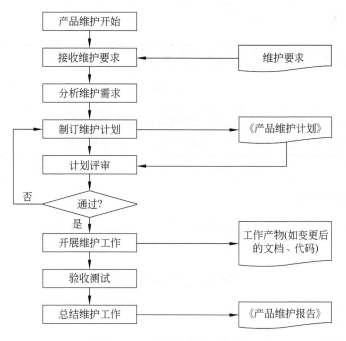

图 5-7　产品维护活动流程图

5.6.2　软件维护阶段的成果

总结上述软件维护阶段的工作步骤,软件维护阶段的主要成果有:

(1)《客户服务报告》;

(2)《产品维护计划》;

(3)《产品维护报告》;

(4)维护后的软件系统相关文档(含源代码及其相关文档)。

下面给出《客户服务报告》、《产品维护计划》和《产品维护报告》的文档模板以供读者参考。

1.客户服务报告

建议该文档采用 Excel 文档格式制作。

客户服务报告

1. 基本信息

软件系统名称		开发部门	
报告日		报告人	

2. 客服报告

编　号	客 户 要 求	如 何 解 答	客 服 人 员
分析和总结			
客服人员归纳分析客户要求，总结一些有价值的建议，向上级领导汇报。			

2. 产品维护计划

建议该文档采用 Excel 文档格式制作。

产品维护计划

1. 基本信息

软件系统名称		项目经理	
计划提出日		计划提出人	

2. 维护范围

一般维护范围在合同中已有规定。

3. 任务安排

编　号	维 护 要 求	维 护 人 员	维护记入时间	维护完了时间

4. 费用预算

编　号	用　途	金　额

5. 本计划的审批意见

上级领导审批意见
签字： 日期：

3. 产品维护报告

建议该文档采用 Excel 文档格式制作。

产品维护报告

1．基本信息

软件系统名称		项目经理	
计划提出日		计划提出人	

2．维护报告

编　号	维 护 要 求	处 理 措 施	维 护 人 员
分析、总结			
维护人员归纳分析各种维护要求，总结一些有价值的建议，向有关领导汇报。			

5.6.3　软件维护的原则

　　软件产品的维护最终落实在修改软件设计、源程序和文档上，为了正确、有效地修改设计和源程序，通常要先分析和理解原有软件系统功能和新的需求或者更改请求的差异，才能正确地实现变更。修改方案应得到仔细的评审，尽量避免引起问题本身之外的回归缺陷。回归缺陷非常容易导致客户的抱怨，"回归缺陷"相对"新功能没有实现"问题常常更为严重，这点在软件外包服务的软件开发中尤为重要。所以对设计和程序做修改的时候应该遵循以下原则：

　　(1) 要基于优化结构的思路去解决问题，至少保持原有的程序结构，不要导致软件结构的退化。

　　(2) 在程序维护过程中，可以逐步完成对原有程序的重构和重写，一次重写的比例要得到严格控制，以 $10\%\sim15\%$ 为佳，否则会由于时间关系导致程序质量变差。

　　(3) 对程序基础函数和公共接口等的修改要慎之又慎，需要所有设计的开发人员参与评审。

　　(4) 软件修改测试一方面可根据修改的范围进行有效测试，同时要考虑更多的影响区域,有足够的回归测试。

（5）所有的修改,无论是对于源程序还是对于配置管理系统,在检入前都应该输入相应的注释。

（6）对设计技术文档和用户文档的修改要保证所有文档的一致性。

维护活动也可以归为软件开发过程,应该遵循已有的所有规范,但由于在软件维护的过程中,软件系统正在被客户使用,其流程中有了更多的限制条件,如对变更的时间、范围和风险等控制要求更为严格。

5.7　传统软件过程案例

本节以"面向某客户的工程文件比较工具软件开发"项目开发为例说明传统软件过程及规范。

5.7.1　软件需求分析

最初客户对本软件项目的需求并不清晰,客户方只是有一个非常简单的想法而已。项目承接方技术人员在通过与用户交谈、向客户提问题、参观客户的工作流程以及观察客户的业务操作等的基础上,制作软件原型并与客户经过若干次的往复沟通交流,最后形成本软件项目的各种需求文档,作为后续开发的基础,具体包括《项目用户需求说明书》、《项目软件需求说明书》、《项目用户接口设计书》和《项目系统测试说明书》。本节根据需要截取部分内容来说明软件需求分析阶段的活动和文档规范。

1. 项目用户需求说明书

本文档采用 Word 制作,文档格式参考 5.2.2 节中《用户需求说明书》的格式。

面向某客户的工程文件比较工具软件开发
用户需求说明书

1. 引言

1.1　目的

本说明书是在对用户需求的理解和分析的基础上,用客户的语言整理而成的说明性文档,目的是帮助用户更好地理解系统的功能,对以后各阶段工作起指导作用,是整个软件开发工作的依据,同时也是软件项目完成后进行验收的依据。

1.2　背景

项目名称：面向某客户的工程项目文件比较工具软件

项目的委托开发方（客户）：日本 xx 株式会社 xx 工场

项目开发者（承接方）：xx 软件有限公司

1.3 预期读者

本文档的预期读者包括本项目开发人员(含设计、编码和测试)、项目管理人员及用户等。

1.4 参考资料

- 《程序 CAD 项目情报文件规格说明书》。
- 《程序 CAD 项目比较工具解决方案书》。

2. 项目软件系统介绍

日本 xx 株式会社 xx 工场大量使用程序 CAD 工程进行工作。在工作过程中,工程文件经常会发生多人同时修改的情况,为了统合修改后的文件,需要把握每次修改的具体细节,为此常常是靠手动地去比较各版本工程文件的异同,这样效率非常低下,而且还经常会发生比较错误等现象。为了提高客户现场工作人员的工作效率和减少手动比较的错误,本软件系统实现了对程序 CAD 工程文件的比较功能,其中包括工程概要比较功能、工程详细比较功能、模块详细比较功能、函数详细比较功能、比较结果显示功能、比较结果保存功能和工程规范性校核功能七大功能。

3. 项目软件系统的用户群体

本项目软件系统面向的用户群体是使用程序 CAD 工程进行工作的用户群体。

4. 项目软件系统遵循的标准或规范

为了确保本项目软件系统的开发质量,本项目的开发过程遵循 CMMI 1.2 的规范。

5. 软件系统的功能性需求

功能性需求分类

本项目软件系统功能性需求分类如下表所示。

No1	功能分类	No2	子功能
1	工具软件启动	1	工具软件启动方式 1
		2	工具软件启动方式 2
2	比较工程设定	3	比较源工程设定
		4	比较目的工程设定
		5	比较源工程文件变化监控
		6	比较目的工程文件变化监控
3	比较策略设定	7	工程比较策略设定
		8	模块比较策略设定
		9	Visio 文件比较选项设定
		10	Visio 文件比较策略设定

续表

No1	功 能 分 类	No2	子 功 能
4	属性比较的日语显示	11	属性比较的日语显示编辑
		12	属性比较的日语显示设定
5	比较功能	13	工程概要比较功能
		14	工程详细比较功能
		15	工程信息文件文本比较
		16	模块详细比较功能
		17	模块信息文件文本比较
		18	函数文本文件比较
		19	函数的 Visio 文件比较
		20	输出目录比较
		21	输出文件比较
6	比较结果显示功能	22	工程比较结果的树形显示
		23	输出栏的比较结果显示
		24	工程的属性比较结果显示
		25	模块的属性比较结果显示
		26	输出的属性比较结果显示
		27	代码的属性比较结果显示
		28	文档的属性比较结果显示
		29	函数的文本属性比较结果显示
		30	函数的 Visio 文件属性比较结果显示
7	比较结果保存功能	31	比较结果保存功能
8	工程规范性校核功能	32	工程规范性校核功能
		33	工程规范性校核结果的树形显示功能
		34	工程规范性校核结果的详细显示

5.1 工具软件启动

工具软件启动有两种方式。

（1）工具软件启动方式 1——直接启动工具软件，如下表所示。

功　能　名	工具软件启动方式 1
功能详细说明	从工具软件的可执行文件直接进行启动
输入	无
操作步骤	单击 Start 后，选择工具软件的菜单项；或者直接找到安装目录下工具软件的可执行文件后双击
动作结果	显示工具软件的主画面
输出	无
补充说明	工具软件安装好之后，在 Start 菜单中可找到工具软件的启动菜单

（2）工具软件启动方式 2——命令行方式启动工具软件，如下表所示。

功　能　名	工具软件启动方式 2
功能详细说明	命令行方式启动工具软件
输入	① 比较源工程文件（可选） ② 比较目的工程文件（可选） ③ 启动后是否进行工程概要比较设定（可选）
操作步骤	程序中执行补充说明栏中的命令格式，或者在命令行输入方式下输入补充说明栏中的命令格式
动作结果	① 输入①和输入②都不存在时，动作结果同启动方式 1 的启动结果。 ② 输入①和输入②存在其中之一时，显示工具软件的主画面后，并将输入①或输入②的工程文件显示在主画面的左边或者右边（输入①存在时显示在左边，输入②存在时显示在右边）。 ③ 输入①和输入②两者都存在时，显示工具软件的主画面后，并将输入①和输入②分别显示在主画面的左边和右边。如果输入③也存在的话，启动后还需要进行两个工程文件的概要比较，并将结果显示在输出栏。
输出	无
补充说明	命令行格式： PCADCompare.exe［比较源工程文件］［比较目的工程文件］［/E］

5.2　比较工程设定

比较工程设定是用来设定比较对象的两个工程文件，因此有两个子功能：

（1）比较源工程设定，如下表所示。

功能名	比较源工程设定
功能详细说明	通过文件选择框来选择比较源工程文件
输入	无
操作步骤	① 打开并显示文件选择框,有3种操作方式: • 单击主画面上的工具栏中的"比较源工程文件"图标按钮; • 单击"文件"菜单的"比较源工程文件"子菜单; • 单击主画面上的"比较源工程文件"文本框右边的"打开文件"图标按钮。 ② 在文件选择框中选择相应的比较源工程文件后单击"打开"按钮。
动作结果	主画面上左边显示比较源工程的树形结构
输出	无
补充说明	无

(2) 比较目的工程设定,如下表所示。

功 能 名	比较目的工程设定
功能详细说明	通过文件选择框来选择比较目的工程文件
输入	无
操作步骤	① 打开并显示文件选择框,有3种操作方式: • 单击主画面上的工具栏中的"比较目的工程文件"图标按钮; • 单击"文件"菜单的"比较目的工程文件"子菜单; • 单击主画面上的"比较目的工程文件"文本框右边的"打开文件"图标按钮。 ② 在文件选择框中选择相应的比较目的工程文件后单击"打开"按钮。
动作结果	主画面上右边显示比较目的工程的树形结构
输出	无
补充说明	无

5.3节～5.8节按照子功能的顺序分别描述功能分类3～8的子功能,此处省略。

6. 软件系统的非功能需求

6.1 用户界面需求

需 求 名 称	详 细 要 求
画面风格	按照操作简单原则,主要用鼠标点击操作就可以使用本软件的功能,但是所有操作也可以通过键盘完成。为了防止界面过于艳丽而导致用户视觉疲劳,以轻松的淡彩色为主配色,灰色系为主
用户导航显示	简单明了,文字描述要明了,通过文字和图标配合示意,用户看到按钮可以迅速地明白此按钮的功能。布局应该满足用户习惯,符合常用软件的按钮布局方式
菜单设置	菜单设置和布局要合理,菜单文字准确

续表

需 求 名 称	详 细 要 求
多国语言对应	当前画面只需要显示日语,设计时需留有接口以便将来扩充到汉语及其他语种的显示
信息显示	为了可以按照用户的需求进行修改,所有操作过程中显示的用户信息全部在统一的文件中进行定义
窗体大小	全屏显示
分辨率	1024×768
字体	默认字体为 MS P Gothis,大小默认为 9px

6.2　软硬件环境需求

需 求 名 称	详 细 要 求
软件环境	本项目软件系统要求在以下软件环境下运行: • .NET Framework 3.5 以上 • Windows XP＋Visio 2003 或者 Windows 7＋Visio 2010 本项目开发环境要求: Visual Studio 2010＋Visio 2003 以上
硬件环境	CPU：P4 2.0GHz 以上 内存：1GB 以上

6.3　软件系统质量要求

主要质量属性	详 细 要 求
正确性	要求所有功能能够得到正确的处理
健壮性	软件系统在运行过程中不能出现意外死机情况,如果因为程序出现异常需向用户显示相应的信息,让用户了解软件的运行状况
可靠性	要求所有比较结果准确并无遗漏
性能及效率	(1) 所有交互功能的反应速度不超过 2 秒 (2) 以下规模的工程文件概要比较所需时间控制在 40 秒以内: • 模块数不少于 20 个(仅比较内容); • 功能内 Visio 文件不少于 100 个(仅比较文件大小及更新时间); • 文本文件不少于 40 个(仅比较文件大小及更新时间)
易用性	系统操作简单明了,用户易操作,用户经过约 1 小时的简单操作培训就可以掌握系统的使用
清晰性	软件系统的文档与代码一致,代码中有适当的注释,文档能系统清晰地表达程序逻辑
安全性	无特殊要求
可扩展性	具有较好的可扩展性,可在当前需求基础上进行功能的扩展
兼容性	无特殊要求
可移植性	无特殊要求

2.项目软件需求说明书

本文档采用 Word 制作,文档格式参考 5.2.2 节中《软件需求规格说明书》的格式。

面向某客户的工程文件比较工具软件开发
软件需求说明书

1. 引言

1.1 目的

本文档是针对工程文件比较工具软件的使用环境和功能提出的具体要求,使系统分析人员和软件开发人员能清楚地了解用户的需求,并在此基础上进一步提出概要设计和完成后续设计和开发工作。本文档是工程文件比较工具软件设计和开发的重要依据。

1.2 背景

项目名称:面向某客户的工程项目文件比较工具软件

项目的委托开发方(客户):日本 xx 株式会社 xx 工场

项目开发者(承接方):xx 软件有限公司

1.3 预期读者

本文档的预期读者包括本项目开发人员(含设计、编码和测试)、项目管理人员及用户等。

1.4 参考资料

- 《程序 CAD 项目情报文件规格说明书》。
- 《程序 CAD 项目比较工具解决方案书》。

2. 项目概述

2.1 项目系统描述

本项目软件系统旨在为日本 xx 株式会社 xx 工场大量使用程序 CAD 工程进行工作的工作人员提供一个工程文件比较工具以提高他们的工作效率。本项目软件系统处理程序 CAD 开发软件所产生的工程文件,与程序 CAD 软件并无直接关系,是一项独立的软件。

2.2 项目系统功能

功能分类	子功能
工具软件启动	工具软件启动方式 1
	工具软件启动方式 2

续表

功 能 分 类	子 功 能
比较工程设定	比较源工程设定
	比较目的工程设定
	比较源工程文件变化监控
	比较目的工程文件变化监控
策略设定	工程比较策略设定
	模块比较策略设定
	Visio 文件比较选项设定
	Visio 文件比较策略设定
属性比较的日语显示	属性比较的日语显示编辑
	属性比较的日语显示设定
比较功能	工程概要比较功能
	工程详细比较功能
	工程信息文件文本比较
	模块详细比较功能
	模块信息文件文本比较
	函数文本文件比较
	函数的 Visio 文件比较
	输出目录比较
	输出文件比较
比较结果显示功能	工程比较结果的树形显示
	输出栏的比较结果显示
	工程的属性比较结果显示
	模块的属性比较结果显示
	输出的属性比较结果显示
	代码的属性比较结果显示
	文档的属性比较结果显示
	函数的文本属性比较结果显示
	函数的 Visio 文件属性比较结果显示
比较结果保存功能	比较结果保存功能
工程规范性校核功能	工程规范性校核功能
	工程规范性校核结果的树形显示功能
	工程规范性校核结果的详细显示

2.3　用户特点

本项目软件系统面向的用户主要是使用程序 CAD 开发软件进行开发工作的人群。本项目软件在他们的开发工作中作为工具每天都会被使用,而且本项目软件的操作人员和维护人员均具有一定的计算机软件开发基础。

2.4　一般约束

2.4.1　环境约束

本项目软件所使用的具体设备必须是 CPU P4 2.0GHz 以上、内存 1GB 以上的计算机。

软件运行环境:

(1) .NET Framework 3.5 以上;

(2) Windows XP+Visio 2003 或者 Windows 7+Visio 2010。

本项目开发环境要求:Visual Studio 2010 + Visio 2003 以上。

2.4.2　技术约束

本项目软件设计采用基于 UML 的面向对象设计方法设计,程序设计要求在 .NET 环境下使用 C♯ 语言进行。

2.4.3　设计和实现的约束

本项目软件仅设计为本地版本,无须联网,没有服务器端。

2.5　假设和依据

本项目能否成功主要取决于以下的条件:

(1) xx 软件有限公司具有相对稳定的项目团队,不稳定的团队将影响项目的进度和质量。

(2) 能否掌握 Visio 文件比较的相关技术是系统性能能否得到优化和项目能否成功的关键。

(3) 客户及时提供必要的足够的有关程序 CAD 工程文件的测试数据将有利于提高本项目测试的效率,从而确保软件的进度和质量。

3.　具体需求

3.1　功能需求

3.1.1　工具软件启动方式 1

需求名	工具软件启动方式 1
引言	该功能从工具软件的可执行文件直接启动工具软件的运行及初始画面的显示
输入	无
加工	工具软件运行后,显示工具软件的主画面
输出	无
备注	工具软件安装好之后,在 Start 菜单中可找到工具软件的启动菜单

3.1.2　工具软件启动方式2

需求名	工具软件启动方式2
引言	在大多数情况下直接通过双击工具软件的可执行文件启动就可以达到使用的目的，但用户在有些时候需要使用程序来启动这个软件，因此有必要提供以命令行的方式启动工具软件的功能。该功能即是以命令行方式启动工具软件
输入	有 3 个输入参数，均为可选参数： （1）比较源工程文件的路径和文件名 （2）比较目的工程文件的路径和文件名 （3）启动后是否进行工程概要比较设定标志
加工	当比较源工程文件和比较目的工程文件的路径和文件名都没有指定时，工具软件运行后显示工具软件的主画面。当比较源工程文件和比较目的工程文件之一的路径和文件名被指定时，工具软件运行后显示主画面的同时，到指定的路径查找并读取指定文件名的工程文件后，将工程信息以树形结构显示在主画面上。比较源工程显示在左边，比较目的工程显示在右边。当比较源工程文件和比较目的工程文件的路径和文件名都被指定时，工具软件运行后显示主画面的同时，到指定的路径查找并读取指定文件名的工程文件后，将两个工程的工程信息以树形结构显示在主画面上，这时如果"启动后是否进行工程概要比较"设定标志碑设定的话，同时进行工程概要比较并将比较结果显示在主画面的输出栏
输出	无
备注	

〔以下对其他的所有功能需求按同样格式进行逐一描述，限于篇幅，详细描述在此省略。〕

3.2　外部接口需求

3.2.1　用户接口

本软件的用户一般需要通过进入主画面后单击相应的菜单或者按钮进入相应功能的界面（如输入界面、输出界面）。所有的界面都采用标准的 Windows GUI 图形界面，其中出现的所有错误信息和提示信息都采用 Windows 的标准提示框。用户界面的具体细节将在《项目用户画面设计书》中描述。

3.2.2　硬件接口

考虑到有时候需要外部输入程序 CAD 工程文件，需要 USB 接口，这较容易实现。除此之外不需要其他硬件接口。

3.2.3　软件接口

本软件为独立的单机版软件，在进行文本文件比较时使用了下述软件。

名称：WinMerge

版本号：Version 2.12.4.0

来源：GNU GPL

3.2.4　通信接口

无特殊需求。

3.3 性能需求

由于本软件系统主要用于对程序 CAD 工程文件进行比较,在系统运行稳定、易于管理和操作的基础上特别注重画面的响应性能,具体如下:

(1) 所有交互功能的反应速度不超过 2 秒。

(2) 下述规模的工程文件概要比较所需时间控制在 40 秒以内:模块数不少于 20 个(仅比较内容),功能内 Visio 文件不少于 100 个(仅比较文件大小及更新时间),文本文件不少于 40 个(仅比较文件大小及更新时间)。

3.4 设计约束

无特殊设计约束。

3.5 属性

3.5.1 可用性

(1) 方便操作,操作流程合理。尽量从用户角度出发,以操作简单为原则,主要通过点击鼠标就可以使用本软件功能,但是所有操作还可以通过键盘完成。

(2) 使没有计算机使用经验、计算机使用经验较少及有较多计算机使用经验的用户均能方便地使用本软件系统。

(3) 具有一定的容错和抗干扰能力,在数据处理的过程中,如果遇到异常情况,应该保证系统能正常运行,并有足够的提示信息帮助用户有效、正确地完成任务。

(4) 操作完成时应有统一规范的提示信息。所有用户提示信息应该统一规范,为了可以按照客户的需求进行修改,这些信息应该在统一的文件中进行定义。

(5) 用户可自定义。为了满足客户业务的不断变化,一些重要的参数应该可以灵活设置。

3.5.2 用户文档

同本软件系统一起发行的用户文档包括用户操作手册(Word 格式文件)。

3.5.3 其他需求

本软件系统应安装方便,易于维护,应该提供安装程序。

---

3. *项目用户接口设计书*

本文档采用 Word 制作,文档格式参考 5.2.2 节中《用户接口设计说明书》的格式。

面向某客户的工程文件比较工具软件开发
用户接口设计说明书

1. 引言

1.1 目的

本文档是针对工程文件比较工具软件的系统总体架构和用户接口进行说明,使软件开发人员能更清楚地了解软件需求,并在此基础上进一步进行概要设计和完成后续设计和开发工作。

1.2　背景

项目名称：面向某客户的工程项目文件比较工具软件

项目的委托开发方（客户）：日本 xx 株式会社 xx 工场

项目开发者（承接方）：xx 软件有限公司

1.3　预期读者

本文档的预期读者包括本项目开发人员（含设计、编码和测试）、项目管理人员及用户等。

1.4　参考资料

◆《程序 CAD 项目情报文件规格说明书》。

◆《程序 CAD 项目比较工具解决方案书》。

2.　软件系统功能列表

请参考《项目软件需求说明书》中的"2.2　项目系统功能"。

3.　系统外部接口

本软件系统与系统外部的接口主要是软件的用户界面，并无其他的外部接口，这里主要说明用户 GUI 界面及界面之间的迁移关系。

3.1　软件主画面

3.1.1　画面区域功能说明

如下图所示，主画面的各区域说明如下：

1 的按钮按下弹出文件选择框，分别选择比较源工程文件和比较目的工程文件。

2 的区域显示比较源工程的树形目录结构。

3 的区域显示比较目的工程的树形目录结构。

4 的区域显示工程概要比较结果的树形结构。

5 的区域显示工程详细的比较结果。

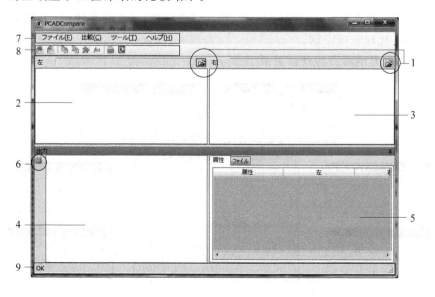

6 的按钮按下后弹出"文件保存"对话框,将比较结果保存到文件中。

7 为主画面菜单,提供软件功能的菜单操作方式。

8 为工具栏,提供软件功能的工具条按钮操作方式。

9 为状态栏,显示当前操作的状态。

3.1.2 画面详细说明

(1) 菜单构成如下表所示。

主菜单名称	子菜单名称	快 捷 方 式
文件(F)	左边工程选择(S)	Ctrl+Alt+S
	右边工程选择(D)	Ctrl+Alt+D
	分割线	
	比较结果保存(S)	Ctrl+S
	分割线	
	终了(X)	Alt+X
比较(C)	工程概要比较(S)	Alt+Shift+S
	工程详细比较(D)	Alt+Shift+D
	模块详细比较(M)	Alt+Shift+M
	函数详细比较(F)	Alt+Shift+M
工具(T)	工程比较策略设定(P)	Alt+Shift+P
	Visio 比较选项设定(V)	Alt+Shift+V
帮助(H)	关于程序 CAD 工程比较工具(A)	Alt+Shift+A

(2) 工具条构成:上图自左至右工具条按钮的功能依次为:左边工程选择、右边工程选择、工程概要比较、工程详细比较、模块详细比较、函数详细比较、工程比较策略设定和 Visio 比较选项设定。

3.1.3 画面和其他画面的迁移关系

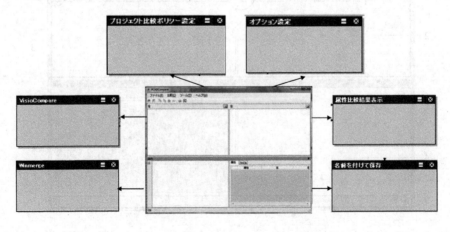

画面迁移条件及显示方式如下：

迁移画面名称	操作条件	显示方式
工程比较策略设定	点击工具(T)→工程比较策略设定(P)菜单	模态
	点击工具栏"工程比较策略设定"按钮	模态
	主画面显示的状态下同时按下 Alt＋Shift＋P 键	
Visio 比较选项设定	点击工具(T)→Visio 比较选项设定(V)菜单	模态
	点击工具栏" Visio 比较选项设定"按钮	模态
	主画面显示的状态下同时按下 Alt＋Shift＋V 键	模态
属性比较结果表示	当主画面上显示比较对象的工程树形结构时,把光标放在工程根节点上,右击鼠标,在浮动菜单上选择"属性比较结果表示"	模态
WinMerge 画面	当主画面上显示比较对象的工程树形结构时,把光标放在函数节点上,如果该函数文件为文本文件时,右击鼠标,在显示的浮动菜单上选择"函数详细比较"命令	非模态
	当主画面上显示比较对象的工程树形结构时,把光标放在函数节点上,如果该函数文件为文本文件时,此时单击比较(C)→函数详细比较(F)菜单	非模态
	当主画面上显示比较对象的工程树形结构时,把光标放在函数节点上,如果该函数文件为文本文件时,此时单击工具栏"函数详细比较"按钮	非模态
VisioCompare 画面	当主画面上显示比较对象的工程树形结构时,把光标放在函数节点上,如果该函数文件为 Visio 文件时,右击鼠标,在显示的浮动菜单上选择"函数详细比较"命令	非模态
	当主画面上显示比较对象的工程树形结构时,把光标放在函数文本文件节点上,如果该函数文件为 Visio 文件时,此时单击比较(C)→函数详细比较(F)菜单	非模态
	当主画面上显示比较对象的工程树形结构时,把光标放在函数文本文件节点上,如果该函数文件为 Visio 文件时,此时单击工具栏"函数详细比较"按钮	非模态
文件保存对话框	单击文件(F)→比较结果保存(S)菜单	模态
	单击 3.1.1 节区域 4 左边的图标按钮	模态

［同样地,接下来对其他的画面进行逐一说明,限于篇幅详细描述在此省略。］

3.*n* 外部文件接口

3.*n*.1 程序 *CAD* 工程文件格式

　　详细参考《程序 CAD 项目情报文件规格说明书》。

3.*n*.2 工程比较结果输出文件格式

　　工程比较结果按下列格式以文本形式保存。

格　　式	说　　明
Compare Start Time: 2011/10/24 13:52:48	比较开始时间
Compare End Time: 2011/10/24 13:53:10	比较结束时间
	空行
Total Diff Count: 12	不同点总数
	空行
Total File Number: 20	比较的文件数
btc file Number: 1	工程文件数
dat File Number: 4	模块文件数
Text File Number: 10	文本文件函数数
Visio File Number: 5	Visio 文件函数数
#######ProjectFile diff start#######	＃＃＃工程文件比较开始＃＃＃
Start Time: 2011/10/24 13:52:48	比较开始时间
End Time: 2011/10/24 13:52:48	比较终了时间
Type: btc	工程文件类型
Diff Count: 4	不同点个数
Left file: C:\PCADCompare\TestR065.btc	比较源工程文件
Left file size: 100k	比较源工程文件大小
Left file stamp: 2011/10/23 13:52:48	比较源工程文件更新时间
Right file: D:\PCADCompare\ TestR065.btc	比较目的工程文件
Right file size: 102k	比较目的工程文件大小
Right file stamp: 2011/10/23 10:52:48	比较目的工程文件更新时间
	空行
1) Diff No:1 Mode:Add	第一个不同点：不同模式：追加
-----------------------------	分割线
< Argument　Comment ="" Kind =" 2 " No =" 1 " VarType="SS" name="inRefC01"></Argument>	不同点内容(意为：比较目的工程文件中增加了这些内容)
-----------------------------	分割线
	空行
2) Dif fNo: 2 Mode: Del	第二个不同点：不同模式：删除
-----------------------------	分割线
<IncludeFiles>< File name="z00.h"></File></IncludeFiles>	不同内容(意为：比较目的工程文件中删除了这些内容)
-----------------------------	分割线
	空行

续表

格　式	说　明
3) Diff No:3 Mode:Chg	第三个不同点：不同模式：变更
------------------------------	分割线
Left file:<Element Comment="""FunctionName= "FuncAcomF" Kind="1102" ReturnType="SS" file="模块 ACOM\函数 AcomF.of" name= "模块 ACOM\函数 AcomF">	比较源中的内容
Right file: <Element Comment="模块 ACOM" FunctionName=" FuncAcomF" Kind="1102" ReturnType="SS" file="模块 ACOM\函数 AcomF. of" name="模块 ACOM 函数 AcomF">	比较目的中的内容
------------------------------	分割线
#######ProjectFile diff end#######	＃＃＃工程文件比较结束＃＃＃
#######模块 ACOM diff start#######	＃＃＃模块 ACOM 比较开始＃＃＃
Start Time: 2011/10/24 13:52:48	比较开始时间
End Time: 2011/10/24 13:52:48	比较结束时间
Type dat	模块文件类型
Diff Count: 4	不同点数
Left file: C:\PCADCompare\TestR065\Sources\ 函数 ACOM\PCADFolder.dat	比较源模块文件
Left file size: 100k	比较源模块文件大小
Left file stamp: 2011/10/23 13:52:48	比较源模块文件更新时间
Right file: D:\PCADCompare\TestR065\ Sources\函数 ACOM\\PCADFolder.dat	比较目的模块文件
Right file size: 102k	比较目的模块文件大小
Right file stamp: 2011/10/23 10:52:48	比较目的模块文件更新时间
	空行
1) Diff No:1 Mode:Add	第一个不同点：不同模式：追加
------------------------------	分割线
<Argument Comment="" Kind="2" No="1" VarType="SS" name="inRefC01"></Argument>	不同点内容
------------------------------	分割线
	空行
2) Diff No:2 Mode:Del	第一个不同点：不同模式：删除
------------------------------	分割线
<Element Comment=""></Element>	不同点内容
------------------------------	分割线
	空行
3) Diff No:3 Mode:Chg	第一个不同点：不同模式：变更
------------------------------	分割线
Left file:<Element Comment="" FunComment= ""></Element>	比较源中的内容

续表

格　式	说　明
Right file:＜Element Comment=""FunctionName= ""＞＜/Element＞	比较目的中的内容
------------------------------	分割线
#########模块 ACOM diff end ################	＃＃模块 ACOM 比较结束＃＃＃
	空行
#######函数 R065B diff start###############	＃＃＃函数 R065B 比较开始＃＃＃＃
Start Time: 2011/10/24 13:52:48	比较开始时间
End Time: 2011/10/24 13:53:48	比较结束时间
Type: Text	文件类型
Left file: C:\ PCADCompare\TestR065\Sources\ 函数 ACOM\acom.c	比较源文件
Left file size: 100k	比较源文件大小
Left file stamp: 2011/10/23 13:52:48	比较源文件更新时间
Right file: D:\PCADCompare\ TestR065\Sources \函数 ACOM\acom.c	比较目的文件
Right file size: 102k	比较目的文件大小
Right file stamp: 2011/10/23 10:52:48	比较目的文件更新时间
#######函数 R065B diff end###############	＃＃＃函数 R065B 比较结束＃＃＃＃
	空行
##########函数 R065B diff start###########	＃＃＃函数 R065B 比较开始＃＃＃＃
Start Time: 2011/10/24 13:52:48	比较开始时间
End Time: 2011/10/24 13:53:48	比较结束时间
Type: Text	文件类型
Left file: C:\ PCADCompare\TestR065\Sources\ 函数 ACOM\acom.c	比较源文件
Left file size: 100k	比较源文件大小
Left file stamp: 2011/10/23 13:52:48	比较源文件更新时间
Right file: D:\PCADCompare\ TestR065\Sources \函数 ACOM\acom.c	比较目的文件
Right file size: 102k	比较目的文件大小
Right file stamp: 2011/10/23 10:52:48	比较目的文件更新时间
#########函数 R065B diff end###############	＃＃＃函数 R065B 比较结束＃＃＃＃
	空行
#########TestR065.vsd diff start#########	＃＃＃ TestR065 比较开始＃＃＃
Start Time: 2011/10/24 13:52:48	比较开始时间
End Time: 2011/10/24 13:53:48	比较结束时间
Type: Visio	文件类型
Left file: C:\PCADCompare\TestR065\Sources\ 模块 R065A \函数 R065B.vsd	比较源文件
Left file size: 100k	比较源文件大小

续表

格　　式	说　　明
Left file stamp: 2011/10/23 13:52:48	比较源文件更新时间
Right file: D:\PCADCompare\ TestR065\Sources \模块 R065A \函数 R065B.vsd	比较目的文件
Right file size: 102k	比较目的文件大小
Right file stamp: 2011/10/23 10:52:48	比较目的文件更新时间
########TestR065.vsd diff end#############	＃＃＃ TestR065 比较结束 ＃＃＃

4. 开发环境的配置

类　　别	标　准　配　置	最　低　配　置
硬件	CPU Curo i5 3.0GHz,内存 2GB	CPU P4 2.0GHz,内存 1GB
软件	Windows 7 Visual Studio 2010 WinMerge ver2.12.4.0 Visio 2010	Windows XP Visual Studio 2010 WinMerge ver2.12.4.0 Visio 2003

5. 运行环境的配置

类　　别	标　准　配　置	最　低　配　置
硬件	CPU Curo i5 3.0GHz,内存 2GB	CPU P4 2.0GHz、内存 1GB
软件	Windows 7 .NET Framework 3.5 WinMerge ver2.12.4.0 Visio 2010	Window XP .NET Framework 3.5 WinMerge ver2.12.4.0 Visio 2003

6. 测试环境的配置

测试环境同运行环境。

4. 项目系统测试说明书

本文档采用 Excel 文档的格式进行编写,主要按照《项目软件需求说明书》中的需求规定,包括功能需求和非功能需求进行测试用例的编写。功能需求的测试用例一般比较容易,编写时注意不要遗漏。软件的非功能需求根据软件质量属性非常多,在实际编写时只需要根据《项目软件需求说明书》中确定的非功能性需求进行测试用例的编写,其他的质量属性或者说非功能需求不需要过多关注,限于篇幅,本项目系统测试说明书的内容范例不详细展开。

5.7.2 软件设计

各项需求文档应该进行评审并得到相关人员的认可和确认,标志着需求分析结束。之后就进入软件设计阶段,软件设计是把软件需求转换为软件表示的过程,也是将用户需求准确地转换为软件系统的过程。软件设计的产物一般包括《系统概要设计说明书》《数据库设计说明书》《集成测试说明书》《系统详细设计说明书》和《单元测试说明书》。本项目由于不涉及数据库,因此没有产生《数据库设计说明书》。本节根据需要截取部分内容来说明软件设计阶段的活动和文档规范。

1. 系统概要设计说明书

本文档采用 Word 制作,文档格式参考 5.3.2 节中《系统概要设计说明书》的格式。

面向某客户的工程文件比较工具软件开发
系统概要设计说明书

1. 引言

1.1 目的

由前面的需求分析,得出了本软件系统的基本需求。要实现整个系统,需要对客户的需求进行设计,概要设计主要是利用比较抽象的语言对整个需求进行概括,确定对系统的物理配置,确定整个系统的处理流程,数据结构,接口设计,实现对系统的初步设计,本文档是进一步详细设计的框架文档。

1.2 背景

项目名称:面向某客户的工程项目文件比较工具软件

项目的委托开发方(客户):日本 xx 株式会社 xx 工场

项目开发者(承接方):xx 软件有限公司

1.3 预期读者

本文档的预期读者包括本项目开发人员(含设计、编码和测试)、项目管理人员及用户等。

1.4 参考资料

• 《程序 CAD 项目情报文件规格说明书》。

• 《程序 CAD 项目比较工具解决方案书》。

2. 软件系统概述

本项目软件系统旨在为日本 xx 株式会社 xx 工场大量使用程序 CAD 工程进行工作的工作人员提供一个工程文件比较工具以提高他们的工作效率。本项目软件系统功能列表如下:工具软件启动、比较工程设定、策略设定、属性比较的日语显示、比较功能、比较结果显示功能、比较结果保存功能和工程规范性校核功能。

3．设计策略

3.1　扩展策略

为了增强软件系统的可扩展性,将这个系统分为界面层、控制层和业务层,进行分层管理,建立层与层之间的接口。界面层利用 Windows 的控件进行数据显示,业务层进行界面操作所要求的数据处理,控制层用来协调界面层和业务层。

3.2　复用策略

为了增强软件系统的复用性,对共有操作进行提取,放在 Phoenix. PCADCompare. Base 中,这些共有操作包括:

(1) XML 文件的比较操作;

(2) 文本文件的比较操作;

(3) Visio 文件的比较操作;

(4) 工程规范性校核操作,等等。

3.3　折中策略

无需特殊的折中策略。

4．总体设计

4.1　需求规定

通过该系统的实施,使得使用程序 CAD 工程的工作人员可以用该软件系统对工程文件进行比较,并将比较结果进行文件保存,这样能够大大提高程序 CAD 工程的工作人员的工作效率。

按照需求分析文档的要求,本软件系统在运行稳定、易于管理和操作的基础上特别注重画面的响应性能,必须做到:

(1) 所有交互功能的反应不超过 2 秒;

(2) 在模块数不少于 20 个(仅比较内容)、功能内 Visio 文件不少于 100 个(仅比较文件大小及更新时间)、文本文件不少于 40 个(仅比较文件大小及更新时间)的规模的工程文件概要比较所需时间在 40 秒以内。

4.2　运行环境

硬件环境：CPU P4 2.0GHz 以上,内存 1GB 以上。

软件运行环境:

(1) . NET Framework 3.5 以上;

(2) Windows XP＋Visio 2003 或者 Windows 7＋Visio 2010。

4.3　基本设计概念和处理流程

4.3.1　基本设计概念

系统的总体构架设计图如下图所示。本系统从整体上分为界面层、控制层和处理层 3 个层次,其中界面层利用 Windows 的控件接受界面上的输入。控制层接受界面上的输入,调用处理层处理后把数据传回界面层进行显示。处理层进行文件的比较逻辑处理,并向控制层传递处理结果。

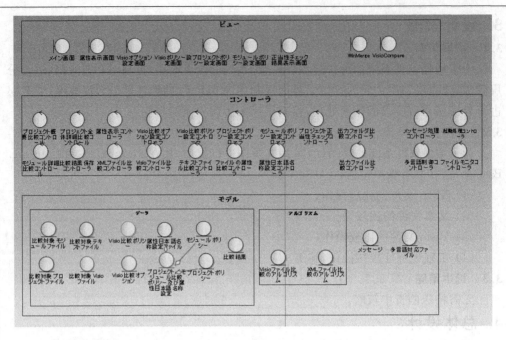

4.3.2 处理流程

本节按照《项目软件需求说明书》中的"2.2 项目系统功能"所列子功能逐一说明其处理的流程。

1）工程概要比较功能

工程概要比较功能的处理流程如下图所示。

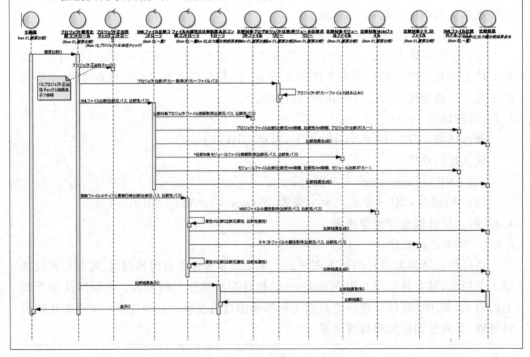

2）工程详细比较功能

……

限于篇幅，本节以"工程概要比较功能"为例进行说明，其他功能不再赘述。

4.4　结构

本软件系统的总体结构如下图所示。

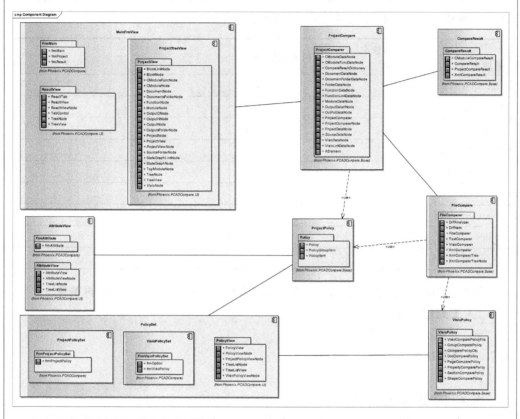

本系统由如下几部分组件构成：

（1）主界面组件（MainFrmView），负责主界面的显示，其中包括主界面框架（frmMain）、工程显示（frmProject）和输出结果显示（frmResult）。输出结果显示由 ResultView 包下的类组来实现。工程显示由 ProjectView 包下的类组来实现树形显示。

（2）策略设定界面组件（PolicySet），负责工程策略的设定和模块策略的设定（frmProjectPolicy）、Visio 文件比较选项的设定（frmOption）及 Visio 文件比较策略设定（frmVisioPolicy）。另外，Visio 文件比较策略设定时需要显示 Visio 比较策略，这部分的显示主要由 PolicyView 包下的类组来实现。

（3）工程比较组件（ProjectCompare），负责实现工程的比较。该组件由主界面组件进行调用。

（4）文件比较组件（FileCompare），负责实现工程中各类文件的比较，包括文本文件、XML 文件和 Visio 文件。

（5）比较结果组件（CompareResult），负责实现比较结果的存取。

（6）属性表示组件（AttributeView），负责属性表示界面的显示。

（7）工程策略组件（ProjectPolicy），负责实现工程策略数据的存取。

（8）Visio 策略组件（VisioPolicy），负责实现 Visio 策略数据的存取。

4.5　功能需求与程序的关系

本节按照《项目软件需求说明书》中的"2.2　项目系统功能"中的所列子功能的顺序逐一描述该功能和程序之间的关系，如下表所示。

模块名＼功能名	工程概要比较功能	…
frmMain	√	
ProjectViewNode	√	
ProjectCompare	√	
ProjectComparerNode	√	
XmlComparer	√	
VisioComparer	√	
TextComparer	√	
Policy	√	
…		

〔限于篇幅，本节以"工程概要比较功能"为例进行说明，其他功能不再赘述。〕

4.6　人工处理过程

无。

4.7　尚未解决的问题

无。

5.　系统内部主要接口

按照 4.4 节所述的系统结构整理各组件间的接口如下表所示，即为系统内部主要接口。

No	模 块 名	接口名称	接口说明	参　　数	备注
1	ProjectCompare	LoadProject	读取工程文件	（1）工程文件路径及文件名 （2）比较源工程文件还是目的工程文件标志	
2	ProjectCompare	Validate	工程规范性校核	比较源工程文件还是目的工程文件标志	
3	ProjectCompare	SaveResult	比较结果保存		
4	ProjectCompare	Compare	工程比较	（1）比较工程文件节点 （2）详细比较还是概要比较标志 （3）比较策略	
…					

〔限于篇幅,本节以 ProjectCompare 组件为例说明系统内部接口的抽出方法,其他组件不再赘述。〕

6. 运行设计

6.1　运行模块组合

本系统主要以一个窗口为模块,一般一个窗口完成一个特定的功能,主窗口通过打开另一个子窗口来实现各个模块之间不同功能的连接和组合。各模块之间相对独立,程序的可移植性好。各模块之间主要以传递数据项的引用来实现模块之间的合作和数据共享。

6.2　运行控制

只要符合操作说明书,用户可自由控制,不额外限定用户输入,异常由程序内部进行处理,给出相应的提示信息。

6.3　运行时间

由用户决定,但每次操作响应时间上限控制在 2 秒以内。

7. 系统数据结构设计

本系统不涉及数据库,所以对系统数据结构设计没有特别需要。

8. 系统出错处理设计

8.1　出错信息

本系统采用.NET 的异常处理机制,当遇到异常时不但能及时处理,保证系统的安全性和稳定性,而且各种出错信息能通过弹出对话框的形式及时告诉用户出错的原因及解决办法,使用户减少错误的发生。

出错信息全部定义在 message 目录下的 msg_ja. xml 或者 msg_en. xml 中,系统根据需要读取后向用户显示。msg_ *. xml 格式为:

```
<?xml version="1.0" encoding="utf-8"?>
<msg>
    <MsgItem ID="I010001" type="I" Text=""/>
    ...
<msg>
```

8.2　补救措施

对本系统可能会遇到的错误进行分析,分别进行不同的处理。主要的错误可能有以下 3 种:

1) 文件读写错误

这类错误主要是因为需要读写的文件不存在,对这类错误只要取消本次操作,通过对话框提醒用户检查文件后进行再次操作。

2) 操作的文件内容不规范(没有按照预定格式)

这类错误主要是由于输入文件不够规范造成的,对这类错误将尽量在使用文件时对文件的格式进行检查,减少用户文件不规范的情况。如果出现则中止本次操作,通过对话框提示用户,然后由用户再次操作。

3）其他不可预知的错误

系统也会有一些无法预知或者没有考虑完全的错误,对此不可能做出完全的异常处理,这时主要保全文件数据的正确性。

8.3 系统维护设计

软件的维护主要包括数据库的维护和软件功能的维护。本软件系统不涉及数据库,因此不需要考虑数据库的维护问题。对于软件功能维护方面,通过采用模块化的设计方法,各模块之间相互独立性高,给维护带来了很大的方便。对于单独功能的修改只需要修改一个窗口就行了。对于功能的添加,只要再添加菜单项的内容即可。

2．集成测试说明书

本文档采用 Excel 文档的格式进行编写,主要参考 5.3.2 节中《集成测试说明书》的格式,按照《项目用户接口设计书》中的"3．系统外部接口"和《项目系统概要设计说明书》中的"5．系统内部主要接口"中的内容进行测试用例的编写。限于篇幅,本项目《集成测试说明书》的内容范例不详细展开。

3．系统详细设计说明书

本文档采用 Word 制作,文档格式参考 5.3.2 节中《系统详细设计说明书》的格式。

面向某客户的工程文件比较工具软件开发
系统详细设计说明书

1. 引言

1.1 目的

本文档所描述的详细设计是设计的第二个阶段,这个阶段的主要任务是在前一阶段系统概要设计的基础上,对概要设计中产生的功能模块进行过程描述,设计功能模块内部的细节,包括算法和详细数据结构,为编写源代码提供必要的说明。本文档是该软件系统编码的主要依据。

1.2 背景

项目名称:面向某客户的工程项目文件比较工具软件

项目的委托开发方(客户):日本 xx 株式会社 xx 工场

项目开发者(承接方):xx 软件有限公司

1.3 预期读者

本文档的预期读者包括本项目开发人员(含设计、编码和测试)、项目管理人员及用户等。

1.4 参考资料

• 《程序 CAD 项目情报文件规格说明书》。

- 《程序 CAD 项目比较工具解决方案书》。

2. 程序系统的结构

系统分为 3 层结构,界面层(View)、控制层(Controller)和业务层(Model),如下图所示。

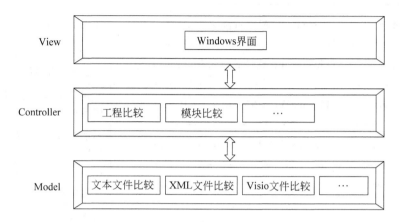

(1)界面层:与用户交互层,主要负责接受用户输入和界面操作信息,并将信息封装传到控制层。

(2)控制层:负责处理从界面层传入的对象,按照业务规则将对象转向不同的状态,将需要的数据传入数据处理层,将处理完毕的数据返回到界面层显示。

(3)业务层:负责对相应的文件进行访问和处理操作。

2.1 界面层模块结构

界面层模块结构如下图所示。

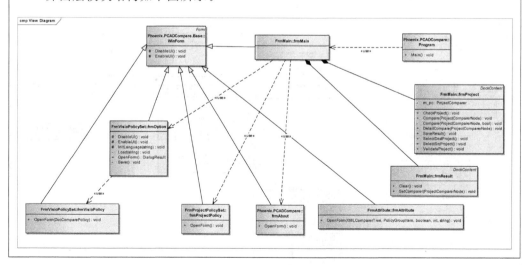

各模块功能如下表所示。

No	模块名	标志符(命名空间名＋类名)	功能描述	备注
1	program	Phoenix.PCADCompare.program	实现程序的启动	
2	frmMain	Phoenix.PCADCompare.frmMain	实现主界面	
3	frmProject	Phoenix.PCADCompare.frmProject	实现主界面中的工程表示部分界面	
4	frmResult	Phoenix.PCADCompare.frmResult	实现主界面中的比较结果部分界面	
5	frmOption	Phoenix.PCADCompare.frmOption	实现 Visio 比较选项设定界面	
6	frmProjectPolicy	Phoenix.PCADCompare.frmProjectPolicy	实现工程比较策略设定界面	
7	frmAbout	Phoenix.PCADCompare.frmAbout	实现关于比较工具软件界面	
8	frmAttribute	Phoenix.PCADCompare.frmAttribute	实现属性比较结果表示界面	
9	frmVisioPolicy	Phoenix.PCADCompare.frmVisioPolicy	实现 Visio 比较策略详细设定界面	

2.2 控制层模块结构

控制层模块结构如下图所示。

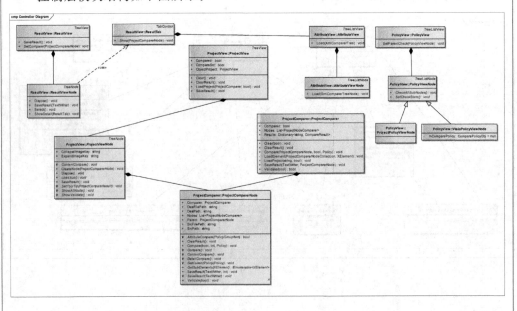

各模块功能如下表所示。

No	模块名	标志符(命名空间名＋类名)	功能描述	备注
10	ResultView	Phoenix. PCADCompare. UI. ResultView. ResultView	实现比较结果的树形显示	
...				

〔限于篇幅,控制层模块不一一具体说明,模块编号在画面层的基础上连续编号。〕

2.3　业务层模块结构

〔业务层同样按照 2.1 的结构进行描述,详细描述省略。〕

3.　模块 1(program)设计说明

3.1　模块描述

本模块负责实现工具软件的启动。

3.2　功能

主要功能:检查工具软件的运行环境是否符合要求,如果符合要求则启动工具软件,如果不符合要求则退出程序的启动。

3.3　性能

程序能够快速启动,满足客户的要求(2 秒以内启动)。

3.4　流程逻辑(含输入、输出和算法)

程序启动流程如以下时序图所示。

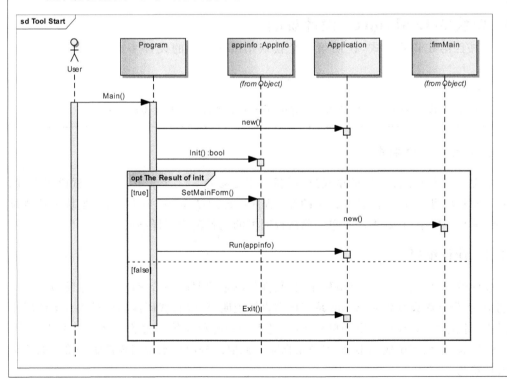

3.5 接口

该模块使用 Windows 的 API 函数及 .NET 的类库，如下表所示。

No	类　　名	方 法 名	备　　注
1	System. Windows. Forms. Application	Exit()	
2	System. Windows. Forms. Application	Run()	

3.6 存储分配

无。

3.7 注释设计

按照 C# 的标准规范进行注释以便生成代码文档。

3.8 限制条件

无明显限制条件。

3.9 测试计划

请参考单元测试计划部分内容。

3.10 尚未解决的问题

无尚未解决的问题。

4. 模块 2（frmMain）设计说明

［按照第 3 节的方式，说明第 2 个模块 frmMain 的设计考虑，详细内容不再赘述。］

5. 模块 3（frmProject）设计说明

［按照第 3 节的方式，说明第 3 个模块 frmProject 的设计考虑，详细内容不再赘述。］

……

［以此类推，按照第 3 节的方式，直至所有模块的设计考虑说明完毕。］

4. 单元测试说明书

本文档采用 Excel 文档的格式进行编写，主要参考 5.3.2 节中《单元测试说明书》的格式，按照《项目详细设计说明书》中的"2. 程序系统的结构"中所列的所有模块进行测试用例的编写。限于篇幅，本项目单元测试说明书的内容范例不详细展开。

5.7.3 软件编码

软件设计之后就进入软件编码阶段，软件编码是按照前一阶段产生的《系统概要设计说明书》、《数据库设计说明书》和《系统详细设计说明书》进行代码编写的过程。本阶段主要过程有程序编码、代码评审和单元测试，过程产物有程序编码过程中使用的编程规范、程序代码和《单元测试成绩书》。本节根据需要截取部分内容来说明软件编码阶段的活动和文档规范。

1. 编码规范

本文档采用 Word 文档格式进行编写,具体参考 3.2.5 节的内容,此外不再赘述。

2. 程序代码

以下给出模块 1(program)的代码。

```
using System;
using System.Management;
using System.Windows.Forms;
using System.Threading;
using Phoenix.PCADCompare.Base;

namespace Phoenix.PCADCompare
{
  static class Program
  {
    ///<summary>
    ///Main
    ///</summary>
    [STAThread]
    static void Main()
    {
        try {
          Application.EnableVisualStyles();
        } catch (Exception ex) {
          HandleException(ex);
        }

        try {
          Application.SetCompatibleTextRenderingDefault(false);
        } catch (Exception ex) {
          HandleException(ex);
        }
        Application.ThreadException+=new ThreadExceptionEventHandler
                                      (OnGUIUnhandedException);

        //If Resource load failed
        if (!AppInfo.Info.Init())
        {
          Application.Exit();
          return;
```

```
        }
        AppInfo.Info.SetMainForm();
        Application.Run(AppInfo.Info);
    }

    ///<summary>OnGUIUnhandedException</summary>
    ///<remarks>When an excepiton happens, this method will be called
    </remarks>
    ///<param name="sender">The object which the event come from</param>
    ///<param name="e">The object of exception event </param>
    private static void OnGUIUnhandedException(Object sender,
    ThreadExceptionEventArgs e)
    {
      HandleException(e.Exception);
    }

    ///<summary>HandleException</summary>
    ///<remarks>Handle the exception</remarks>
    ///<param name="e">The object of exception event</param>
    private static void HandleException(Exception e)
    {
        string msg = string.Format(@"An unhandled exception occurred and
                                the application is shutting down.
                                Exception ={0} Message ={1} FullText =
                                {2}"
            , e.GetType()
            , e.Message
            , e.ToString());
        Msg.Show(msg, -1);
        Application.Exit();
    }
  }
}
```

3.《单元测试成绩书》

单元测试主要根据项目的《单元测试说明书》中记述的测试用例进行测试，将测试结果记录在《单元测试说明书》中，从而形成《单元测试成绩书》。如有缺陷产生，应该将产生的缺陷记录在《缺陷管理表》中并修改缺陷。限于篇幅，不具体给出《单元测试成绩书》的详细内容。

5.7.4　软件测试

软件测试是按照事先确定的顺序、流程和环境,依次集成和测试软件系统的各个组件,确保组件之间的接口匹配,并通过将软件系统各个组件组合为软件系统,确保软件系统按照要求适当地运行。软件测试一般包括集成、集成测试和系统测试 3 个过程。

软件测试过程的主要产物有各类计划(含集成、集成测试和系统测试)、各类测试成绩书(含《集成测试成绩书》、《系统测试成绩书》)和《缺陷管理表》。在"面向某客户的工程文件比较工具软件开发"项目中,各类测试成绩书和各类测试说明书是同一文档,只是在各类测试说明书的基础上填入实际测试后的结果形成相应的测试成绩书。《缺陷管理表》使用和单元测试的《缺陷管理表》相同的管理表。各类计划也是在前期的产物基础上进行制作,比如,集成测试计划应该有待集成的软件系统组件一览表、软件系统组件集成顺序的相关描述、软件系统集成环境的相关描述、软件系统组件接口清单以及软件系统集成程序与准则等内容,这些内容在《集成测试说明书》中都有相应的说明,因此只需对《集成测试说明书》中的任务指定人员和时间安排等信息就可以形成集成测试计划。所以,在完善的前期文档基础上制作这些计划都相对简单,本节不做详细的实例说明。

5.7.5　软件发布与维护

在"面向某客户的工程文件比较工具软件开发"项目中,软件的发布首先要构建软件产品包,包括工具软件的源代码、可执行程序文件、安装程序文件、工具软件使用说明书和相关设计文档等;其次对软件产品包进行病毒扫描,确认产品包中无病毒;最后将软件产品刻录成光盘发送给客户。

在上述项目中,软件维护的过程主要表现为对客户的技术支持、缺陷对应和需求变更,其过程按照 5.6.1 节的相关程序执行,本节不做详细的实例说明。

统一过程及其规范

统一过程(unified process)是一种软件工程过程。它提供了一种在软件开发团队内部分配任务和职责的方法规范。其目的是在可控的进度计划和经费预算内,为最终用户提供可满足其需要的高质量软件产品。统一过程可以为各个方面和不同层次的软件开发提供指导方针、模板以及事例支持。

6.1 统一过程介绍

正如在第2章中介绍的,统一过程是由 Rational 公司开发的软件过程产品,因此也常常被称为 RUP。统一过程基于软件开发的最佳实践经验,通过在各种关键开发任务中为团队成员提供诸如指南、模板、工具向导等快捷访问知识库的方法,提高开发团队的生产效率。由于所有的团队成员访问的是同一个项目知识库,所以无论在需求分析、软件设计、测试、项目管理还是配置管理中的任何一个环节,统一过程都可以保证每个开发人员在如何开发软件这个问题上能拥有共同语言、一致的开发进度和相同的软件视角。

统一过程的每个活动都需要创建并维护软件模型。因此,与其他一些软件过程不同的是,它并不把重点放在创建大量的纸质文档上面,相反,它更重视对模型的开发和维护。从某种意义上来说,统一过程是一个指导开发人员如何更有效地使用统一建模语言(Unified Modeling Language,UML)的指南。UML 是一个允许开发人员清晰地交流软件需求、软件架构和设计的工业标准语言。UML 最初就是由 Rational 软件公司发明的,现在它已成为一个由标准组织 OMG(Object Management Group,对象管理组织)维护的一个标准。

统一过程通过一系列工具的支持,使其相当大的一部分工作过程得以自动进行。这些工具用来创建并维护各种不同的"工件",特别是软件工程过程中的模型:可视化模型、编程模型和测试模型等。在从变更管理到配置管理的每次迭代过程中,它们发挥了非常重要的作用。

由于任何一个单一的软件过程都不可能满足所有的软件开发需要,所以统一过程必须做到可配置。为此,它提供了一个开发工具包,该工具包支持对过程进行配置以满足从小型开发团队到大型开发团队的需要。统一过程的基础是一个简单、清晰的过程体系结构,该体系结构提供了一系列软件过程具有共性的内容。在此基础之上,统一过程可以被调整、配置以适用于不同的环境。

统一过程集成了许多现代软件开发过程中出现的最佳实践经验和做法,并且使其能够满足不同项目和团队的需要。在开发团队中应用这些经验会给整个软件开发活动带来很大的帮助。

6.1.1 统一过程的维度

统一过程可以通过坐标轴上的两个维度来描述(见图 6-1)。

(1)水平轴:代表时间。反映过程执行时的动态性,通过周期、阶段、迭代和里程碑等内容来描述。

(2)垂直轴:反映过程执行时的静态因素,例如,怎样通过诸如活动、工件、人工、工作流等内容来描述过程。

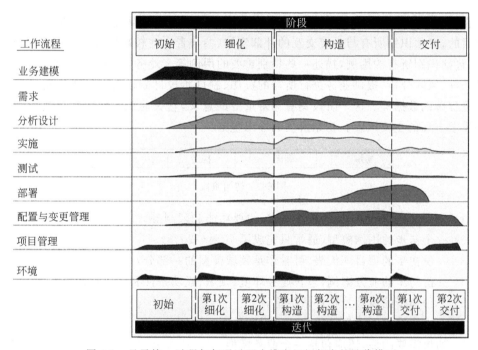

图 6-1 显示统一过程如何通过两个维度组织起来的迭代模型

6.1.2 时间轴——阶段与迭代

时间轴方向代表着统一过程中随时间流逝而动态变化的那部分内容。在时间轴方向上,整个软件生命周期被分解成多个不同的周期,每个周期完成一次产品的小规模版本开发。在统一过程中,一个开发周期分成 4 个连续的阶段:

(1)初始阶段(inception);

(2)细化阶段(elaboration);

(3)构造阶段(construction);

(4)交付阶段(transition)。

每个阶段结束于一个准确定义的里程碑,其实质是两个里程碑之间的时间跨度(见

图 6-2）。在每个阶段的结尾执行一次评估以确定这个阶段的目标是否已经满足。如果评估结果令人满意的话，可以允许项目进入下一个阶段。

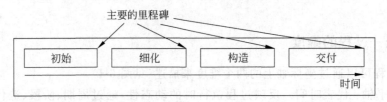

图 6-2　统一过程中的主要阶段与里程碑

1. 初始阶段

在初始阶段（见图 6-3），开发人员为系统建立业务案例并确定项目的边界。为了达到该目的，必须识别所有与系统交互的外部实体（参与者），在较高层次上定义这种交互的特性，包括识别所有的用例，描述一些特别重要的用例等。业务案例包括保证业务获得成功的条件、风险分析、提供业务进行所需的资源、制订阶段计划以并展示项目进行过程中主要里程碑的数据等。这一阶段具有非常重要的意义，它关注的是整个项目进行中的业务和需求方面的主要风险。初始阶段的输出包括：

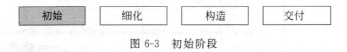

图 6-3　初始阶段

（1）一份文档，描述项目的核心需求、主要功能和限制等。

（2）一个初步的用例模型（通常只完成了 10%～20%）。

（3）一份初步的项目词汇表（可看作是领域模型的一部分）。

（4）一份初步的业务案例，包含业务环境、领域、成功条件和经济目标等。

（5）一份初步的风险分析评估结论。

（6）一份能够显示项目阶段和迭代周期的项目计划。

（7）如果需要的话，还应包括一个业务模型。

（8）一个或多个原型。

对于建立在已有系统基础上的开发项目，初始阶段可能很短。初始阶段结束时是第 1 个重要的里程碑：生命周期目标（lifecycle objective）里程碑（见图 6-4）。生命周期目标里程碑评价项目基本的生存能力。

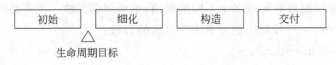

图 6-4　里程碑：生命周期目标

评价初始阶段的一些准则：

（1）投资者对项目计划/开销估算的评估。

（2）通过主要的用例验证对需求理解的正确程度。

（3）项目优先级别、风险、开发过程及对项目计划/开销的估算的合理性。

（4）已开发架构原型的深度和广度。

（5）实际开销与计划开销的比较。

如果一个项目没有通过初始阶段里程碑的评估，那么该项目就有可能被终止或重新评估。

2. 细化阶段

细化阶段（见图 6-5）的目标是分析问题领域，建立健全的体系结构基础，编制项目计划，淘汰项目中最高风险的元素。为了达到该目标，必须在理解整个系统的基础上，对体系结构做出决策，包括其范围、主要功能和诸如性能等非功能需求。

图 6-5　细化阶段

有一些观点认为细化阶段是 4 个阶段中最重要的一个阶段。在这个阶段的末期，项目面临着一个重要的选择：是否进入到后续的构造和交付阶段。对于多数项目而言，这意味着从灵活、敏捷、低风险的操作转向高投入、高风险的操作。由于开发过程必须不断地适应变化，所以细化阶段的活动应该确保软件架构、需求和计划有足够的稳定性，从而尽可能地降低风险并使得项目开销和计划可控、可预测。

在细化阶段，为项目建立支持环境，包括创建开发案例、开发模板和开发准则并准备工具。同时依据项目的规模、风险和成熟度的不同，会在一个或多个迭代周期中构造出一个可运行的架构原型。它应该至少能够展示在前一阶段获得的关键用例，这些用例充分揭示了项目所面临的主要技术风险。

细化阶段的输出成果包括：

（1）一个至少完成了 80% 的用例模型。所有的用例和参与者已经被识别出来，而且所有的用例描述都已经完成。

（2）补充了非功能性需求和一些相对独立的用例。

（3）一个软件架构描述。

（4）一个可运行的架构原型。

（5）一个修订过的风险列表和业务用例。

（6）整个项目的开发计划，包括一个能展示迭代和演化过程的粗粒度的项目计划。

（7）一个更新过的开发案例，用于指明采用的流程。

（8）一个初步的用户手册（可选）。

细化阶段结束时是第二个重要的里程碑：生命周期结构（lifecycle architecture）里程碑（见图 6-6）。生命周期结构里程碑为系统的结构建立了管理基准并使项目小组能够在构建阶段中进行衡量。此刻，要检验详细的系统目标和范围、结构的选择以及主要风险的解决方案。

图 6-6　里程碑：生命周期结构

要想评价细化阶段的工作，可以通过思考以下问题得到答案：

（1）对未来产品的说明是否趋于稳定？

（2）软件架构是否稳定？

（3）可运行的演示版本是否明示了主要的风险因素，并且这些因素已经被可靠地解决了？

（4）针对构造阶段的计划是否已经拥有了足够多且足够准确的细节？

（5）是否所有的项目利益相关者都同意，如果按现有架构核计划行事的话，当前展示的软件产品能够最终被开发出来？

（6）实际的资源（人、财、物等）消耗和计划中的资源消耗相比是否在一个可接受的范围内？

如果上述问题没有得到理想的答案，那么软件项目就有可能被取消或调整。

3．构造阶段

在构造阶段（见图 6-7），所有剩余的构件和应用程序功能被开发并集成为产品，所有的功能被详细测试。从某种意义上说，构造阶段是一个制造过程，其重点放在管理资源及控制运作以优化成本、进度和质量。许多项目由于其规模大，所以需要采用并行构造的方式以提高开发效率。这些并行的开发活动可以大大加速软件可用版本的发布速度，但是，它们也会带来资源管理和工作流程同步的复杂性。

图 6-7　构造阶段

构造阶段的产物是一个可交付用户使用的软件产品，它至少要包括以下内容：

（1）集成在合适平台之上的软件产品。

（2）一份用户手册。

（3）一份对于当前发布版本的描述。

构造阶段结束时是第 3 个重要的里程碑：初始功能（initial operational capability）里程碑（见图 6-8）。初始功能里程碑决定了产品是否可以在测试环境中进行部署。此时要确定软件、环境和用户是否可以开始系统的运作。此时的产品版本也常被称为 Beta 版。

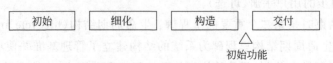

图 6-8　里程碑：初始功能

对构造阶段工作的评价与以下问题有关：

（1）软件产品是否稳定和成熟到可以发布给用户使用？

（2）所有的利益相关者是否准备好迁移到用户环境中？

（3）实际的资源开销与计划中的相比是否处于可接受的程度？

4. 交付阶段

交付阶段（见图 6-9）的重点是确保软件对最终用户是可用的。交付阶段可以跨越几次迭代，包括对准备发布的产品的测试，以及基于用户反馈对软件进行的较小的调整。此阶段主要关注在产品、配置、安装和易用性问题的细微调整，所有主要的结构问题应该已经在项目生命周期的前期阶段解决了。

图 6-9　交付阶段

在交付阶段的一个典型迭代包括以下活动：

（1）编码和单元测试组件。此项活动完成了所有系统实现的剩余部分，它们可以被交付至集成。

（2）集成和测试。此项活动完成了产品的集成和测试。

（3）执行 Beta 测试和验收测试。此项活动涵盖了产品的 Beta 测试和验收测试。Beta 测试需要在产品仍处于开发状况下时来自那些有意愿的用户提出的反馈。Beta 测试为产品提供了一个受控的、真实世界的测试，这样，来自潜在用户的反馈可以用来形成最终的产品。它也为有兴趣的顾客提供下一个发布版本的预览。验收测试确保产品在正式发布之前被顾客认为是可接受的。

（4）打包产品。此项活动构建和打包要发布的产品。它产生出所有需要有效地学习、安装、操作、使用和维护产品的部件。

（5）计划项目。在最后的项目迭代期间，要为项目验收评审准备一个最终的状态评估，如果评审成功，将标记为顾客正式接受软件产品的点。然后，项目经理通过安排遗留资产和重新安排遗留人员，完成项目。

在某些情况下，可能需要更新系统需求和设计。但是，任何重要的变更应当被推迟到未来产生的解决方案之中，以维护其稳定性。

在交付阶段的终点是第 4 个里程碑：产品发布（product release）里程碑（见图 6-10）。此时，要确定目标是否实现，是否应该开始另一个开发周期。在一些情况下这个里程碑可能与下一个周期的初始阶段的结束重合。

图 6-10　里程碑：产品发布

在交付阶段的末尾，产品发布里程碑按照以下的标准来评估项目：

（1）用户满意吗？

（2）实际的资源花费相比于计划花费是否是可接受的？

6.1.3　统一过程的工件

工件（artifact）是在一个项目的最终产品或中间过程的产物。工件被用来获取或传递项目信息。工件可以是下面任何一种形式：

（1）一个文档。如业务案例或软件架构文档。

（2）一个模型。如用例模型或设计模型。

（3）一个模型元素，即模型中的元素，如一个类或一个子系统。

模型或者模型元素必须有与其相关的文档报告。这些文档可以通过相关工具获取模型和模型元素的信息。一份文档展示了一个或一系列工件。多数统一过程的工件都拥有一份指南性文档，用于详细描述该工件。

为了对整个软件开发过程进行管理，这些工件必须按照某种形式组织成集合。其中一些工件可能会出现在多个集合中，如风险列表、软件架构文档和迭代方案等。

统一过程的主要工件及它们之间的信息流如图 6-11 所示。

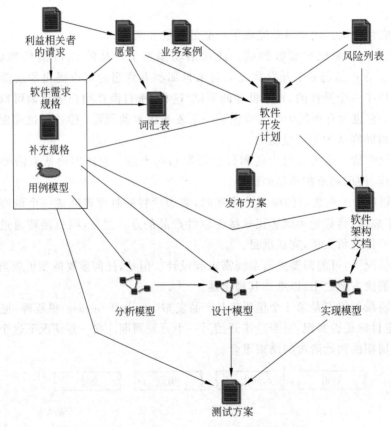

图 6-11　统一过程的主要工件及它们之间的信息流

6.2 需 求 规 范

Rational 公司把需求定义为"（正在构建的）系统必须符合的条件或具备的功能"。美国电气和电子工程师学会使用的定义与此类似。著名的需求工程设计师 Merlin Dorfman 和 Richard H. Thayer 提出了一个包容且更为精练的定义，它特指软件方面，但不仅仅限于软件。他们的软件需求可以定义为：

（1）用户解决某一问题或达到某一目标所需的软件功能。

（2）系统或系统构件为了满足合同、规范、标准或其他正式实行的文档而必须满足或具备的软件功能。

软件需求分析所要做的工作是深入描述软件的功能和性能，确定软件设计的限制和软件同其他系统元素的接口细节，定义软件的其他有效性需求。进行需求分析时，应注意一切信息与需求都是站在用户的角度上。尽量避免分析员的主观想象，并尽量将分析进度提交给用户。在不进行直接指导的前提下，让用户进行检查与评价。从而达到需求分析的准确性。分析员通过需求分析，逐步细化对软件的要求，描述软件要处理的数据域，并给软件开发提供一种可转化为数据设计、结构设计和过程设计的数据和功能表示。在软件完成后，制订的软件规格说明还要为评价软件质量提供依据。

开发软件系统最为困难的部分就是要准确说明开发什么。最为困难的概念性工作便是要编写出详细的技术需求，这包括所有面向用户、面向机器和其他软件系统的接口。如果做错，这将是会最终给系统带来极大损害的一部分，并且以后再对它进行修改也极为困难。对于开发人员而言，如果没有编写出客户认可的需求文档，就无法确认项目于何时结束。而且如果开发人员不知道什么是对客户重要的东西，那么就无法使客户感到满意。

即便那些非商业性的软件需求也是有必要的。例如库、组件和工具这些供开发小组内部使用的软件。在很少的情况下，开发人员可能不需要需求说明文档就能与其他人达成一致意见，但更常见的是出现重复返工这种不可避免的后果。而重新编制代码的代价远远超过重写一份需求文档的代价，这些教训曾在许多软件开发者身上发生。

开发团队要想让项目获得成功，必须对需求进行管理。与成功项目关系最大的因素是良好的需求管理，满足项目需求即为成功打下了基础。若无法管理需求，达到目标的几率就会降低。在众多的需求工件中，词汇表和需求规格说明是其中重要的两个。需求工件集合如图 6-12 所示。

6.2.1 词汇表

词汇表定义了在软件项目中使用的重要术语。在项目的初始阶段的里程碑处，词汇表通常可以完成 40%；而在细化阶段结束时，词汇表的 80% 应该已经完成了。至构造阶段结束时，词汇表的编写工作就全部完成了。和所有的软件工程规范一样，统一过程中需求分析阶段的词汇表也应有规范的文档。文档应包含封面、修订历史、目录和正文内容 4 部分，如下所示。

图 6-12　需求工件集合

公司名称

<项目名称>

词汇表

版本<1.0>

项目名称	版本：	<1.0>
词汇表	日期：	<年/月/日>
<文档标识>		

修订历史

日期	版本	描述	作者
＜年/月/日＞	＜×.×＞	＜内容＞	＜名称＞

机密　　　　　　　　　　　©公司名称，2013　　　　　　　　　　第 1 页

目　　录

词　汇　表

1. 介绍

　　［给出对整个词汇表文档的介绍，可以包括任何希望让读者了解的信息。这份文档用于定义问题领域的术语，用于阐明在用例或其他项目文档中出现的、读者不了解的术语内容。这份文档还可以被当作一个非正式的数据词典。文档在保存时，文件名应该叫词汇表或 Glossary。］

1.1 目的
〔说明词汇表的目的。〕

1.2 范围
〔对词汇表应用范围的简短描述,如涉及的项目和相关的文档等。〕

1.3 参考资料
〔列出词汇表中引用过的所有文档。每份列出的文档都应包括标题、编号、日期、出版机构及资料来源。〕

1.4 概览
〔介绍词汇表的其他部分包含的内容以及词汇表的组织形式。〕

2. 定义
〔这部分内容是整个文档的实质部分。词汇可以按照任意顺序来排列,但是最好按照拼音或字母顺序来排列,以便读者查阅词条。〕

2.1 ＜术语 A＞
〔对＜术语 A＞的定义。应提供足够的信息以便读者能够理解该术语。〕

2.2 ＜术语 B＞
〔对＜术语 B＞的定义。应提供足够的信息以便读者能够理解该术语。〕

2.3 ＜术语列表 A＞
〔有时,将一组术语组织成术语列表会增加可读性。例如,问题领域既包含了财务领域的术语,又包含了人力资源领域的术语,若不加区分地将它们混在一起,会带来阅读上的不便。因此,将不同类型的术语分别列在不同的术语列表中可方便读者阅读查找。在此应该对术语列表做一个简要的介绍,以便读者了解该列表包含的内容。列表中的术语也应该按拼音或字母顺序排列。〕

2.3.1 ＜术语 A1＞
〔对＜术语 A1＞的定义。应提供足够的信息以便读者能够理解该术语。〕

2.3.2 ＜术语 A2＞
〔对＜术语 A2＞的定义。应提供足够的信息以便读者能够理解该术语。〕

2.4 ＜术语列表 B＞
2.4.1 ＜术语 B1＞
〔对＜术语 B1＞的定义。应提供足够的信息以便读者能够理解该术语。〕

2.4.2 ＜术语 B2＞
〔对＜术语 B2＞的定义。应提供足够的信息以便读者能够理解该术语。〕

根据上述词汇表模板,下面是一个为 XX 大学开发的"在线课程注册系统"虚拟项目撰写的词汇表样例。

词　汇　表

1．介绍

1.1　目的

本词汇表包括课程注册系统中的术语和类别的指导定义。在整个项目的生命周期内,本词汇表还将得到扩充。

1.2　范围

本词汇表列出了与在线课程注册系统有关的所有术语,以及部分与本系统交互但不属于本系统的一些专用词汇。

1.3　参考资料

略

1.4　概览

略

2．定义

课程

  大学提供的某一门课。

课程目录

  大学所开设的所有课程的完整目录。

教员

  所有在此大学内任教的教授。

财务系统

  用来处理收费信息的系统。

成绩

  学生某门课程的成绩。

教授

  在该大学任教的人。

注册员

  对课程注册和课程开设负责的大学管理员。

远程访问

  任何通过远程拨号或 Internet 连接对系统进行的访问。

报告

  一个学生在某一学期内所有已修课程的成绩。

花名册

  在某门课程中登记的所有学生。

专题

  某一课程的具体开设情况,包括一周上课的天数和时间。

学期

每一学年分成秋季、春季和夏季3个学期。

课程表

学生在当前学期所选的课程。

学生

在该大学某一班级注册的个人。

全体学生

所有学生的名单。

总成绩单

某个学生所有课程成绩的历史记录。

大学工件

用来收集与大学有关的业务实体的一般术语。

6.2.2 软件需求规格说明

软件需求包括 3 个不同的层次：业务需求、用户需求和功能需求（也包括非功能需求）。

业务需求反映了组织机构或客户对系统和产品高层次的目标要求，它们在项目视图与范围文档中予以说明。

用户需求文档描述了用户使用产品必须要完成的任务，这在使用用例文档或方案脚本说明中予以说明。

功能需求定义了开发人员必须实现的软件功能，使得用户能完成他们的任务，从而满足了业务需求。在软件需求规格说明书(SRS)中说明的功能需求充分描述了软件系统所应具有的外部行为。软件需求规格说明在开发、测试、质量保证、项目管理以及相关项目功能中都起了重要的作用。对一个大型系统来说，软件功能需求也许只是系统需求的一个子集，因为另外一些可能属于子系统（或软件部件）。作为功能需求的补充，软件需求规格说明还应包括非功能需求，它描述了系统展现给用户的行为和执行的操作等。它包括产品必须遵从的标准、规范和合约；外部界面的具体细节；性能要求；设计或实现的约束条件及质量属性。所谓约束是指对开发人员在软件产品设计和构造上的限制。质量属性是通过多种角度对产品的特点进行描述，从而反映产品功能。多角度描述产品对用户和开发人员都极为重要。

软件需求规格说明书的编制是为了使用户和软件开发者双方对该软件的初始规定有一个共同的理解，使之成为整个开发工作的基础。编制软件需求规格说明书的要求与词汇表类似，也需要包括封面、修订历史、目录和正文内容4部分。需求规格说明要表达的内容虽然相同，但是因使用或不使用用例模型而使得其内容组织和模板有所不同。

如果采用例模型来进行需求分析，则可按以下形式来编写需求规格说明，其中包含对用例模型的介绍与详细描述。整个需求分析围绕用例所代表的功能展开。

软件需求规格说明

1. 介绍

〔这部分内容提供了对软件需求规格说明的总体介绍,包括目的、范围、定义、缩写、缩略语、参考资料以及文档概述。〕

〔注意:软件需求规格说明描述了软件的所有或部分需求。在需求陈述之后是由用例模型描述的项目需求概要。本工件由以下几部分组成:一个包含用例模型所有用例的包,适用的补充说明及支撑材料。〕

1.1 目的

〔指明编写这份软件需求规格说明的目的。这份说明应详细描述应用程序的外部行为,同时还应说明非功能性需求、设计上的限制和其他对软件产生影响的因素。〕

1.2 范围

〔对本需求规格说明所描述的软件应用范围做简要说明,如软件功能、子系统、相关的用例模型以及其他任何可能对软件产生影响的事物。〕

1.3 定义、缩写和缩略语

〔这部分内容描述了所有术语的定义、缩写和缩略语。它们对于理解软件需求规格说明是必不可少的。如果编写了词汇表,则这部分内容也可以省略,仅需提供一个指向词汇表的参考引用即可。〕

1.4 参考资料

〔列出需求规格说明中引用过的所有文档。每份列出的文档都应包括标题、编号、日期、出版机构及资料来源。〕

1.5 概览

〔介绍需求规格说明的其他部分包含的内容以及需求规格说明的组织形式。〕

2. 总体描述

〔这部分内容总体介绍与需求规格说明有关的各项内容。总体描述不涉及需求细节,它只描述第 3 部分所列需求的背景部分,以便读者能更容易理解详细需求陈述的内容。这部分内容可包括产品远景、用户特点、约束、假设、依赖和需求子集等信息。〕

2.1 用例模型纵览

〔如果使用了用例模型,那么这部分就包括对用例模型的整体介绍。应包括一个展示所有用例名称的列表,其中对用例及参与者需做简要描述,一些必要的图形及用例之间的关系也应包含其中。〕

2.2 假设与依赖

〔这部分介绍关键技术的可行性、可用的子系统和组件以及其他任何本文涉及的与其他项目的依赖关系与假设条件。〕

3. 详细需求

[这部分内容包括了整个软件的所有需求。其详细程度应保证设计和开发人员能够开发出满足用户需要的应用系统,并且测试人员也能够据此测试软件。如果使用用例模型的话,详细需求则以用例模型和用例描述的形式提供;如果不使用用例模型,则可直接在此以文字形式描述详细需求。]

3.1 用例报告

[在用例模型中,用例通常定义了主要的功能性需求及一些非功能性需求。对于用例模型中的每一个用例,都应在此处详细描述。需要确保每一个被描述的用例都有一致、准确的名称与用例模型中的用例对应。]

3.2 补充需求

[补充需求用于描述那些没有包含在用例中的需求。此处包含的是对补充的规格说明的详细描述。补充需求可以直接在此处陈述,也可以在一份单独的文档中描述,在此处仅提供对文档的引用。补充需求也应确保每一个被描述的需求都有清晰无误的编号,以避免混淆。]

4. 支撑材料

[支撑材料使得软件需求规格更易于使用。它包括:

(1) 内容清单。

(2) 索引目录。

(3) 附件材料。

支撑材料中可以包括用户故事或用户界面原型。如果其中包括了附件材料,那么在需求规格说明中应明确指出附件材料是否是需求规格说明的一部分。]

如果在进行需求分析时没有采用用例模型,则在编写软件需求规格时可以采用传统的自然语言来描述需求。对软件需求的组织和描述可参考以下内容。

软件需求规格说明

1. 介绍

[这部分内容提供了对软件需求规格说明的总体介绍,包括目的、范围、定义、缩写、缩略语、参考资料以及文档概述。]

[注意:软件需求规格说明描述了软件的所有或部分需求。其中包含用传统的、自然语言描述的软件需求纲要(不使用用例模型)。]

1.1 目的

[指明编写这份软件需求规格说明的目的。这份说明应详细描述应用程序的外部行为,同时还应说明非功能性需求、设计上的限制和其他对软件产生影响的因素。]

1.2　范围

［对本需求规格说明所描述的软件应用范围做简要说明，如软件功能、子系统、相关的用例模型以及其他任何可能对软件产生影响的事物。］

1.3　定义、缩写和缩略语

［这部分内容描述了所有术语的定义、缩写和缩略语。它们对于理解软件需求规格说明是必不可少的。如果编写了词汇表，则这部分内容也可以省略，仅需提供一个指向词汇表的参考引用即可。］

1.4　参考资料

［列出需求规格说明中引用过的所有文档。每份列出的文档都应包括标题、编号、日期、出版机构及资料来源。］

1.5　概览

［介绍需求规格说明的其他部分包含的内容，以及需求规格说明的组织形式。］

2.　总体描述

［这部分内容总体介绍与需求规格说明有关的各项内容。总体描述不涉及需求细节，它只描述第 3 部分所列需求的背景部分，以便读者能更容易理解详细需求陈述的内容。这部分内容可包括产品远景、产品功能、用户特点、约束、依赖和假设、需求子集。］

3.　详细需求

［这部分内容包括了整个软件的所有需求。其详细程度应保证设计和开发人员能够开发出满足用户需要的应用系统，并且测试人员也能够据此测试软件。在不使用用例模型的情况下，可直接在此以文字形式描述详细需求。］

3.1　功能性需求

［这部分使用自然语言描述系统的功能性需求。对于多数应用软件而言，这部分内容会包含非常多的内容，因此需要对它们精心组织，以保证其可读性。通常，这部分内容会参照功能进行组织，但是其他合适的组织方式也是允许的，如按照用户或者子系统的方式进行组织。功能性需求可以包括功能集合、作用和安全性等方面的内容。一些软件工具，如建模工具或其他类似的系统分析与设计工具，会被应用在功能性需求分析中，在此处可以列出这些使用到的工具，并给出获得这些工具的方法。］

3.1.1　<功能性需求 1>

［对需求 1 的描述。］

...

3.2　可用性

［这部分包括所有可能影响到可用性的需求，如：

- 对于特定的某项功能或操作，指明需要对普通用户和高级用户进行多长时间的培训才能熟练使用。
- 对于特定的任务或基于已知的同类软件相近功能，指明完成任务所需花费的时间。

- 指出那些与通用的可用性标准一致的需求，如 IBM 公司的 CUA 标准，Microsoft 公司的 GUI 标准等。]

3.2.1 <可用性需求 1>

[在此写出需求 1 的内容。]

…

3.3 可靠性

[在此指明对系统可靠性的需求。以下是一些建议：

- 有效性——指明系统可用时间、用户时间、维护访问时间、磁盘阵列的降级模式操作等占总时间的百分比。
- 平均无故障时间(Mean Time Between Failures，MTBF)——指相邻两次故障之间的平均工作时间。通常以小时为单位。
- 平均修复时间(Mean Time To Repair，MTTR)——产品由故障状态转为工作状态时修理时间的平均值。即在系统故障后，允许功能失效的时间。
- 准确度——指定系统输出的精度(分辨率)和准确度(通过一些已知的标准)要求。
- 最大的错误或缺陷率——通常以每千行代码缺陷数(bugs/KLOC)或每功能点缺陷数(bugs/function-point)为单位来衡量。
- 错误或缺陷率——按次要的、重要的和关键的错误进行分类。在需求中必须定义什么是"严重"的错误，如数据完全丢失或完全不能使用系统的某些部分的功能。]

3.3.1 <可靠性需求 1>

[在此写出需求 1 的内容。]

…

3.4 性能

[这部分内容概述该系统的性能特点，包括具体的响应时间。在适用的情况下，可参考相关用例的名称。

- 一个事务的响应时间(平均，最长)。
- 吞吐量，如每秒交易数量。
- 容量，如系统可容纳的客户数量或事务数量。
- 退化模式(当系统以某种方式降级之后，可接受的运行模式是什么)。
- 资源利用率，如内存、磁盘和通信等。]

3.4.1 <性能需求 1>

[在此写出需求 1 的内容。]

…

3.5 保障性

[这部分说明任何可增强系统支持性和可维护性的需求，包括编码标准、命名约定、类库、维护访问权以及维护工具。]

3.5.1　＜保障性需求 1＞

〔在此写出需求 1 的内容。〕

...

3.6　设计约束

〔这部分指明系统的任何设计上的限制。设计约束代表已经批准并且必须遵循的设计决定。例子包括软件语言、软件流程需求、开发工具的指定用途、架构和设计约束、已购买的组件、类库等。〕

3.6.1　＜设计约束 1＞

〔在此写出设计约束 1 的内容。〕

...

3.7　在线用户文档及帮助系统需求

〔描述在线用户文档和帮助系统等（如果有的话）。〕

3.8　已购买组件

〔这部分描述任何用于软件系统的已购买组件，适用的许可协议或使用限制，以及任何相关的兼容性和互操作性或接口标准。〕

3.9　接口

〔这部分定义应用程序必须支持的接口。它应该足够明确，包含协议、端口和逻辑地址以及其他类似的内容。这样，软件就可以依据接口定义的要求进行开发和验证。〕

3.9.1　用户接口

〔描述将要实现的软件用户界面。〕

3.9.2　硬件接口

〔这部分定义软件支持的所有硬件接口，包括逻辑结构、物理地址和预期的行为等。〕

3.9.3　软件接口

〔这部分介绍本软件系统与其他组件的软件接口。这些组件可以是购买的，也可以重用自其他应用程序，或者是其他人开发的必须与本系统交互的子系统组件。〕

3.9.4　通信接口

〔描述所有与其他系统或设备的通信接口，这些系统或设备包括局域网和远程串行设备等。〕

3.10　许可要求

〔定义任何授权的许可或其他在本软件中出现的使用限制。〕

3.11　法律、版权及其他注意事项

〔这部分介绍软件所有必需的法律免责声明、保证、版权声明、专利声明、文字标识、商标或徽标一致性等问题。〕

3.12　适用标准

〔这部分描述任何适用于本软件的标准和参考。例如，可能包括法律、质量及监管

标准,行业的可用性标准,互操作性,国际化以及操作系统兼容性等。〕

4. 支撑材料

〔使软件需求规格说明更易于使用的支撑材料。包括:

- 内容清单。
- 索引目录。
- 附件材料。

支撑材料中可以包括用户故事或用户界面原型。如果其中包括了附件材料,那么在需求规格说明中应明确指出附件材料是否是需求规格说明的一部分。〕

6.2.3 用例规范

用例规范定义了一组用例实例,其中每个实例都是系统所执行的一系列操作,这些操作生成特定主角可以观测的值。用例规范的使用者包括:

(1) 客户,使用用例规范来理解系统的行为。由于客户必须认可用例事件流,所以要使用用例规范来认可用例建模的结果。

(2) 潜在用户,使用用例规范来理解系统的行为。

(3) 构架设计师,使用用例规范确定关键构架功能。

(4) 分析、设计和实施系统的人员,使用用例规范来理解必需的系统行为并改进系统。

(5) 用例设计员,使用用例规范事件流来发现类(对用例设计员而言,这些是最重要的工件)。

(6) 测试员,使用用例规范作为确定测试用例的基础。

(7) 经理,使用用例规范来计划并跟踪用例建模。

(8) 文档编写员,使用用例规范来理解在文档(如系统用户指南)中应当描述何种使用顺序。

一个完整的用例规范应做到:

(1) 用例满足其需求(即正确阐述而且只阐述与用例有关的功能)。

(2) 事件流简明易懂且适用于其目的。

(3) 源自用例的用例关系合理且保持一致。

(4) 通信关联关系中涉及的用例角色清楚且直观。

(5) 描述用例及其关系的图简明易懂,并适用于相应的说明目的。

(6) 特殊需求简明易懂,并适用于其目的。

(7) 前置条件简明易懂,并适用于其目的。

(8) 后置条件简明易懂,并适用于其目的。

下面是一份规范的用例描述文档应包含的内容及模板。

用例规范：＜用例名称＞

[以下提供的模板用于用例规范，它包含以文本表示的用例特征。该文档和需求管理工具一起使用，用于详细说明用例特征中的需求，并对这些需求进行标记。]

1. ＜用例名称＞

[此处简要介绍该用例的作用和目的。]

2. 事件流

2.1 基本流

[当参与者开始操作时，此用例随即开始。总是由参与者来带动用例。用例应说明参与者的行为及系统的响应。应按照参与者与系统进行对话的形式来逐步引入用例。

用例应说明的是系统内发生的事件，而不是事件发生的方式和原因。如果进行了信息交换，则需指出来回传递的具体信息。例如，只表述参与者输入了客户信息就不够明确，最好明确地说主角输入了客户姓名和地址。通常可以利用词汇表让用例的复杂性保持在可控范围内，最好在词汇表中定义客户信息等内容，使用例不至于陷入过多的细节。

简单的备选流可以在用例文本中提供。如果只需几句话就可说明存在备选流时将发生的事件，则可以直接在"2. 事件流"中说明。如果备选流较为复杂，则需要用另外一节来单独说明。例如，"2.2 备选流"解释如何说明较复杂的备选流。

虽然清晰明了的叙述性文字是无可替代的，但有时一幅图要比短文更具说明性。只要表达得简洁明了，设计者就可以在用例中任意粘贴用户界面和流程的图形化显示方式或是其他图形。如果流程图有助于描述复杂的决策流程，则应充分利用。同样，对于与状态相关的行为，状态转移图通常比文字更能清晰地描述系统的行为。根据问题来选用恰当的表示方法，但应慎用读者可能不太了解的术语、符号或图形。切记，分析和设计的目的是要阐明问题，而不是混淆问题。]

2.2 备选流

2.2.1 ＜第一备选流＞

[较复杂的备选流应单独说明，这已在"2. 事件流"的"2.1 基本流"中提及。将"2.2 备选流"当作备选行为，在许多情况下，由于主事件流中发生异常事件，这时每个备选流都可代表备选行为。这些备选流的长度可以是说明与备选行为相关的事件所需的长度。当备选流结束时，除非另外说明，主事件流的事件将重新开始。]

• ＜备选分支流＞

[如果能使表达更明确，备选流又可再分为多个支流。]

2.2.2 ＜第二备选流＞

[在一个用例中很可能会有多个备选流。为了使表达更清晰，应将各个备选流分开说明。使用备选流可以提高用例的可读性，并防止将用例分解为过多的层次。应切记，用例只是文本说明，其主要目的是以清晰、简洁、易于理解的方式记录系统的行为。]

3. 特殊需求

〔特殊需求通常是非功能性需求,它为一个用例所专有,但无法在用例的事件流文本中较容易或较自然地进行说明。特殊需求的示例包括法律或法规方面的需求、应用程序标准和所构建系统的质量属性(包括可用性、可靠性、性能或支持性需求)。此外,其他需求,如操作系统及环境、兼容性需求和设计约束,也应在此节中记录。〕

3.1 ＜第一特殊需求＞

...

4. 前置条件

〔用例的前置条件是执行用例之前必须存在的系统状态。〕

4.1 ＜前置条件 1＞

...

5. 后置条件

〔用例的后置条件是用例执行完毕系统可能处于的一组状态。〕

5.1 ＜后置条件 1＞

...

6. 扩展点

〔此用例的扩展点。〕

6.1 ＜扩展点名称＞

〔扩展点在事件流中所处位置的定义。〕

下面根据用例规范的模板,给出一个课程注册的具体用例的文档描述。

用例：课程注册

1. 课程注册用例

1.1 简要说明

此用例允许学生登记当前学期的课程。如果在学期开始的选/退课期间情况发生一些变化,那么学生也可以修改或删除自己所选的课程。课程目录系统提供一个本学期所有课程的列表。

本用例主要的参与者是学生。课程目录系统是用例中包含的一个参与者。

2. 事件流

当学生从主窗体中选择"维护课程表"活动时,此用例就开始使用了。

2.1 基本流——创建课程表

(1)学生选择"创建课程表"。

(2)系统会显示一张空白课程表。

（3）系统从课程目录系统中检索可选课程的列表。

（4）学生从可选课程列表中选择 4 门主修课程和 2 门选修课程。在完成选择后，学生选择"提交"。

（5）在此步骤中为每一门所选课程执行"添加课程"子流程。

（6）系统保存该课程表。

2.2　备选流

2.2.1　修改课程表

（1）学生选择"修改课程表"。

（2）系统检索并显示学生现在的课程表（例如本学期的课程表）。

（3）系统从课程目录系统中检索本学期所有可选课程的列表。系统向学生显示该列表。

（4）这样，学生就可以通过删除或者添加新课程来修改所选的课程。学生从可选课程列表中选择要添加的课程。学生也可以从目前的课程表中选择要删除的课程。在完成编辑后，学生选择"提交"。

（5）在此步骤中为每一门所选课程执行"添加课程"子流程。

（6）系统保存该课程表。

2.2.2　删除课程表

（1）学生选择"删除课程表"活动。

（2）系统检索并显示学生当前的课程表。

（3）学生选择"删除"。

（4）系统提示学生核实该删除操作。

（5）学生核实删除操作。

（6）系统删除课程表。

2.2.3　保存课程表

在任何时候，学生都可以不提交而选择"保存"来保存课程表。课程表将被保存，但是该学生的信息没有添加到所选课程中。所选的课程在课程表中标记为"已选"。

2.2.4　添加课程

系统核实学生符合所需的先决条件并且该课程人数未满。系统将学生添加到所选的课程中，这样，该课程在课程表中标记为"已登记"。

2.2.5　先决条件不满足或课程已经满员

如果在"添加课程"子流程中，系统确定学生没有满足必要的先决条件或者所选择的课程人数已满，就会出现一个错误消息。学生可以选择另一门课程，也可以取消本次操作，此时用例重新开始。

2.2.6　未发现课程表

在"修改课程表"或"删除课程表"子流程中，如果系统无法检索到学生的课程表，将会显示一个错误消息。学生确认这个错误消息后，用例重新开始。

2.2.7　课程目录系统不可用

如果经过一定次数的尝试之后,系统仍然无法与课程目录系统通信,那么系统将向学生显示一个错误消息。学生确认这个错误消息后,此用例终止。

2.2.8　结束课程注册

如果在学生选择"维护课程表"时,本学期的注册已经结束,学生将看到一个消息,同时用例结束。在本学期注册结束后,学生不能再注册课程。

3. 特殊需求

没有和本用例有关的特殊需求。

4. 前置条件

4.1　登录

在此用例开始前,学生要登录到系统。

...

5. 后置条件

没有和本用例有关的后置条件。

6. 扩展点

没有和本用例有关的扩展点。

6.3　分析和设计规范

软件的分析和设计工作将需求转化成未来系统的设计,为系统开发一个健壮的结构并调整设计使其与实现环境相匹配,优化其性能。分析设计的结果是一个设计模型和一个可选的分析模型。设计模型是源代码的抽象,由设计类和一些描述组成。设计类被组织成具有良好接口的设计包(package)和设计子系统(subsystem),而描述则体现了类的对象如何协同工作实现用例的功能。设计活动以体系结构设计为中心,体系结构由若干结构视图来表达,结构视图是整个设计的抽象和简化,该视图中省略了一些细节,使重要的特点体现得更加清晰。体系结构不仅仅是良好设计模型的承载媒介,而且在系统的开发中能提高被创建模型的质量。图 6-13 所示的统一过程的分析设计工件集获取并提供解决方案(针对需求集内提出的问题)的有关信息。

6.3.1　软件架构设计文档

架构是系统的基本结构。它体现在构成系统的组件、组件之间、组件与环境的关系以及指导设计和开发的原则之中。

有一些重要的概念与架构有关:

- 系统——是实现某个(些)特殊功能的组件集合。专用系统包括个人应用程序、传统概念上的系统、子系统、系统中的系统、产品线、产品系列、整个企业和其他利益

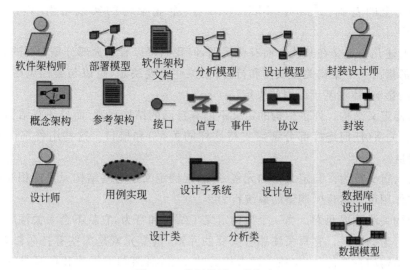

图 6-13 分析设计工件集合

集团。一个系统是为了实现一个或多个任务而存在的。

- 环境——决定了开发、操作、策略和其他影响系统的设置和条件。
- 任务——是指系统为了实现对对象设置的使用或操作。
- 涉众——是对于系统有利益关系或关注的个人、团队或组织。

正如我们所见，"组件"贯穿于这些定义，但是大部分架构定义没有提到组件。事实上，组件这个概念可以包含架构设计中所遇到的各种架构成分，包括对象、技术组件(例如 Enterprise JavaBean)、服务、程序模块、遗留系统、包和应用程序等。在 UML 2.0 中对组件做出了以下定义：组件是包括内容的系统模型部分，且它的显示是可替换的。组件定义了所需接口的行为。例如，组件类似类型(type)，它与所需接口行为一致(包括静态和动态语义)。

虽然工业界对于"架构"的概念没有普遍认可的定义，但是了解不同人或组织对架构给出的不同定义，有助于理解架构的概念，并对架构进行设计。下面是一些对架构的定义：

- 架构是对软件系统组织、结构部分和系统包含接口的选择，集合部分的特定行为，较大子系统部分的构成和架构风格的重大决定的设置。[Philippe Kruchten. Rational 统一过程：介绍. 3 版. Addison-Wesley Professional，2003]。
- 架构是系统或计算系统的软件架构是包含软件部分、外部可见特性部分和它们之间的关系的系统的结构。[Len Bass，Paul Clements，Rick Kazman. 软件架构实践. 2 版. Addison Wesley，2003]。
- 架构是系统的组织结构和相关行为。架构可被重复分解为通过接口、互联部分的关系和结合部相互作用的部分。通过接口相互作用的部分包括类、组件和子系统。[OMG. 统一建模语言规格 1.5 版. 文档号 03-03-01. 2003 年 3 月]。
- 软件架构或系统由组成系统的结构的相互作用和软件结构的重要设计决定组成。设计决定应成功实现所期望支持的质量。设计决定为系统开发、支持和维护提供概念上的基础。[James McGovern 等. 企业架构的实践指南. Prentice Hall, 2004]。

虽然上述几个定义在某些方面有些区别,但我们可以看到大部分是相同的。例如,大部分定义都指出一个架构关注结构和行为,仅关注重要决定,可以与架构风格一致,受涉众和环境的影响,体现基于原因的决定。

- 架构定义结构。许多架构的定义不但有自己的结构元素,而且还有结构元素的组成、关系(任何连接部分都需支持这样的关系)和接口。这些组件都以不同方式提供。

- 架构定义行为。与定义结构元素一样,架构定义了这些结构元素的相互作用。这些作用可以实现所期望的系统行为。

- 架构关注重要元素。当一个架构定义了结构和行为,它就不会太关注所有的结构和行为的定义。它只关注那些重要的元素,重要元素是那些有持久影响的元素,如结构的主要部分,与核心行为相关的元素,对诸如可靠性和可测量性等重要品质相关的元素。总之,架构不关心这些元素的细节。由于架构仅关注重要元素,因此,架构可看作是一个系统的抽象,可以帮助架构师管理复杂性。

- 架构可以平衡涉众需求。架构是为了实现涉众的需要而创造的。但是,一般来说,架构不可能满足所有的需求;而且,不同的涉众之间可能有相互冲突的需求,所以应满足适当的平衡性。作折中是构建工作的主要方面,而且妥协是架构的重要属性。

- 架构基于基本原理体现决策。一个架构的重要部分不仅仅是最终结果和架构本身,而是架构设计的依据。因此,把架构及其设计依据文档化就非常重要了。

- 架构可以符合一个架构样式。大部分的架构来源于相似的系统,这些相似性可被描述成某种架构风格。一种架构风格展示一个经验法则,并且有利于架构师重复使用类似经验。架构风格的例子包括分布式的风格、管道和过滤器风格、数据中心风格、基于规则的风格等。一个系统可以包含多于一个架构风格,它们都是对普遍问题的普遍解决方案。

- 架构被其环境所影响。系统存在于特定环境中,且环境影响架构。通常,环境决定了系统运行的范围,这些又决定了架构。影响架构的环境的因素包含架构所支持的商务环境、系统涉众群、内部技术限制(例如需要符合组织标准)和外部技术限制(例如对外部系统的接口或遵守外部规则的标准)。

- 架构影响团队结构。架构定义了一组连贯的相关元素,每一组都会要求不同的技术。

- 架构呈现在每一个系统中。每个系统都有一个架构,即使这个架构没有被文档化,或者如果系统非常简单且包含单一元素。文档化的架构比没有文档化的架构考虑得更周全、更有效,根据架构的进程可以做更细致的考虑。如果架构没有文档化,那么很难证明满足了诸如可维护性和最佳适应性等的需求。

- 架构拥有一个特定的范围。
  ◆ 软件架构——本节主要的关注内容。

- 硬件架构——包括 CPU、内存、硬盘、周边设备(例如打印机)与连接这些元素的部分。
- 组织架构——是一些关于业务进程、组织结构、规则和职责以及组织核心能力的部分。
- 信息架构——包含组织好的信息结构。
- 软件架构、硬件架构、组织架构和信息架构是全部系统架构的子结构。
- 企业架构——与系统架构很相似,包括硬件、软件和人员等。但是,企业架构与业务有很强的联系,因为它专注于业务对象的联系,专注于业务敏捷性和组织效率。

向开发人员传达正在构建的系统蓝图的关键是为软件架构编写文档说明。软件架构通过不同的视图进行表示——功能、操作、决策等。没有任何单一视图能够表示整个体系结构。并非所有视图都需要表示特定企业或问题领域的系统体系结构。架构师将确定足以表示所需软件架构范畴的视图集。

通过编写不同视图的文档说明并捕获每个部分的开发,架构师可以向开发团队和业务人员传达有关该系统的信息。软件架构的文档说明可以向参与者传达这些目标将如何实现。下面是软件架构设计文档的主要内容。

软件架构设计文档

1. 介绍

〔这部分提供了整个软件架构设计文档的概述,包括文档的目的、范围、定义、缩写词、缩略语、参考资料和概述。〕

1.1 目的

本文档通过一系列从不同角度描绘整个系统的架构视图来给出软件的总体概貌。其目的是捕捉并传达针对整个系统做出的重要架构决策。

〔这部分定义软件架构设计文档在所有项目文档中的作用或目的,并简要介绍文档的结构。它指出文档的特定读者,并指出他们应如何使用这份文档。〕

1.2 范围

〔简要说明软件架构设计文档的适用范围及产生的影响。〕

1.3 定义、缩写和缩略语

〔这部分内容描述所有术语的定义、缩写和缩略语。它们对于理解软件架构设计文档是必不可少的。如果编写了词汇表,则这部分内容也可以省略,仅需提供一个指向词汇表的参考引用即可。〕

1.4 参考资料

〔列出软件架构设计文档中引用过的所有文档。每份列出的文档都应包括标题、编号、日期、出版机构及资料来源。〕

1.5 概览

〔介绍软件架构设计文档的其他部分包含的内容以及需求规格说明的组织形式。〕

2. 架构表示

〔这部分介绍当前系统的软件架构是什么样的以及它的表示方式。在用例视图、逻辑视图、进程视图、部署视图和实施视图中,选择列举其中必要的、有意义的视图。对于每个给出的视图,说明它包含何种类型的模型元素。〕

3. 架构目标与约束

〔这部分介绍对软件架构有显著影响的软件需求和目标,例如安全性、保障性、机密性、使用的现成产品、便携性、分布和重用等。它还捕捉可能适用的特殊约束,包括设计和实施策略、开发工具、团队结构、时间表和遗留代码等。〕

4. 用例视图

〔这部分列出从用例模型中提取出来的用例或场景。它们代表了一些重要的、核心的功能,或者覆盖了软件架构的大部分内容。〕

4.1 用例1实现

〔这部分内容通过提供一些经过挑选的用例(或场景)来说明软件是如何实际工作的。同时它还解释各种设计模型元素是如何为功能实现带来好处的。〕

4.2 用例2实现

...

5. 逻辑视图

〔这部分内容介绍设计模型中对于软件架构而言十分重要的部分,如怎样将系统分解为子系统和包。每个重要的包都会被分解成类和类工具。设计人员应该介绍对架构十分重要的类,并且说明它们的职责以及一些非常重要的关系、操作和属性。〕

5.1 概览

〔这部分内容介绍设计模型中整体的包结构和层次构成。〕

5.2 对架构有重要意义的包

〔对于每个重要的包,需包含其名称、简要说明以及一个包括所有重要类和包的图示。

对于每一个重要的包中的类,需包括它的名称、简要说明以及(可选)其主要职责、操作和属性的描述。〕

6. 进程视图

〔这部分内容介绍被分解成轻量进程(单个控制线程)和重量级进程(轻量进程的分组)的系统,内容可通过相互通信或交互的进程组组织起来。描述进程之间的主要通信状态,如消息传递和中断的主要方式等。〕

7. 部署视图

［这部分描述支持软件部署和运行的一个或多个物理网络配置（硬件），这是一个部署模型。在最少的配置中，它应该说明运行软件的物理节点（计算机和处理器）及其交互方式（总线，局域网和点到点等），除此之外，它还应包括进程视图中的进程到物理节点上的映射。］

8. 实现视图

［这部分内容介绍实现模型的整体结构、模型中软件被分解的层次和子系统以及任何对架构重要的组件。］

8.1 概览

［这部分内容命名并定义各种层次及其内容，层中的内容包含规则和层间的边界，同时还包含一个显示层间关系的组件图。］

8.2 分层

［对于每一层，指出其名称、层中包含的子系统以及一个组件图。］

9. 数据视图（可选）

［从持久数据存储的角度描述系统。如果持久数据很少或根本没有，又或者设计模型和数据模型之间的转换并不重要，则这部分是可以略去的。］

10. 大小与性能

［描述影响软件架构的软件的主要尺寸特征以及目标性能约束。］

11. 质量

［描述软件架构如何影响系统的性能，如系统扩展性、可靠性和可移植性等。如果这些特征有特殊的意义，如安全、机密或隐私问题，则它们必须清楚地被界定。］

下面根据软件架构设计文档的规范，给出一个课程注册系统的架构设计文档作为示例。

软件架构设计文档

1. 介绍

本软件架构文档提供了课程注册系统架构方面的综合概述。课程注册系统是××大学为支持联机课程注册而进行开发的。

1.1 目的

略

1.2 范围

略

1.3 定义、缩写和缩略语

略

1.4 参考资料

略

1.5 概览

略

2. 架构表示

本文档以一系列的视图表示架构,包括用例视图、流程视图、部署视图和实施视图。这些视图使用统一建模语言(UML)。

3. 架构目标与约束

有一些重要的需求和系统约束对架构有重大的影响。它们分别是:

- 必须访问××大学现有遗留的课程目录系统以检索本学期所有课程的信息。课程注册系统必须支持遗留课程目录系统采用的数据格式和DBMS。
- 必须与××大学现有遗留的财务系统交互以支持对学生的收费工作。该接口在课程收费接口规范中已有定义。
- 无论是本地校园网的PC还是拨号上网的远程PC,所有的学生、教授和注册员都必须能够在这些PC上执行他们各自对应的功能。
- 课程注册系统必须确保对数据进行完全保护,使它们不接受未经授权的访问。所有的远程访问都必须受用户确认和密码控制的约束。
- 课程注册系统以客户/服务器系统的形式实施。客户端位于PC上,而服务器端必须在××大学UNIX服务器上运行。
- 在开发架构时,必须考虑前景文档和补充规范中规定的所有性能和负载需求。

4. 用例视图

课程注册用例包括:

- 登录(Login)
- 课程注册(Register for Courses)
- 维护学生信息(Maintain Student Information)
- 维护教授信息(Maintain Professor Information)
- 选择要讲授的课程(Select Courses to Teach)
- 提交成绩(Submit Grades)
- 查看成绩报告单(View Report Card)
- 结束注册(Close Registration)

这些用例由学生、教授或者注册员主角启动执行。此外,还与外部主角交互,同时还有课程目录和收费系统。

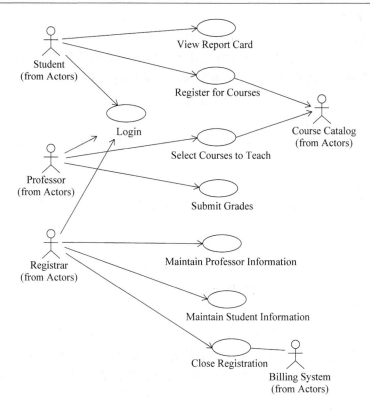

在构架方面具有重要意义的用例有以下 8 个：

1）结束注册

简要说明：本用例允许注册员结束注册流程。开设的课程如果没有足够多的学生则将被取消。每门开设的课程必须至少有 3 名学生。每门没有被取消的课程按各个学生的情况通知收费系统，这样就可以根据该门课程对学生进行收费。本用例主要的主角是注册员。收费系统是本用例中包含的一个主角。

2）登录

简要说明：本用例描述了用户如何登录到课程注册系统。启用本用例的主角为学生、教授和注册员。

3）维护教授信息

简要说明：本用例允许注册员维护注册系统中的教授信息。其中包括添加、修改和从系统中删除教授信息。本用例的主角是注册员。

4）选择要讲授的课程

简要说明：本用例允许教授从课程目录里选择其在新学期适合任教而且也愿意讲授的课程（课程的时间和日期将在以后安排）。教授是启用本用例的主角。课程目录系统是用例中包含的一个主角。

5）课程注册

简要说明：本用例允许学生注册本学期的课程。如果在学期开始的选/退课期间情况发生一些变化，那么学生也可以修改或删除自己所选的课程。所有的注册更新都会通知收费系统。课程目录提供一个本学期所有课程的列表。本用例主要的主角是学生。课程目录系统是用例中包含的一个主角。

6）查看成绩报告单

简要说明：本用例允许学生查看其在上一个结束学期的成绩报告单。本用例的主角是学生。

7）提交成绩

简要说明：本用例允许教授提交在上个学期结束授课的一个或多个班的学生成绩。本用例的主角是教授。

8）维护学生信息

简要说明：本用例允许注册员维护注册系统中的学生信息。其中包括添加、修改和从系统中删除学生信息。本用例的主角是注册员。

5．逻辑视图

课程注册系统的逻辑视图由 3 个主要的包组成：用户界面、业务服务和业务对象。

用户界面包包含主角用来同系统通信的各种形式的类。边界类用于支持登录、维护课程表、维护教授信息、选择课程、提交成绩、维护学生信息、结束注册和查看成绩报告单。

业务服务包包含与财务系统交互、控制学生注册和管理学生评估的控制类。

业务对象包包含大学工件（例如课程和课程表）的实体类以及同课程目录系统交互的边界类。

包和子系统的分层如下图所示。

1）用户界面层

用户界面层包含所有表示用户看到的应用程序屏幕的边界类。该层依赖于流程对象层，它跨越了客户机和中间层之间的界限。

2）业务服务层

业务服务层包括代表驱动应用程序行为的用例管理器的所有控制器类。该层代表从客户机到中间层的边界。业务服务层依赖于业务对象层，它跨越了客户机和中间层之间的界限。

3）业务对象层

业务对象层包括表示应用程序领域内"事物"的所有实体类。这些实体类驻留在服务器上，并利用服务类来协助完成它们的职责。

4）系统层

系统层在面向对象的系统和由底层系统库支持的功能行为之间提供缓冲区。系统层包括所有支持安全访问课程注册系统及其数据的类。

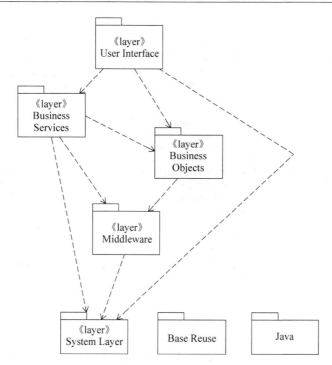

5）中间件层

中间件层支持对关系型 DBMS 和面向对象的 DBMS 的访问。

6）Java 包

Java 包包括的类支持与远程对象交互的接口、多线程执行和可运行代码。

7）基本复用包

基本复用包包括支持列表功能和模式的类。

6. 进程视图

进程模型说明了按可执行进程进行组织的课程注册类。进程用于支持学生注册、教授功能、结束注册以及对外部财务系统和课程目录系统的访问。

6.1　进程

进程如下图所示。

- CourseCatalogSystemAccess

该进程管理对遗留课程目录系统的访问。它可以为多个注册课程的用户所共享。该进程还允许将最近所检索的课程存储到高速缓冲区以提高性能。

CourseCatalog 进程内部的独立线程（即 CourseCache 和 OfferingCache）用于异步检索遗留系统的项目。

设计约束：系统将与现有的遗留系统（课程目录数据库）集成。

- CourseCatalog

它是一个关于课程的完整目录，包括所有课程科目以及大学在以前各个学期所开

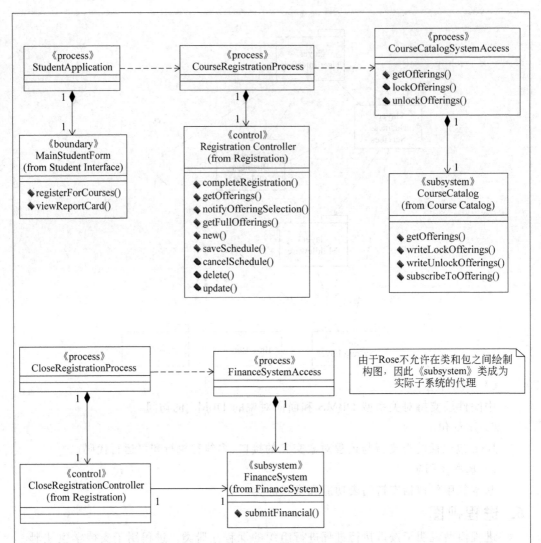

设的课程。该类起到适配器的作用,它的作用就是确保能够通过子系统的 ICourseCatalogIt 接口访问 CourseCatalogSystem。

• CourseRegistrationProcess

对每一个当前正在注册课程的学生,都会产生该进程的一个实例。

• RegistrationController

其支持的用例允许学生注册本学期的课程。如果在学期开始的选/退课期间情况发生一些变化,那么学生也可以修改或删除自己所选的课程。

• StudentApplication

该进程管理学生功能,包括处理用户界面和同业务流程进行协作。对每一个当前正在注册课程的学生,都会产生该进程的一个实例。

• MainStudentForm

该进程控制学生申请的界面。控制学生使用的一系列表单。

- FinanceSystemAccess

该进程同外部财务（收费）系统进行通信以启动对学生收费的任务。

- CloseRegistrationProcess

该进程在注册周期结束时启动。该进程与控制财务系统访问的进程进行通信。

- FinanceSystem

财务系统支持提交本学期的学生注册课程收费单。

- CloseRegistrationController

结束注册控制器控制对财务系统的访问。

6.2　设计元素的进程

设计元素的进程如下图所示。

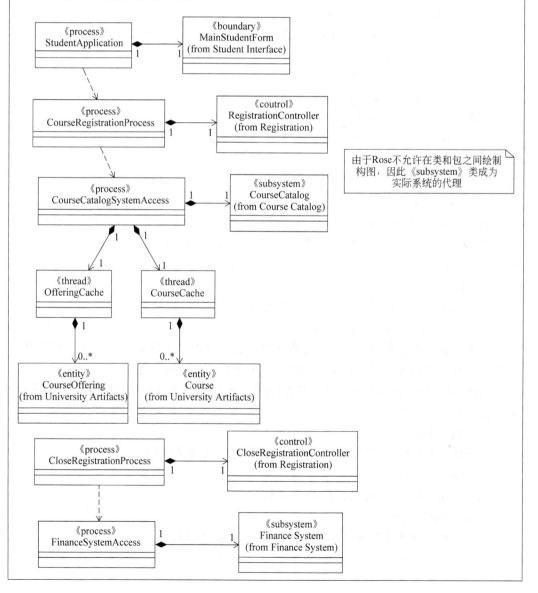

- StudentApplication

管理学生功能,包括处理用户界面和同业务流程进行协作。

对每一个当前正在注册课程的学生,都会产生该进程的一个实例。

- MainStudentForm

控制学生申请的界面。控制学生使用的一系列表单。

- CourseRegistrationProcess

对每一个当前正在注册课程的学生,都会产生该进程的一个实例。

- RegistrationController

其支持的用例允许学生注册本学期的课程。如果在学期开始的选/退课期间情况发生一些变化,那么学生也可以修改或删除自己所选的课程。

- CloseRegistrationProcess

该进程在注册周期结束时启动。该进程与控制财务系统访问的进程进行通信。

- CloseRegistrationController

结束注册控制器控制对财务系统的访问。

- FinanceSystemAccess

该进程同外部财务(收费)系统进行通信以启动对学生收费的任务。

财务系统支持提交本学期的学生注册课程收费单。

- Course

大学提供的某一门课。

- CourseCatalog

它是一个关于课程的完整目录,包括所有课程科目以及大学在以前各个学期所开设的课程。该类起到适配器的作用,它的作用就是确保能够通过子系统的ICourseCatalogIt 接口访问 CourseCatalogSystem。

- CourseCache

课程高速缓冲线程用于异步检索遗留课程目录系统的项目。

- CourseCatalogSystemAccess

该进程管理对遗留课程目录系统的访问。它可以为多个注册课程的用户所共享。该进程还允许将最近所检索的课程存储到高速缓冲区以提高性能。

CourseCatalog 进程内部的独立线程(即 CourseCache 和 OfferingCache)用于异步检索遗留系统的项目。

需求的可追踪性:

- 设计约束:系统将与现有的遗留系统(课程目录数据库)集成。

- OfferingCache

该线程用于异步检索遗留课程目录系统的项目。

- CourseOffering

某一课程的具体开设情况,包括一周上课的天数和时间。

6.3　主框架

主框架如下图所示。

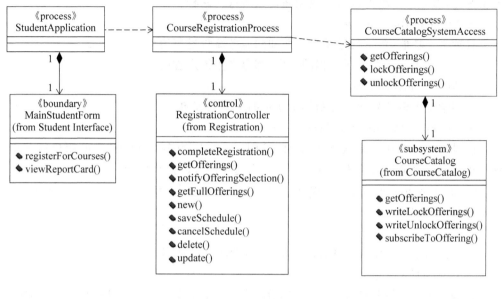

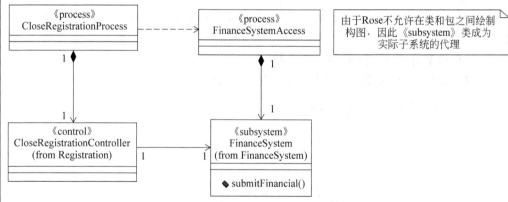

- FinanceSystemAccess

该进程同外部财务（收费）系统进行通信以启动对学生收费的任务。

- CloseRegistrationProcess

该进程在注册周期结束时启动。该进程与控制财务系统访问的进程进行通信。

- FinanceSystem

财务系统支持提交本学期的学生注册课程收费单。

- CloseRegistrationController

结束注册控制器控制对财务系统的访问。

- CourseRegistrationProcess

对每一个当前正在注册课程的学生,都会产生该进程的一个实例。

- RegistrationController

其支持的用例允许学生注册本学期的课程。如果在学期开始的选/退课期间情况发生变化,那么学生也可以修改或删除自己所选的课程。

- StudentApplication

管理学生功能,包括处理用户界面和同业务流程进行协作。

对每一个当前正在注册课程的学生,都会产生该进程的一个实例。

- MainStudentForm

控制学生申请的界面。控制学生使用的一系列表单。

- CourseCatalogSystemAccess

该进程管理对遗留课程目录系统的访问。它可以为多个注册课程的用户所共享。该进程还允许将最近所检索的课程存储到高速缓冲区以提高性能。

CourseCatalog 进程内部的独立线程(即 CourseCache 和 OfferingCache)用于异步检索遗留系统的项目。

需求的可追踪性:

- ◆ 设计约束:系统将与现有的遗留系统(课程目录数据库)集成。

- CourseCatalog

它是一个关于课程的完整目录,包括所有课程科目以及大学在以前各个学期所开设的课程。该类起到适配器的作用。它的作用就是确保能够通过子系统的 ICourseCatalogIt 接口访问 CourseCatalogSystem。

6.4 进程模型与设计模型间的依赖关系

进程模型与设计模型间的依赖关系如下图所示。

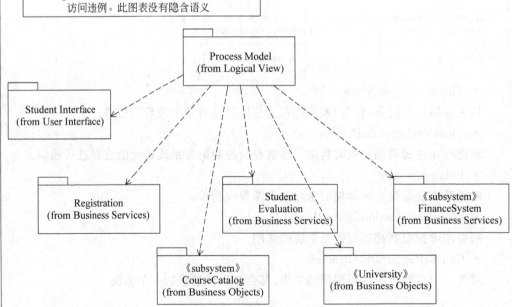

6.5 实施进程

实施进程如下图所示。

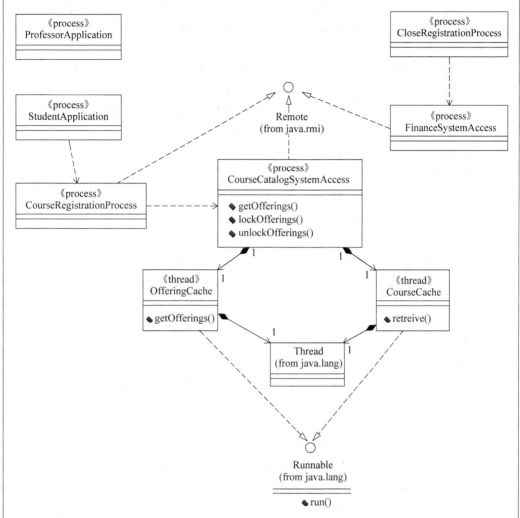

- ProfessorApplication

控制教授申请的界面。控制教授使用的一系列表单。

- StudentApplication

管理学生功能，包括处理用户界面和同业务流程进行协作。对每一个当前正在注册课程的学生，都会产生该进程的一个实例。

- CourseRegistrationProcess

对每一个当前正在注册课程的学生，都会产生该进程的一个实例。

- CloseRegistrationProcess

该进程在注册周期结束时启动。该进程与控制财务系统访问的进程进行通信。

- FinanceSystemAccess

该进程同外部财务（收费）系统进行通信以启动对学生收费的任务。

- Remote
  - 远程接口用来确认所有的远程对象。任何作为远程对象的对象都必须直接或者间接地实施该接口。只有在远程接口中指定的方法才能远程使用。
  - 实施类可以实施任何数目的远程接口，还可以扩展其他远程实施类。
- Runnable
  - 如果一个类的实例确定由某个线程来执行，那么应该由该类来实现 Runnable 接口。该类必须定义一个称为 run 的不调用任何参数的方法。
  - 该接口设计用于为在那些在活动状态时执行代码的对象提供一个公用的协议。例如，Runnable 由类 Thread 实现。
  - 活动状态只不过表示一个线程已经开始，但还没有被停止。
- OfferingCache

该线程用于异步检索遗留课程目录系统的项目。

- CourseCatalogSystemAccess

该进程管理对遗留课程目录系统的访问。它可以为多个注册课程的用户所共享。该进程还允许将最近所检索的课程存储到高速缓冲区以提高性能。

CourseCatalog 进程内部的独立线程（即 CourseCache 和 OfferingCache）用于异步检索遗留系统的项目。

需求的可追踪性：

- 设计约束：系统将与现有的遗留系统（课程目录数据库）集成。
- Thread
  - Thread 是程序中的执行线程。Java 虚拟机允许一个应用程序同时运行多个线程。
  - 每一线程都有其相应的优先级。较高优先级的线程要先于较低优先级的线程被执行。每一个线程可以被标记为一个守护进程，但也可以不这样做。如果在某个线程中运行的代码创建了一个新的线程对象，则新线程的优先级最初需要设置为与它的父线程的优先级相同，而且当且仅当父线程是守护进程时它才也是一个守护进程。
- CourseCache

该线程用于异步检索遗留课程目录系统的项目。

7. 部署视图

部署视图如下图所示。

- 外部台式计算机

学生利用连接到大学服务器的外部台式计算机通过 Internet 拨号上网进行课程注册。

- 台式计算机

学生利用通过局域网直接连接到大学服务器的本地台式计算机进行课程注册。教授也利用这些本地计算机来选择课程和提交学生成绩。注册员则利用这些本地计算机

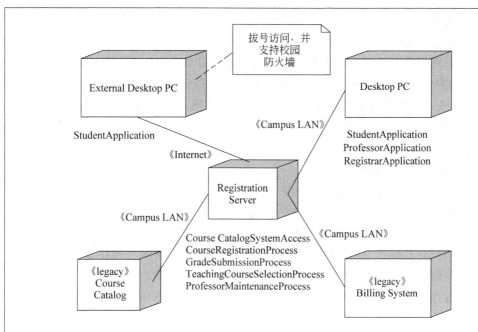

来维护学生和教授信息。

- 注册服务器

注册服务器是大学校园的 UNIX 主服务器。所有的教师和学生都可以通过校园局域网来访问该服务器。

- 课程目录

课程目录系统是一个包含有完整课程目录的遗留系统。通过大学服务器和局域网即可对它进行访问。

- 收费系统

收费系统(也称为财务系统)是一个遗留系统,它生成每个学期的学生收费单。

8. 实现视图

〔这部分内容介绍实现模型的整体结构,模型中软件被分解的层次和子系统,以及任何对架构重要的组件。〕

8.1 概览

略。

...

9. 数据视图(可选)

略。

10. 大小与性能

所选的软件架构支持关键性的关于大小确定和时机选择的需求。

- 在任意既定时刻,系统最多可支持 2000 名用户同时使用中央数据库,并在任意时刻最多可支持 500 名用户同时使用本地服务器。

- 系统将能在 10s 内提供对遗留课程目录数据库的访问。
- 系统必须能够在 2min 内完成所有事务的 80%。
- 客户机程序运行要求的磁盘空间不到 20MB,并且内存为 32MB。

所选的架构通过客户/服务器架构的实施来支持关于大小确定和时机选择的需求,客户机部分在本地校园计算机或远程拨号计算机上实现。构件设计用于确保客户机部分需要最少的磁盘空间和内存。

11. 质量

软件架构支持以下质量需求:

- 桌面用户界面应与 Windows XP 兼容。
- 课程注册系统用户界面的设计应当着眼于易于使用,使具有一定计算机知识的用户群体不需要经过更多的培训就能够使用系统。
- 课程注册系统的每项特性都应具有内置的用户联机帮助。联机帮助应包括关于系统使用的分步指导。联机帮助应包括术语和缩写词的定义。
- 课程注册系统在每周 7 天,每天 24h 内都应是可以使用的。宕机的时间应少于 4%。
- 平均故障间隔时间应超过 300h。
- 课程注册系统的客户机程序部分的升级可以通过 Internet 从 UNIX 服务器上下载。此功能可以让学生很容易地对系统进行升级。

6.3.2 用例实现规范

用例实现的目的是区分系统阐释者关注的问题(例如用例模型和系统需求方面的问题)与系统设计者关注的问题。用例实现在设计模型中提供一种结构,用于组织与用例有关但属于设计模型的工件。这些相关工件通常包括协作图和序列图,这些图使用协作对象说明用例行为。

用例实现描述如何在设计模型内部利用协作对象来实现一个特定的用例。一个用例实现代表了一个用例的设计观点。它是一个组织模型元素,用于将一定数量的工件进行分组。这些工件与用例的设计有关(如参与类和子系统的类图以及说明用例事件流的序列图),并且通过一个类集合和子系统实例来执行。

为通过用例实现分别控制用例,需要将用例实现与它的用例进行分离。这对于较大型的项目或一系列的系统尤其重要,因为相同的用例在产品系列中可以针对不同产品进行设计改动。以电话交换机系列产品的情况为例,电话交换机虽然存在很多共有的用例,但是根据产品定位、性能和价格需要对它们进行不同的设计和实施。对于较大型的项目,将用例与其实现分离可以允许对用例设计进行更改而不会影响到已设置基线的用例本身。对于用例模型内的每个用例,设计模型都存在一个用例实现。它们之间存在一种实现关系(见图 6-14)。在 UML 中,此关系用一个箭头形状与泛化关系相似的虚箭头表示,它表明实现是一种继承和依赖关系（例如，它可以显示为《realize》构造型的依赖关系）。

图 6-14 设计模型中的用例实现可以追踪到用例模型中的用例

对于每个用例实现而言，都可以用一个或多个类图来描述它的参与类。类及其对象通常参与几个用例实现。类及其对象在不同用例实现中可能存在不同的需求，因此在设计过程中协调所有的这些需求是非常重要的。

对于每个用例实现，都可以用一个或多个交互图来描述它的参与对象以及它们之间的交互。交互图分为序列图和协作图两类。它们表达的信息是相似的，但显示信息的方式是不同的。序列图显示消息的明确顺序，更适合于实时规范和复杂场景场合；而协作图显示对象之间的通信连接，更适合用于理解给定对象内的所有作用以及算法设计等。用例实现的特征如表 6-1 所示。

表 6-1 用例实现的特征

特征名	简要说明	UML 表示
事件流设计	是使用协作对象对如何实现用例的文本说明。其主要目的在于概述与用例有关的图（参见下文），并解释各图之间的关系。本特征可选，仅当提供对于用例自身不适用但对于分析或设计必需的附加信息时创建，而这种情况相当罕见	标注值，"格式文本"类型
交互图	这些图（序列图和协作图）说明如何根据协作对象实现用例	通过聚合关系 behaviors 拥有参与者
类图	说明参与用例实现的类和关系的图	通过聚合关系 types 和 relationships 拥有参与者
派生需求	一种文本说明。用于记录用例模型未考虑但在构建系统时却需要考虑的有关用例实现的所有需求，例如非功能性需求	标注值，"短文本"类型
实现关联关系	在用例模型中已经实现的、被赋予了构造型的用例依赖关系	依赖关系

用例实现是在细化阶段为关键架构用例创建的。其余用例的用例实现在构造阶段创建。为保证用例实现的完整性，应做到：

（1）用例实现满足对它的所有需求，正确实现且仅仅实现用例模型中相应用例的行为。

（2）事件流设计简明易懂，符合设计目的。

（3）描述用例实现的图简明易懂且适用于其目的。

（4）派生需求简明易懂且适用于其目的。

（5）在用例模型中对相应用例的跟踪依赖关系是正确的。

（6）用例模型中相应用例的关系，如通信关联关系、包含关系和扩展关系等，在用例实现中处理正确。

为用例实现规范提供的模板包含用例实现的文本特征。该文档用于详细说明和标注用例实现特征中的需求。用例实现图可在可视化建模工具（如 Rational Rose）中开发。用例实现规范模板如下所示。

用例实现规范：＜用例名＞

1．介绍

〔这部分提供整个软件架构设计文档的概述。它包括文档的目的、范围、定义、缩写词、缩略语、参考资料和概述。〕

1.1　目的

〔指出撰写此用例实现规范的目的。〕

1.2　范围

〔对此用例实现规范的简要说明、关联的用例模型以及与此文档相关的任何内容。〕

1.3　定义、缩写和缩略语

〔这部分内容描述所有术语的定义、缩写和缩略语，它们对于理解用例实现规范是必不可少的。如果编写了词汇表，则这部分内容也可以省略，仅需提供一个指向词汇表的参考引用即可。〕

1.4　参考资料

〔列出用例实现规范文档中引用过的所有文档。每份列出的文档都应包括标题、编号、日期、出版机构及资料来源。〕

1.5　概览

〔介绍用例实现规范文档的其他部分包含的内容，以及用例实现规范文档的组织形式。〕

2．事件流——设计

〔依据相互协作的对象，用文字来描述用例是如何实现的。其主要目的是对关联到用例的图形加以总结，并对它们是如何关联的做出解释。〕

3．派生需求

〔以文字说明的形式来描述收集的所有需求，如非功能性需求以及在设计时不需考虑，但在实现时需要考虑的需求等。〕

6.4　实　施　规　范

实施的目的包括以层次化的子系统形式定义代码的组织结构;以组件的形式(源文件、二进制文件和可执行文件)实现类和对象;将开发出的组件作为单元进行测试以及集成由单个开发者(或小组)所产生的结果,使其成为可执行的系统。

实施工件集合获取并提供分析设计集合中所述的解决方案的实现方式,如图 6-15 所示。

图 6-15　实施工件集合

实施工件集合中的集成构建计划为一个迭代中的集成提供详细的计划。其目的是定义实施构件和子系统时应该采用的顺序,集成系统时要创建哪些工作版本,以及如何对它们进行评估。

以下人员将使用集成构建计划:

- 实施人员,用于计划类的执行顺序、交付给系统集成的内容和时间。
- 集成人员,用作计划工具。
- 测试设计人员,用于为迭代定义测试。

一旦决定了将要实施哪些用例,就在当前迭代中制订集成构建计划。在迭代中根据需要进行修改。集成人员负责编写集成构建计划并将其保持为最新。测试设计人员将为每个工作版本提供测试用例说明、测试过程和用于评估工作版本的测试脚本。它们将作为对其他测试工件中的材料的参考。

集成构建计划

1. 简介
[提供整个文档的概述。它应包括此集成构建计划的目的、范围、定义、缩写、缩略语、参考资料和概览。]

1.1　目的
[阐明此集成构建计划的目的。]

1.2　范围
[简要说明此集成构建计划的范围,包括相关模型以及受到此文档影响的任何其他

事物。]

1.3 定义、缩写和缩略语

〔提供正确理解此集成构建计划所需的全部术语、缩写和缩略语的定义。这些信息可以通过引用项目词汇表来提供。〕

1.4 参考资料

〔完整列出此集成构建计划中其他部分所引用的任何文档。每个文档应标有标题、报告号(如果适用)、日期和出版单位。列出可从中获取这些参考资料的来源。这些信息可以通过引用附录或其他文档来提供。〕

1.5 概览

〔说明此集成构建计划中其他部分包含的内容,并解释文档的组织方式。〕

2. 子系统

〔说明要在此迭代中实施哪些子系统。还应说明为及时做好集成准备而实施这些子系统的首选顺序。〕

3. 工作版本

〔在迭代中,整个集成被分成多个递增阶段,而各个递增阶段都生成一个经过集成测试的工作版本。本节应指定要创建哪些工作版本,以及哪些子系统应成为各个工作版本的一部分。本节需要为各个工作版本指定构建方式、评估标准和测试方式,重点是以下内容:

- 构建。
- 工作版本脚本和描述工作版本构建方式的所有其他说明。
- 基线记录(指定构建工作版本所使用的配置项版本)。
- 评估与测试。
- 评估标准,说明将作为工作版本评价依据的功能。其中可能包含相应迭代计划中的评估标准的一部分以及工作版本所特有的其他评估标准(尤其当工作版本是一个构架工作版本时,因为即使这种工作版本会提供一些最终用户可以看到的功能,但也不会提供很多)。
- 安装和设置说明(用于执行和测试工作版本)。
- 测试用例、测试过程、测试脚本和测试结果。

请注意,在任何情况下,都不需要复制本计划中的内容,因为只要这些内容存在于其他工件(例如工件和迭代测试计划)中,对它们进行引用就足够了。〕

下面根据集成构建计划文档的规范,给出一个 C2 迭代构建计划文档作为示例。

C2 迭代构建计划

1. 目标

本文档说明集成 C2 迭代的软件构件的计划。本次迭代形成 R1.0 发布版的软件基线。

2．范围

本集成工作版本适用于组成发布版 1.0 的所有构件。

测试和开发团队使用本文档来确定构成每个工作版本的子系统和构件以及不同工作版本的版本排序。

3．参考

适用的参考资料包括：

- 课程收费接口规范。
- 课程目录数据库规范。
- 课程注册系统前景文档。
- 课程注册系统词汇表。
- 用例规范——结束注册。
- 用例规范——登录。
- 用例规范——维护教授信息。
- 用例规范——课程注册。
- 用例规范——选择要讲授的课程。
- 用例规范——维护学生信息。
- 用例规范——提交分数。
- 用例规范——查看成绩报告单。
- 课程注册系统的项目计划。
- C2 迭代计划。
- 软件构架文档。
- 测试计划。

4．子系统

用于集成发布版 1.0 的子系统、进程和构件如下表所示。

子系统	进　　程	构　　件
课程注册	StudentApplication CourseRegistrationProcess CourseCatalogSystemAccess FinanceSystemAccess CloseRegistrationProcess	c-abc c-ewb c-eew c-tyn c-tgb c-wew c-mmn c-abd c-exs c-xdd c-lpo c-ikk c-ess

子系统	进　　程	构　件
财务系统	FinanceSystem	所有构件
课程目录	CourseCatalog	所有构件

5. 工作版本

在迭代中,整个集成被分成多个递进阶段,每个递进阶段都生成一个经过集成测试的工作版本。如以下各节所述,R1.0 的集成将分成 4 个集成工作版本进行组织。

工作版本集成包括以下步骤:

(1) 将指定的构件汇集到工作版本的目录中。

(2) 创建编译和连接的命令文件。

(3) 编译并连接构件,生成可执行文件。

(4) 将数据库初始化。

(5) 将可执行文件、数据和测试驱动程序转移到目标机器中,并执行集成测试。

5.1 第一个集成工作版本

第一个集成工作版本具有以下基本功能。

- 登录用例:远程或本地登录。
- 课程注册用例:查询课程目录数据库并提交课程注册。

第一个集成工作版本包括的子系统和构件如下表所示。

子系统	构　件
课程注册	c-abc c-ewb c-eew c-tyn
课程目录	所有构件

5.2 第二个集成工作版本

第二个集成工作版本具有以下基本功能。

- 维护教授信息用例:输入和更新教授信息。
- 维护学生信息用例:输入和更新学生信息。
- 选择讲授课程用例:教授登记任教的课程。
- 结束注册用例:结束注册期并开始收费。

第二个集成工作版本包括的子系统和构件如下表所示。

子　系　统	构　　件
课程注册	c-abc c-ewb c-eew c-tyn c-tgb c-wew c-mmn c-abd c-exs
财务系统	所有构件
课程目录	所有构件

5.3　第三个集成工作版本

第三个集成工作版本添加以下功能。

- 提交学生成绩用例：教授输入学生分数。
- 查看成绩报告单用例：学生查看成绩报告单。

第三个集成工作版本包括的子系统和构件如下表所示。

子　系　统	构　　件
课程注册	c-abc c-ewb c-eew c-tyn c-tgb c-wew c-mmn c-abd c-exs c-xdd c-lpo c-ikk c-ess
财务系统	所有构件
课程目录	所有构件

5.4　第四个集成工作版本

第四个集成工作版本不再引入新的功能。它是最终的工作版本，用于固化软件或数据构件。第四个集成工作版本包括构成发布版 1.0 的所有子系统和构件。

6.5 测 试 规 范

测试工作流要验证对象间的交互作用,验证软件中所有组件的正确集成,检验所有的需求已被正确地实现,识别并确认缺陷在软件部署之前被提出并处理。统一过程提出了迭代的方法,意味着在整个项目中进行测试,从而尽可能早地发现缺陷,从根本上降低修改缺陷的成本。测试分别从可靠性、功能性和系统性能 3 个方面进行。统一过程通过测试工件集合(如图 6-16 所示)获取并提供为保证产品质量而执行的测试的有关信息。

图 6-16   测试工件集合

6.5.1   测试计划

测试计划包含项目范围内的测试目的和测试目标的有关信息。此外,测试计划确定了实施和执行测试时使用的策略,同时还确定了所需资源。

测试计划的目的是传达测试活动的意图。下列人员使用测试计划:

- 最终用户代表,用来核实是否推荐使用了适当的测试策略,反映出系统或应用程序按照预定的用途进行应用。
- 客户和涉众,用来核实测试需求是否可接受,是否已按优先级恰当地排序。此外,客户还应核实测试策略和测试覆盖。
- 系统集成员和实施员,用来核实测试需求和测试策略是否与实施及开发计划一致。

- 测试设计员,作为对测试设计活动的输入。

在项目的一开始就应创建最初的测试计划,该计划称为"主测试计划"。随着每次迭代的筹划,将创建一个或多个更精确的"迭代测试计划",其中包含与指定迭代有关的更精确的数据。所有测试计划内容都建立在测试计划模板的基础上。

测试设计员负责保持测试计划的完整性,并确保以下几点:

(1) 测试计划准确反映了迭代的内容。

(2) 测试计划包含了相应的内容和细节,要达到认证要求或获取认可,这些内容和细节都必不可少。

测试计划(内容和格式)可能需要修改,以满足内部或外部标准和指南的需要,或用以弥补疏忽。最初应使用 RUP 中包含的测试计划模板,然后根据需要添加、修改和删除相应内容。

在项目的一开始创建的"主测试计划"仅提供计划的全部测试工作的概述。而在每次迭代中创建的测试计划应包含与特定测试需求、测试策略和资源等有关的更精确的信息,这些信息都对应于每次具体迭代。

测 试 计 划

1. 简介

1.1　目的

［本文档有助于实现以下目标:

- 确定现有项目的信息和应测试的软件构件。
- 列出推荐的测试需求(高层次)。
- 推荐可采用的测试策略,并对这些策略加以说明。
- 确定所需的资源,并对测试的工作量进行估计。
- 列出测试项目的可交付元素。］

1.2　背景

［输入测试对象(组件、应用程序和系统等)及其目标的简要说明。需要包括的信息有主要的功能和特性、测试对象的构架以及项目的简史。本节应该只包含 3～5 个段落。］

1.3　范围

［描述测试的各个阶段,例如单元测试、集成测试或系统测试,并说明本计划所针对的测试类型(如功能测试或性能测试)。简要地列出测试对象中接受测试或不接受测试的那些特性和功能。

如果在编写本文档的过程中做出的某些假设可能会影响测试设计、开发或实施,则列出所有这些假设。

列出可能会影响测试设计、开发或实施的所有风险或意外事件。

列出可能会影响测试设计、开发或实施的所有约束。]

1.4 项目标识

下表列出了制订测试计划所用的文档,并标明了文档的可用性。

［注：可以视情况删除或添加项目。］

文档 （版本/日期）	已创建或可用	已被接受或 已经过复审	作者或来源	备注
需求规范	□是 □否	□是 □否		
功能性规范	□是 □否	□是 □否		
用例报告	□是 □否	□是 □否		
项目计划	□是 □否	□是 □否		
设计规范	□是 □否	□是 □否		
原型	□是 □否	□是 □否		
用户手册	□是 □否	□是 □否		
业务模型或业务流程	□是 □否	□是 □否		
数据模型或数据流	□是 □否	□是 □否		
业务功能和业务规则	□是 □否	□是 □否		
项目或业务风险评估	□是 □否	□是 □否		

2. 测试需求

下面列出已被确定为测试对象的项目（用例、功能性需求和非功能性需求）。

［在此处输入一个主要测试需求的高层次列表。］

3. 测试策略

［测试策略提供了推荐用于测试对象的方法。在"2. 测试需求"中说明将要测试哪些对象,而本节则要说明如何对测试对象进行测试。

对于每种测试,都应提供测试说明,并解释其实施和执行的原因。

如果不实施和执行某种测试,则应该用一句话加以说明,并陈述这样做的理由。例如,"将不实施和执行该测试；该测试不适用于该对象。"

制订测试策略时所考虑的主要事项有将要使用的方法以及判断测试何时完成的标准。

下面列出了在进行每项测试时需考虑的事项,除此之外,测试只应在安全的环境中使用已知的、受控的数据库来执行。]

3.1 测试类型

3.1.1 数据和数据库完整性测试

[数据库和数据库进程应作为项目中的子系统来进行测试。

在测试这些子系统时,不应将测试对象的用户界面用作数据的接口。对于数据库管理系统(DBMS),还需要进行深入的研究,以确定可以支持以下测试的工具和方法。]

测试目标	确保数据库访问方法和进程正常运行,数据不会遭到损坏。
方法	• 调用各个数据库访问方法和进程,并在其中填充有效的和无效的数据或对数据的请求。 • 检查数据库,确保数据已按预期的方式填充,并且所有数据库事件都按正常方式出现;或者检查所返回的数据,确保为正当的理由检索到了正确的数据。
完成标准	所有的数据库访问方法和进程都按照设计的方式运行,数据没有遭到损坏。
需考虑的特殊事项	• 测试可能需要 DBMS 开发环境或驱动程序以便在数据库中直接输入或修改数据。 • 进程应该以手工方式调用。 • 应使用小型或最小的数据库(其中的记录数很有限)来使所有无法接受的事件具有更大的可见性。

3.1.2 功能测试

[测试对象的功能测试应该侧重于可以被直接追踪到用例或业务功能和业务规则的所有测试需求。这些测试的目标在于核实能否正确地接受、处理和检索数据以及业务规则是否正确实施。这种类型的测试基于黑盒方法,即通过图形用户界面(GUI)与应用程序交互并分析输出结果来验证应用程序及其内部进程。以下列出的是每个应用程序推荐的测试方法概要。]

测试目标	确保测试对象的功能正常,其中包括导航、数据输入、处理和检索等。
方法	利用有效的和无效的数据来执行各个用例、用例流或功能,以核实以下内容: • 在使用有效数据时得到预期的结果; • 在使用无效数据时显示相应的错误消息或警告消息; • 各业务规则都得到了正确的应用。
完成标准	• 所计划的测试已全部执行。 • 所发现的缺陷已全部解决。
需考虑的特殊事项	确定或说明那些将对功能测试的实施和执行造成影响的事项或因素(内部的或外部的)。

3.1.3 业务周期测试

[业务周期测试应模拟在一段时间内对项目执行的活动。应先确定一段时间(例如一年),然后执行将在该时段内发生的事务和活动。这种测试包括所有的每日、每周和每月的周期,以及所有与日期相关的事件(如备忘录)。]

测试目标	确保测试对象及后台进程都按照所要求的业务模型和时间表正确运行。

方法	通过执行以下活动,测试将模拟若干个业务周期:
	• 将修改或增强对测试对象进行的功能测试,以增加每项功能的执行次数,从而在指定的时段内模拟若干个不同的用户。
	• 将使用有效的和无效的日期或时段来执行所有与时间或日期相关的功能。
	• 将在适当的时候执行或启动所有周期性出现的功能。
	• 在测试中还将使用有效的和无效的数据,以核实以下内容:
	  ◆ 在使用有效数据时得到预期的结果;
	  ◆ 在使用无效数据时显示相应的错误消息或警告消息;
	  ◆ 各业务规则都得到了正确的应用。

完成标准	• 所计划的测试已全部执行。 • 所发现的缺陷已全部解决。
需考虑的特殊事项	• 系统日期和事件可能需要特殊的支持活动。 • 需要通过业务模型来确定相应的测试需求和测试过程。

3.1.4 用户界面测试

[通过用户界面(UI)测试来核实用户与软件的交互。UI 测试的目标在于确保用户界面向用户提供了适当的访问和浏览测试对象功能的操作。除此之外,UI 测试还要确保 UI 功能内部的对象符合预期要求,并遵循公司或行业的标准。]

测试目标	核实以下内容: • 通过浏览测试对象可正确反映业务的功能和需求,这种浏览包括窗口与窗口之间、字段与字段之间的浏览,以及各种访问方法(Tab 键、鼠标移动和快捷键)的使用。 • 窗口的对象和特征(例如菜单、大小、位置、状态和中心)都符合标准。
方法	为每个窗口创建或修改测试,以核实各个应用程序窗口和对象都可正确地进行浏览,并处于正常的对象状态。
完成标准	证实各个窗口都与基准版本保持一致,或符合可接受标准。
需考虑的特殊事项	并不是所有定制或第三方对象的特征都可访问。

3.1.5 性能评价

[性能评价是一种性能测试,它对响应时间、事务处理速率和其他与时间相关的需求进行评测和评估。性能评价的目标是核实性能需求是否都已满足。实施和执行性能评价的目的是将测试对象的性能行为当作条件(例如工作量或硬件配置)的一种函数来进行评价和微调。

注:以下事务均指"逻辑业务事务"。这种事务定义为将由系统的某个主角通过使用测试对象来执行的特定用例,例如,添加或修改某个合同。]

测试目标	核实所指定的事务或业务功能在以下情况下的性能行为： • 正常的预期工作量。 • 预期的最繁重工作量。
方法	• 使用为功能或业务周期测试制订的测试过程。 • 通过修改数据文件来增加事务数量，或通过修改脚本来增加每项事务的迭代次数。 • 脚本应该在一台计算机上运行（最好是以单个用户、单个事务为基准），并在多台客户机（虚拟的或实际的客户机，参见下面的"需考虑的特殊事项"）上重复。
完成标准	• 单个事务或单个用户：在每个事务所预期或要求的时间范围内成功地完成测试脚本，没有发生任何故障。 • 多个事务或多个用户：在可接受的时间范围内成功地完成测试脚本，没有发生任何故障。
需考虑的特殊事项	综合的性能测试还包括在服务器上添加后台工作量。 可采用多种方法来执行此操作，其中包括： • 直接将事务强行分配到服务器上，这通常以结构化查询语言（SQL）调用的形式来实现。 • 通过创建虚拟的用户负载来模拟许多个（通常为数百个）客户机。此负载可通过远程终端仿真（Remote Terminal Emulation）工具来实现。此技术还可用于在网络中加载"流量"。 • 使用多台实际客户机（每台客户机都运行测试脚本）在系统上添加负载。 性能测试应该在专用的计算机上或在专用的机时内执行，以便实现完全的控制和精确的评测。 性能测试所用的数据库应该是与实际大小相同或等比例缩放的数据库。

3.1.6　负载测试

[负载测试是一种性能测试。在这种测试中，将使测试对象承担不同的工作量，以评测和评估测试对象在不同工作量条件下的性能行为以及持续正常运行的能力。负载测试的目标是确定并确保系统在超出最大预期工作量的情况下仍能正常运行。此外，负载测试还要评估性能特征，例如响应时间、事务处理速率和其他与时间相关的方面。]

[注：以下事务均指"逻辑业务事务"。这些事务定义为将由系统的最终用户通过使用应用程序来执行的具体功能，例如，添加或修改某个合同。]

测试目标	核实所指定的事务或商业理由在不同的工作量条件下的性能行为时间。
方法	• 使用为功能或业务周期测试制订的测试。 • 通过修改数据文件来增加事务数量，或通过修改测试来增加每项事务发生的次数。
完成标准	多个事务或多个用户：在可接受的时间范围内成功地完成测试，没有发生任何故障。
需考虑的特殊事项	• 负载测试应该在专用的计算机上或在专用的机时内执行，以便实现完全的控制和精确的评测。 • 负载测试所用的数据库应该是与实际大小相同或等比例缩放的数据库。

3.1.7 强度测试

[强度测试是一种性能测试,实施和执行此类测试的目的是找出因资源不足或资源争用而导致的错误。如果内存或磁盘空间不足,测试对象就可能会表现出一些在正常条件下并不明显的缺陷。而其他缺陷则可能是由于争用共享资源(如数据库锁或网络带宽)而造成的。强度测试还可用于确定测试对象能够处理的最大工作量。]

[注:以下提到的事务都是指逻辑业务事务。]

测试目标	核实测试对象能够在以下强度条件下正常运行,不会出现任何错误: • 服务器上几乎没有或根本没有可用的内存(RAM 和 DASD)。 • 连接或模拟了最大实际(或实际可承受)数量的客户机。 • 多个用户对相同的数据/账户执行相同的事务。 • 最繁重的事务量或最差的事务组合(请参见上面的"3.1.5 性能评价")。 注:强度测试的目标还可表述为确定和记录那些使系统无法继续正常运行的情况或条件。 客户机的强度测试在"3.1.11 配置测试"中进行了说明。
方法	• 使用为性能评价或负载测试制订的测试。 • 要对有限的资源进行测试,就应该在一台计算机上运行测试,而且应该减少或限制服务器上的 RAM 和 DASD。 • 对于其他强度测试,应该使用多台客户机来运行相同的测试或互补的测试,以产生最繁重的事务量或最差的事务组合。
完成标准	所计划的测试已全部执行,并且在达到或超出指定的系统限制时没有出现任何软件故障,或者导致系统出现故障的条件并不在指定的条件范围之内。
需考虑的特殊事项	• 如果要增加网络工作强度,可能会需要使用网络工具来给网络加载消息或信息包。 • 应该暂时减少用于系统的 DASD,以限制数据库可用空间的增长。 • 使多个客户机对相同的记录或数据账户同时进行的访问达到同步。

3.1.8 容量测试

[容量测试使测试对象处理大量的数据,以确定是否达到了将使软件发生故障的极限。容量测试还将确定测试对象在给定时间内能够持续处理的最大负载或工作量。例如,如果测试对象正在为生成一份报表而处理一组数据库记录,那么容量测试就会使用一个大型的测试数据库,检验该软件是否正常运行并生成了正确的报表。]

测试目标	核实测试对象在以下大容量条件下能否正常运行: • 连接(或模拟)了最大(实际或实际可承受)数量的客户机,所有客户机在长时间内执行相同的且情况(性能)最差的业务功能。 • 已达到最大的数据库大小(实际的或按比例缩放的),而且同时执行了多个查询或报表事务。
方法	• 使用为性能评价或负载测试制订的测试。 • 应该使用多台客户机来运行相同的测试或互补的测试,以便在长时间内产生最繁重的事务量或最差的事务组合(参见"3.1.7 强度测试")。 • 创建最大的数据库大小(实际的、按比例缩放的或输入了代表性数据的数据库),并使用多台客户机在长时间内同时运行查询和报表事务。

续表

完成标准	所计划的测试已全部执行,而且在达到或超出指定的系统限制时没有出现任何软件故障。
需考虑的特殊事项	对于上述大容量条件,哪个时段是可以接受的时间?

3.1.9　安全性和访问控制测试

[安全性和访问控制测试侧重于安全性的两个关键方面:

(1) 应用程序级别的安全性,包括对数据或业务功能的访问。

(2) 系统级别的安全性,包括对系统的登录或远程访问。

应用程序级别的安全性可确保在预期的安全性情况下,主角只能访问特定的功能或用例,或者只能访问有限的数据。例如,可能会允许所有人输入数据,创建新账户,但只有经理才能删除这些数据或账户。如果具有数据级别的安全性,测试就可确保"用户类型一"能够看到所有客户信息(包括财务数据),而"用户类型二"只能看见同一客户的统计数据。

系统级别的安全性可确保只有具备系统访问权限的用户才能访问应用程序,而且只能通过相应的网关来访问。]

测试目标	• 应用程序级别的安全性:核实主角只能访问其所属用户类型已被授权使用的那些功能或数据。 • 系统级别的安全性:核实只有具备系统和应用程序访问权限的主角才能访问系统和应用程序。
方法	• 应用程序级别的安全性:确定并列出各用户类型及其被授权使用的功能或数据。 　◆ 为各用户类型创建测试,并通过创建各用户类型所特有的事务来核实其权限。 　◆ 修改用户类型并为相同的用户重新运行测试。对于每种用户类型,确保正确地提供或拒绝了这些附加的功能或数据。 • 系统级别的访问:请参见下面的"需考虑的特殊事项"。
完成标准	各种已知的主角类型都可访问相应的功能或数据,而且所有事务都按照预期的方式运行,并在先前的应用程序功能测试中运行了所有的事务。
需考虑的特殊事项	必须与相应的网络或系统管理员一起对系统访问权进行检查和讨论。由于此测试可能是网络管理或系统管理的职能,可能不需要执行此测试。

3.1.10　故障转移和恢复测试

[故障转移和恢复测试可确保测试对象能成功完成故障转移,并从硬件、软件或网络等方面的各种故障中进行恢复。这些故障导致数据意外丢失或破坏数据的完整性。

故障转移测试可确保:对于必须始终保持运行状态的系统来说,如果发生了故障,那么备选或备份的系统就适当地将发生故障的系统"接管"过来,而且不会丢失任何数据或事务。

恢复测试是一种相反的测试流程。其中,将应用程序或系统置于极端的条件下(或者是模仿的极端条件下),以产生故障,例如设备输入输出(I/O)故障或无效的数据库指针和关键字。启用恢复流程后,将监测和检查应用程序和系统,以核实应用程序和系统是正确无误的,或数据已得到了恢复。]

测试目标	确保恢复进程(手工或自动)将数据库、应用程序和系统正确地恢复到了预期的已知状态。测试中将包括以下各种情况: • 客户机断电。 • 服务器断电。 • 通过网络服务器产生的通信中断。 • DASD 和/或 DASD 控制器被中断、断电或与 DASD 和/或 DASD 控制器的通信中断。 • 周期未完成(数据过滤进程被中断或数据同步进程被中断)。 • 数据库指针或关键字无效。 • 数据库中的数据元素无效或遭到破坏。
方法	应该使用为功能和业务周期测试创建的测试来创建一系列的事务。一旦达到预期的测试起点,就应该分别执行或模拟以下操作: • 客户机断电:关闭 PC 的电源。 • 服务器断电:模拟或启动服务器的断电过程。 • 通过网络服务器产生的中断:模拟或启动网络的通信中断(实际断开通信线路的连接或关闭网络服务器或路由器的电源)。 • DASD 和 DASD 控制器被中断、断电或与 DASD 和 DASD 控制器的通信中断:模拟与一个或多个 DASD 控制器或设备的通信,或实际取消这种通信。 一旦实现了上述情况(或模拟情况),就应该执行其他事务。而且一旦达到第二个测试点状态,就应调用恢复过程。 在测试不完整的周期时,所使用的方法与上述方法相同,只不过应异常终止或提前终止数据库进程本身。 对以下情况的测试需要达到一个已知的数据库状态。当破坏若干个数据库字段、指针和关键字时,应该以手工方式在数据库中(通过数据库工具)直接进行。其他事务应该通过使用应用程序功能测试和业务周期测试中的测试来执行,并且应执行完整的周期。
完成标准	在所有上述情况中,应用程序、数据库和系统应该在恢复过程完成时立即返回到一个已知的预期状态。此状态包括仅限于已知损坏的字段、指针或关键字范围内的数据损坏,以及表明进程或事务因中断而未被完成的报表。
需考虑的特殊事项	• 恢复测试会给其他操作带来许多麻烦。断开缆线连接的方法(模拟断电或通信中断)可能并不可取或不可行。所以,可能需要采用其他方法,例如诊断性软件工具。 • 需要系统(或计算机操作)、数据库和网络组中的资源。 • 这些测试应该在工作时间之外或在一台独立的计算机上运行。

3.1.11 配置测试

[配置测试核实测试对象在不同的软件和硬件配置中的运行情况。在大多数生产环境中,客户机工作站、网络连接和数据库服务器的具体硬件规格会有所不同。客户机

工作站可能会安装不同的软件,例如应用程序和驱动程序等。而且在任何时候都可能运行许多不同的软件组合,从而占用不同的资源。]

测试目标	核实测试对象可在要求的硬件和软件配置中正常运行。
方法	• 使用功能测试脚本。 • 在测试过程中或在测试开始之前,打开各种与非测试对象相关的软件(例如 Microsoft 应用程序 Excel 和 Word),然后将其关闭。 • 执行所选的事务,以模拟主角与测试对象软件和非测试对象软件之间的交互。 • 重复上述步骤,尽量减少客户机工作站上的常规可用内存。
完成标准	对于测试对象软件和非测试对象软件的各种组合,所有事务都成功完成,没有出现任何故障。
需考虑的特殊事项	• 需要、可以使用并可以通过桌面访问哪种非测试对象软件? • 通常使用的是哪些应用程序? • 应用程序正在运行什么数据?例如,在 Excel 中打开的大型电子表格,或是在 Word 中打开的 100 页文档。 • 作为此测试的一部分,应将整个系统、NetWare、网络服务器和数据库等都记录下来。

3.1.12 安装测试

[安装测试有两个目的。第一个目的是确保该软件能够在所有可能的配置下进行安装,例如,进行首次安装、升级、完整的或自定义的安装,以及在正常和异常情况下安装。异常情况包括磁盘空间不足、缺少目录创建权限等。第二个目的是核实软件在安装后可立即正常运行。这通常是指运行大量为功能测试制订的测试。]

测试目标	核实在以下情况下,测试对象可正确地安装到各种所需的硬件配置中: • 首次安装。以前从未安装过该项目的新计算机。 • 更新。以前安装过相同版本的该项目的计算机。 • 更新。以前安装过较早版本的该项目的计算机。
方法	• 手工开发脚本或开发自动脚本,以验证目标计算机的状况——从未安装过该项目、已安装该项目相同或较早版本。 • 启动或执行安装。 • 使用预先确定的功能测试脚本子集来运行事务。
完成标准	该项目事务成功执行,没有出现任何故障。
需考虑的特殊事项	应该选择该项目的哪些事务才能准确地测试出该项目应用程序已经成功安装,而且没有遗漏主要的软件构件?

3.2 工具

该项目将使用下表所列的工具。

[注:可以视情况删除或添加项目。]

应用环节	工　具	厂商/自行研制	版　本
测试管理			
缺陷跟踪			
用于功能性测试的 ASQ 工具			
用于性能测试的 ASQ 工具			
测试覆盖监测器或评价器			
项目管理			
DBMS 工具			

4. 资源

［本节列出推荐给该项目使用的资源及其主要职责、知识或技能。］

4.1 角色

下表列出了在该项目的人员配备方面所作的各种假定。

［注：可视情况删除或添加项目。］

人力资源		
角　色	推荐的最少资源 （所分配的专职角色数量）	具体职责或注释
测试经理 测试项目经理		进行管理监督。 职责： • 提供技术指导 • 获取适当的资源 • 提供管理报告
测试设计员		确定测试用例,确定测试用例的优先级并实施测试用例。 职责： • 生成测试计划 • 生成测试模型 • 评估测试工作的有效性
测试员		执行测试。 职责： • 执行测试 • 记录结果 • 从错误中恢复 • 记录变更请求
测试系统管理员		确保测试环境和资产得到管理和维护。 职责： • 管理测试系统 • 授予和管理角色对测试系统的访问权

续表

角 色	推荐的最少资源 （所分配的专职角色数量）	具体职责或注释
数据库管理员		确保测试数据（数据库）环境和资产得到管理和维护。 职责： • 管理测试数据（数据库）
设计员		确定并定义测试类的操作、属性和关联。 职责： • 确定并定义测试类 • 确定并定义测试包
实施员		实施测试类和测试包，并对它们进行单元测试。 职责： • 创建在测试模型中实施的测试类和测试包

4.2 系统

下表列出了测试项目所需的系统资源。

［此时并不完全了解测试系统的具体元素。建议让系统模拟生产环境，并在适当的情况下减小访问量和数据库大小。］

［注：可以视情况删除或添加项目。］

系统资源	
资 源	名称/类型
数据库服务器	
网络或子网	
服务器名	
数据库名	
客户端测试 PC	
包括特殊的配置需求	
测试存储库	
网络或子网	
服务器名	
测试开发 PC	

5. 项目里程碑

［对该项目的测试应包括上面各节所述的各项测试的测试活动。应该为这些测试确定单独的项目里程碑，以通知项目的状态和成果。］

里程碑任务	工作量	开始日期	结束日期
制订测试计划			
设计测试			
实施测试			
执行测试			
评估测试			

6. 可交付工件

［本节列出了将要创建的各种文档、工具和报告，及其创建人员、交付对象和交付时间。］

6.1 测试模型

［本节确定将要通过测试模型创建并分发的报告。测试模型中的这些工件应该用 ASQ 工具来创建或引用。］

6.2 测试日志

［说明用来记录和报告测试结果和测试状态的方法和工具。］

6.3 缺陷报告

［本节确定用来记录、跟踪和报告测试中发生的意外情况及其状态的方法和工具。］

7. 附录 A：项目任务

以下是一些与测试有关的任务。

- 制订测试计划：
  - 确定测试需求；
  - 评估风险；
  - 制订测试策略；
  - 确定测试资源；
  - 创建时间表；
  - 生成测试计划。
- 设计测试：
  - 准备工作量分析文档；
  - 确定并说明测试用例；
  - 确定并结构化测试过程；
  - 复审和评估测试覆盖。
- 实施测试：
  - 记录或通过编程创建测试脚本；
  - 确定设计与实施模型中的测试专用功能；
  - 建立外部数据集。

- 执行测试：
  - 执行测试过程；
  - 评估测试的执行情况；
  - 恢复暂停的测试；
  - 核实结果；
  - 调查意外结果；
  - 记录缺陷。
- 评估测试：
  - 评估测试用例覆盖；
  - 评估代码覆盖；
  - 分析缺陷；
  - 确定是否达到了测试完成标准与成功标准。

6.5.2　测试评估摘要

　　测试评估摘要用于整理并展示复审与评估的测试结果及测试的主要评测方法。此外，测试评估摘要包括测试员和测试设计员对这方面信息的评估，还要包括他们对将来工作的建议。在测试评估活动中创建测试评估摘要。一次迭代中此活动可进行若干次。测试设计员负责确保生成测试评估摘要，且其中包含适当且准确的信息。测试评估摘要的内容反映了测试结果和测试的主要评测方法。因此，具体内容和格式应不断变化以反映获取的数据以及获取的时间。测试评估摘要中的信息可从其他来源复制而来，以便为进行信息评估的人员提供更为综合的信息源。

测试评估摘要

1. 简介

　　[测试评估摘要的简介应提供整个文档的概述。它应包括此测试评估摘要的目的、范围、定义、首字母缩写词、缩略语、参考资料和概述。]

1.1　目的

　　[阐明此测试评估摘要的目的。]

1.2　范围

　　[简要说明此测试评估摘要的范围，包括它的相关项目以及受到此文档影响的任何其他事物。]

1.3　定义、缩写和缩略语

　　[提供正确理解此测试评估摘要所需的全部术语、缩写和缩略语的定义。这些信息可以通过引用项目词汇表来提供。]

1.4 参考资料

[完整列出此测试评估摘要文档中其他部分所引用的任何文档。每个文档应标有标题、报告号(如果适用)、日期和出版单位。列出可从中获取这些参考资料的来源。这些信息可以通过引用附录或其他文档来提供。]

1.5 概览

[说明此测试评估摘要中其他部分所包含的内容,并解释此文档的组织方式。]

2. 测试结果摘要

[简要地总结测试的结果。]

3. 基于需求的测试覆盖

[对于已选择使用的各种评测,指出其结果。与以前的结果进行比较,并讨论变化趋势。]

4. 基于代码的测试覆盖

[对于已选择使用的各种评测,指出其结果。与以前的结果进行比较,并讨论变化趋势。]

5. 建议措施

[根据对测试结果和主要测试评测结果所进行的评估,建议任何可取的措施。]

6. 图

[提供测试结果或主要测试评测结果的所有图形表示。]

下面根据软件测试评估摘要的规范,给出一个测试评估摘要的示例。

C2 测试评估摘要

1. 简介

略。

1.1 目的

本测试评估报告根据测试覆盖(包括基于需求和基于代码的覆盖)和缺陷分析(例如缺陷密度),说明对课程注册发布版 1.0 系统测试的结果。这些测试在 C2 迭代中进行。

1.2 范围

本测试评估报告适用于在 C2 迭代中实施的课程注册 R1.0 发布版。在测试计划中说明所进行的测试。本评估报告用于以下方面:

(1) 评估 R1.0 系统的性能行为的可接受性和正确性。

(2) 评估测试的可接受性及确定改进措施以提高测试覆盖和(或)测试质量。

1.3　定义、缩写和缩略语

略。

1.4　参考资料

适用的参考资料包括：

（1）课程注册系统词汇表；

（2）课程注册系统的项目计划；

（3）C2 迭代计划；

（4）C2 集成构建计划；

（5）测试计划。

1.5　概览

按照测试计划中定义的测试策略执行测试模型中定义的测试用例。已对测试缺陷进行了记录，并将所有一般严重、很严重或非常严重的缺陷分配给有关负责人进行修复。

就覆盖测试计划中定义的用例和测试需求而言，测试覆盖完成了 95%。由于负载模拟器软件的问题，与系统满载运行有关的 10 个测试用例没有完成。

使用 Visual Pure Coverage 来评测代码覆盖。

缺陷分析表明大多数被发现的缺陷往往是那些被确定为具有很严重或非常严重程度的问题。另一个重要发现是构成课程目录系统接口的软件构件有非常多的缺陷。

2. 测试结果摘要

1）缺陷密度

利用从 ClearQuest 报告中提取的数据生成关于缺陷密度的数据。本文档包括的图表应说明：

- 按严重程度分类的缺陷（非常严重、很严重、一般严重和不严重）。
- 缺陷来源（存在问题或错误的构件）。
- 缺陷状态（已记录、已分配、已修复、已测试和已结束）。

缺陷严重程度图显示 36 个记录的缺陷中有 26 个缺陷被归入很严重或非常严重的级别。这个数字被认为非常高。此外，为了发布版的发布，必须修复所有程度很严重和非常严重的缺陷。

缺陷来源图显示那些与构成课程目录系统接口的构件（c-abx，c-xxx）有关的缺陷占有很大的比例。另外，还有许多缺陷存在于控制客户机软件安装的软件构件中。

缺陷状态图显示缺陷被迅速分配给有关人员进行处理。大多数缺陷已经得到验证和解决。

另外，对非常严重和很严重的缺陷分析显示：这些缺陷中许多是由于在高负载的情况下访问课程目录系统时的较长的响应时间造成的（在核实性能需求的测试用例中，仅有 50% 的测试用例通过）。

2）缺陷趋势

在图中显示了缺陷趋势（也就是缺陷数目随时间变化）。该趋势显示缺陷出现的数目一直都很高。如果这种趋势继续下去，就可能需要增加迭代来查找代码中残存的缺陷。

3）缺陷龄期

缺陷龄期图说明解决一些缺陷的时间要超过 30 天。

3. 基于需求的测试覆盖

在测试模型中定义的所有测试用例都要尝试进行测试。由于负载模拟器软件存在错误，因此有 10 个测试没有完成。在执行的测试用例中，有 15 个测试失败。

测试覆盖的结果表示如下：

- 所执行的测试用例的比例：$110/120=92\%$
- 成功执行的测试用例的比例：$95/110=87\%$

出现最高失败率的测试有以下方面：

- 涉及课程目录系统访问的性能测试；
- 涉及课程目录系统访问的负载测试；
- 客户机软件的安装。

通过使用 RequisitePro 和测试用例矩阵可以获得关于测试覆盖的更多的详细资料。

4. 基于代码的测试覆盖

使用 Visual Pure Coverage 来评测测试的代码覆盖。

所执行的 LOC 比例为 $94\,399/102\,000=93\%$，即在测试中大约执行了 93% 的代码。此覆盖程度超过了 90% 的目标。

5. 建议措施

推荐采取如下措施：

- 继续把系统工程资源投入到解决与课程目录系统响应时间有关的问题中。如果 R1.0 发布版由于未满足性能需求而不能发布，那么这是一个非常严重的问题。
- 复审总时间表以检查是否能在构建阶段中加入第四次迭代。随时间变化的缺陷趋势显示了代码中残存许多缺陷，所以建议增加一个测试循环。
- 在重新提交工作版本之前，应对高缺陷率的构件进行检查。这包括 c-abx 和 c-xxx。
- 如果非常严重和很严重的缺陷的发生率很高，则表明设计可能不完善，而且没有很好地进行复审。计划增加对 R2.0 发布版的设计复审。
- 利用负载模拟器软件来修复缺陷并重新执行相关的测试用例。
- 调查缺陷龄期。

6. 图

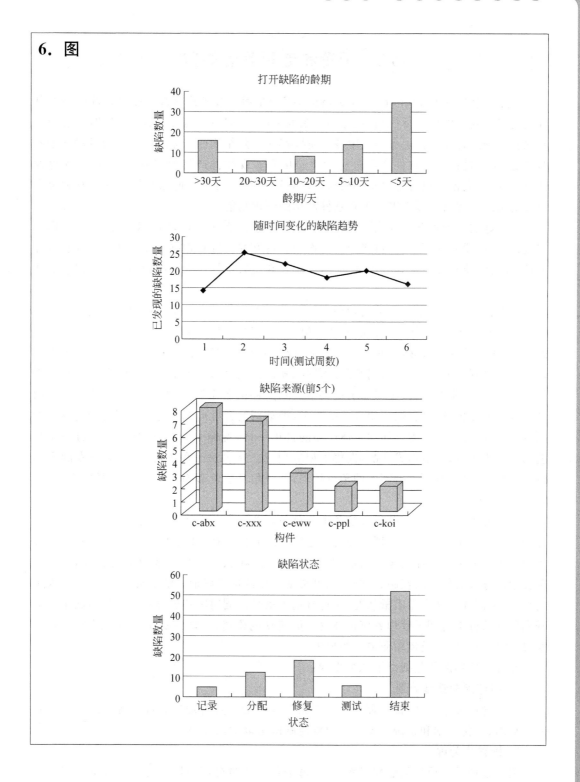

6.6 配置和变更管理规范

配置管理(Configuration Management,CM)是通过技术或行政手段对软件产品及其开发过程和生命周期进行控制、规范的一系列措施。其目标是记录软件产品的演化过程，确保软件开发者在软件生命周期中各个阶段都能得到精确的产品配置。它通过对处于不断演化、完善过程中的软件产品进行管理。从而实现软件产品的完整性、一致性和可控性，使产品极大程度地与用户需求相吻合。它通过控制、记录、追踪对软件的修改和每个修改生成的软件组成部件来实现对软件产品的管理功能。

一个好的配置管理过程能覆盖软件开发和维护的各个方面，同时对软件开发过程的宏观管理，即项目管理，也有重要的支持作用。良好的配置管理能使软件开发过程有更好的可预测性，使软件系统具有可重复性，使用户和主管部门用软件质量和开发小组有更强的信心。

软件配置管理的最终目标是管理软件产品。由于软件产品是在用户不断变化的需求驱动下不断变化，为了保证对产品有效地进行控制和追踪，配置管理过程不能仅仅对静态的、成形的产品进行管理，而必须对动态的、成长的产品进行管理。由此可见，配置管理同软件开发过程紧密相关。配置管理必须紧扣软件开发过程的各个环节：管理用户所提出的需求，监控其实施，确保用户需求最终落实到产品的各个版本中去，并在产品发行和用户支持等方面提供帮助，响应用户新的需求，推动新的开发周期。通过配置管理过程的控制，用户对软件产品的需求如同普通产品的订单一样，遵循一个严格的流程，经过一条受控的生产流水线，最后形成产品，发售给相应用户。从另一个角度看，在产品开发的不同阶段通常有不同的任务，由不同的角色担当，各个角色职责明确、泾渭分明，但同时又前后衔接、相互协调。

好的配置管理过程有助于规范各个角色的行为，同时又为角色之间的任务传递提供无缝的结合。正因为配置管理过程直接连接产品开发过程、开发人员和最终产品，这些都是项目主管人员所关注的重点，因此配置管理系统在软件项目管理中也起着重要作用。配置管理过程演化出的控制、报告功能可帮助项目经理更好地了解项目的进度、开发人员的负荷、工作效率和产品质量状况、交付日期等信息。同时配置管理过程所规范的工作流程和明确的分工有利于管理者应付开发人员流动的困境，使新的成员可以快速实现任务交接，尽量减少因人员流动而造成的损失。

配置管理的流程包括以下几个步骤：

1. 制订配置管理计划

配置管理员制订《配置管理计划》，主要内容包括配置管理软硬件资源、配置项计划、基线计划、交付计划和备份计划等。配置控制机构审批该计划。

2. 配置库管理

配置管理员为项目创建配置库，并给每个项目成员分配权限。各项目成员根据自己的权限操作配置库。配置管理员定期维护配置库，例如清除垃圾文件、备份配置库等。

3. 版本控制

在项目开发过程中,绝大部分的配置项都要经过多次修改才能最终确定下来。对配置项的任何修改都将产生新的版本。由于不能保证新版本一定比老版本"好",所以不能抛弃老版本。版本控制的目的是按照一定的规则保存配置项的所有版本,避免发生版本丢失或混淆等现象,并且可以快速准确地查找到配置项的任何版本。配置项的状态有3种:"草稿"、"正式发布"和"正在修改",本规程制订了配置项状态变迁与版本号的规则。

4. 变更控制

在项目开发过程中,配置项发生变更几乎是不可避免的。变更控制的目的就是为了防止配置项被随意修改而导致混乱。修改处于"草稿"状态的配置项不算是"变更",修改者按照版本控制规则执行即可。当配置项的状态成为"正式发布",或者被"冻结"后,此时任何人都不能随意修改,必须依据"申请—审批—执行变更—再评审—结束"的规则执行。

5. 配置审计

为了保证所有人员(包括项目成员、配置管理员和配置控制机构)都遵守配置管理规范,质量保证人员要定期审计配置管理工作。配置审计是一种"过程质量检查"活动,是质量保证人员的工作职责之一。

配置与变更管理的工件集合(见图6-17)获取并提供与配置与变更管理工作流程相关的信息。

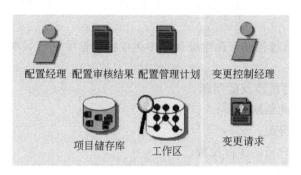

图 6-17 配置和变更管理工件集合

配置管理计划用于描述要在产品(项目)生命周期过程中执行的所有配置和变更控制管理活动。它详细说明活动时间表、指定的职责和需要的资源(包括人员、工具和计算机设备)。一份完整的配置管理计划应包含的内容在下面给出。

配置管理计划

1. 简介

[配置管理计划的简介应提供整个文档的概述。它应包括此配置管理计划的目的、范围、定义、首字母缩写词、缩略语、参考资料和概述。]

1.1 目的

[阐明此配置管理计划的目的。]

1.2　范围

[简要说明此配置管理计划的范围;它的相关模型,以及受到此文档影响的任何其他事物。]

1.3　定义、首字母缩写词和缩略语

[提供正确理解此配置管理计划所需的全部术语、首字母缩写词和缩略语的定义。这些信息可以通过引用项目词汇表来提供。]

1.4　参考资料

[完整列出此配置管理计划中其他部分所引用的任何文档。每个文档应标有标题、报告号(如果适用)、日期和出版单位。列出可从中获取这些参考资料的来源。这些信息可以通过引用附录或其他文档来提供。]

1.5　概述

[说明此配置管理计划中其他部分所包含的内容,并解释文档的组织方式。]

2. 软件配置管理

2.1　组织、职责和接口

[说明谁将负责执行配置管理(CM)工作流程中所述的各种活动。]

2.2　工具、环境和基础设施

[说明在整个项目过程或产品生命周期中为实现 CM 功能而使用的计算环境和软件工具。

说明对整个项目过程或产品生命周期中生成的配置项进行版本控制时所需的工具和过程。

建立 CM 环境时所涉及的问题:

- 产品数据量的预期大小;
- 产品团队的分配;
- 服务器和客户机的实际位置。]

3. 配置管理活动

3.1　配置标识

3.1.1　标识方法

[说明项目工件或产品工件的命名、标记和编号方法。标识方案中需包括硬件、系统软件、市售(COTS)产品以及产品目录结构中所列的所有应用程序开发工件,例如计划、模型、构件、测试软件、结果、数据和可执行文件等。]

3.1.2　项目基线

[基线提供一项正式标准,随后的工作都基于此标准,并且只有经过授权后才能对此标准进行变更。

说明要在项目或产品生命周期中的哪些时间点处建立基线。最常用的基线在先启阶段、精化阶段、构建阶段和产品化阶段结束时建立。也可以在不同阶段中的各次迭代结束时生成基线,甚至可以更为频繁。

说明由谁来对基线授权,以及基线中包含的内容。]

3.2　配置和变更控制

3.2.1　变更请求的处理和审批

〔说明提交、复审和处理问题及变更时所遵循的流程。〕

3.2.2　变更控制委员会(CCB)

〔说明 CCB 在处理和审批变更请求时所遵循的成员资格标准和过程。〕

3.3　配置状态统计

3.3.1　项目介质存储和发布进程

〔说明保留策略、备份计划、事故处理计划和恢复计划。还应说明介质的保留方式：联机、脱机、介质类型和格式。

发布过程应说明此发布版的内容、所针对的对象，以及是否有已知的问题和安装说明。〕

3.3.2　报告和审计

〔说明所需报告和配置审计的内容、格式和目的。

报告用于在项目和产品生命周期中的任意给定时间对产品质量进行评估。如果根据变更请求来报告缺陷，就可以提供一些有用的质量指标。因此，应提醒管理人员和开发人员多注意特别关键的开发领域。缺陷通常按其严重程度(高、中和低)分类。可以依据以下各项来报告缺陷：

- 龄期(基于时间的报告)：各种缺陷已经打开了多久？在生命周期中，从发现缺陷到修复缺陷有多长的"滞后时间"？
- 分布(基于计数的报告)：在按照拥有者、优先级或修复状态划分的不同类别中各有多少个缺陷？
- 趋势(与时间和计数有关的报告)：在一段时间内发现并修复的缺陷累计有多少个？缺陷发现率和修复率是多少？就打开的缺陷和关闭的缺陷而言，它们之间的"质量差距"有多大？解决缺陷所用的平均时间为多长？〕

3.4　里程碑

〔确定与项目或产品 CM 工作相关的内部里程碑和客户里程碑。本节应该包括有关何时更新 CM 计划本身的详细信息。〕

3.5　培训和资源

〔说明实施指定的 CM 活动时所需的软件工具、人员和培训。〕

4.　分包商和厂商软件控制

〔说明将如何并入在项目环境外部开发的软件。〕

6.7　项目管理规范

软件项目管理平衡各种可能产生冲突的目标，管理风险，克服各种约束并成功交付使用户满意的产品。它通过提供一些项目管理的环境和方法，以提高成功交付软件的可能

性。其主要目的是:

(1) 为对软件密集型项目进行管理提供框架。

(2) 为项目的计划、人员配备、执行和监测提供实用的准则。

(3) 为管理风险提供框架。

在统一过程中,项目管理的工作流程主要侧重于迭代式开发流程的若干重要方面,包括:

(1) 风险管理。

(2) 计划迭代式项目,贯穿生命周期并针对特定的迭代。

(3) 监测迭代式项目的进度和指标。

项目管理过程涉及的工件数量较多,其工件集合(见图 6-18)包含与项目/流程的计划及执行相关的工件,包括软件开发计划、迭代计划、验收计划和问题列表等,可以根据项目的规模使用其中的若干个或全部工件。

图 6-18　项目管理工件集合

在众多工件中,软件开发计划是其中最重要的一个。它是一个综合的组装工件,用来收集管理项目时所需的所有信息。它包括初始阶段中开发的许多工件,并且在整个项目过程中保留下来,其主要内容是按时间顺序排列的项目活动及任务集,其中包括所分配的资源和任务的依赖关系。

软件开发计划

1. 简介

[软件开发计划的简介应提供整个文档的概述。它应包括此软件开发计划的目的、范围、定义、缩写、缩略语、参考资料和概述。]

1.1 目的

[阐明此软件开发计划的目的。]

1.2 范围

［简要说明此软件开发计划的范围，包括它的相关项目以及受到此文档影响的任何其他事物。］

1.3 定义、缩写和缩略语

［提供正确解释此软件开发计划所需的全部术语的定义、缩写和缩略语。这些信息可以通过引用项目词汇表来提供。］

1.4 参考资料

［完整列出此软件开发计划中其他部分所引用的任何文档。每个文档应标有标题、报告号（如果适用）、日期和出版单位。列出可从中获取这些参考资料的来源。这些信息可以通过对附录或其他文档的引用来提供。

对于软件开发计划，引用工件的列表中应包括：

- 迭代计划
- 需求管理计划
- 评测计划
- 风险管理计划
- 开发案例
- 业务建模指南
- 用户界面指南
- 用例建模指南
- 设计指南
- 编程指南
- 测试指南
- 手册风格指南
- 基础设施计划
- 产品验收计划
- 配置管理计划
- 评估计划（仅当该计划是单独的计划时）
- 文档计划
- 质量保证计划
- 问题解决计划
- 分包商管理计划
- 流程改进计划］

1.5 概述

［说明此软件开发计划其他部分所包含的内容，并解释文档的组织方式。］

2. 项目概述

2.1 项目的目的、规模和目标

［简要说明此项目的目的与目标以及此项目将要交付的可交付工件。］

2.2 假设与约束

[列出此计划所依据的假设和项目所受到的所有约束(如预算、人员、设备和时间表等)。]

2.3 项目的可交付工件

[以表格的形式列出将在项目中创建的工件,并包括预定交付日期。]

2.4 软件开发计划的演进

[以表格的形式列出软件开发计划的提议版本,以及在计划外修订与重新发行此计划需符合的标准。]

3. 项目组织

3.1 组织结构

[说明项目团队(包括管理部门和其他复审权威部门)的组织结构。]

3.2 对外联系

[说明项目与外部组织的联系方式。对于每个外部组织,应确定其内部和外部联系人的姓名。]

3.3 角色与职责

[确定将负责各个核心工作流程、工作流程明细和支持流程的项目组织单位。]

4. 管理流程

4.1 项目估计

[提供估计的项目成本与进度、这些估计所依据的基础,以及在何时和什么情况下需要对项目进行重新估计。]

4.2 项目计划

4.2.1 阶段计划

[应包括以下内容:

* 工作分解结构(WBS);
* 显示项目各阶段或迭代的时间分配情况的时间线或甘特图;
* 确定主要里程碑及其实现标准;
* 确定所有重要的发布点和演示。]

4.2.2 迭代目标

[列出每次迭代将要实现的目标。]

4.2.3 发布版

[简要说明每个软件发布版,并指出它是否是演示版和 Beta 版等。]

4.2.4 项目时间表

[用图或表显示完成迭代与阶段、发布点、演示以及其他里程碑的预定日期。]

4.2.5 项目资源分配

1) 人员配备计划

[在此处确定所需人员的数目和类型,以及项目阶段或迭代所需的任何特殊技能或

经验。]

　　2）资源获取计划

　　［说明将如何发现并招募项目所需的人员。]

　　3）培训计划

　　［列出项目团队成员所需的所有特殊培训以及完成这些培训的预定日期。]

4.2.6　预算

　　［按照 WBS 和阶段计划分摊成本。]

4.3　迭代计划

　　［各项迭代计划将通过引用附件来提供。]

4.4　项目监测与控制

4.4.1　需求管理计划

　　［通过引用附件来提供。]

4.4.2　进度控制计划

　　［说明以何种方法按照设定的时间表监控项目进展，以及如何在需要时采取纠正措施。]

4.4.3　预算控制计划

　　［说明以何种方法监控项目预算开支，以及如何在需要时采取纠正措施。]

4.4.4　质量控制计划

　　［说明将在何时利用何种方法来控制项目可交付工件的质量，以及如何在需要时采取纠正措施。]

4.4.5　报告计划

　　［说明将生成的内部和外部报告，以及报告发布的频率和范围。]

4.4.6　评测计划

　　［通过引用附件提供。]

4.5　风险管理计划

　　［通过引用附件提供。]

4.6　收尾计划

　　［说明有序地完成项目时所执行的活动，其中包括人员重新分配、项目材料存档、事后汇报及报告等。]

5．技术流程计划

5.1　开发案例

　　［通过引用附件提供。]

5.2　方法、工具和技巧

　　［通过引用列出所记录的项目技术标准等内容，包括：

- 业务建模指南；
- 用户界面指南；

- 用例建模指南；
- 设计指南；
- 编程指南；
- 测试指南；
- 手册风格指南。]

5.3 基础设施计划

[通过引用附件提供。]

5.4 产品验收计划

[通过引用附件提供。]

6. 支持流程计划

6.1 配置管理计划

[通过引用附件提供。]

6.2 评估计划

[作为软件开发计划的一部分,本节说明项目的产品评估计划,并介绍评估所使用的方法、标准、指标和过程,这就会涉及走查、检查和复审。请注意,评估计划是对测试计划的补充,但软件开发计划中并不包括测试计划。]

6.3 文档计划

[通过引用附件提供。]

6.4 质量保证计划

[通过引用附件提供。]

6.5 问题解决计划

[通过引用附件提供。]

6.6 分包商管理计划

[通过引用附件提供。]

6.7 流程改进计划

[通过引用附件提供。]

7. 其他计划

[列出合同或法规所要求的其他计划。]

8. 附录

[供 SDP 读者使用的其他材料。]

9. 索引

下面根据软件项目开发计划的规范,给出一个××大学信息化课程注册系统的开发计划文档作为示例。

××大学信息化课程注册系统开发计划

1. 目标

根据实施××大学信息化课程注册系统所需的阶段和迭代,确定有关的开发活动是本项目计划的目的所在。

2. 范围

本项目计划说明了××大学信息系统部门用于开发××大学课程注册系统的总体计划。各次迭代的细节将在迭代计划中说明。

本文档概述的计划基于课程注册系统前景文档中定义的产品需求。

3. 参考

适用的参考资料包括:

- 课程注册系统前景文档。
- 课程注册系统的系统业务规则。
- 课程注册系统涉众需求文档。
- 课程注册系统词汇表。
- 课程注册系统高级项目时间表。

4. 阶段计划

如果在一个阶段内发生了多次迭代,将使用阶段划分的方法来进行课程注册系统的开发工作。下表所列的是各个阶段和相关时间线。

阶　　段	迭代次数	开始日期	结束日期
初始阶段	1	第 1 周	第 8 周
细化阶段	1	第 8 周	第 15 周
构造阶段	3	第 15 周	第 31 周
交付阶段	2	第 25 周	第 32 周

下表对每一个阶段以及标志阶段完成的主要里程碑都进行了说明。

阶　　段	说　　明	里 程 碑
初始阶段	先启迭代将确定产品的需求并建立课程注册系统的商业理由。不仅要编制主要用例,同时也要制订高级项目计划。在先启迭代结束时,××大学将根据商业理由来决定是否投入资金继续进行这个项目	处在阶段结束时的商业理由复审里程碑是项目进行还是不进行的决策标志
细化阶段	细化阶段分析需求并开发构架原型。在细化阶段结束时,将完成对发布版 1.0 所选的所有用例的分析设计。除此之外,还要完成对发布版 2.0 高风险用例的分析和设计。构架原型将测试发布版 1.0 所需构架的可行性和性能	构架原型里程碑标志着细化阶段的结束。该原型标志着对组成发布版 1.0 的主要构架构件的验证和确认

续表

阶　段	说　明	里程碑
构造阶段	在构造阶段对余留的用例进行分析和设计。将开发并分发发布版 1.0 的 Beta 版本以供评估，并将完成支持发布版 1.0 和 2.0 的实施和测试活动	R2.0 操作性能里程碑标志着构造阶段的结束。软件的发布版 2.0 已经准备包装
交付阶段	交付阶段将做好发行发布版 1.0 和 2.0 的准备。提供包括用户培训在内的确保安装顺利所需要的各种支持	R2.0 发布版里程碑标志着交付阶段的结束。此时在前景文档[1]中确定的所有功能都已经安装，并且对于用户是可以使用的

如第 6 节所述，每一阶段分割成几个开发迭代。

第 5 节给出了有阶段、迭代和主要里程碑的高级项目时间表。项目预计持续时间为 7~8 个月。

5. 时间表

以下的高级项目时间表给出了该项目的阶段、迭代和里程碑。

任 务 名 称	开始日期	结束日期
里程碑	12/1/2011	6/24/2012
开始日期	12/1/2011	12/1/2011
商业理由复审里程碑(结束初始阶段)	1/19/2012	1/19/2012
构架原型里程碑(结束细化阶段)	3/2/2012	3/2/2012
Beta 里程碑(Beta 版本就绪)	4/2/2012	4/2/2012
初始操作性能里程碑(发布版 1.0)	5/10/2012	5/10/2012
产品发布版 1.0 里程碑	5/19/2012	5/19/2012
第二个操作性能里程碑(发布版 2.0)	6/15/2012	6/15/2012
产品发布版 2.0 里程碑	6/24/2012	6/24/2012
初始阶段	12/1/2011	1/19/2012
初步迭代	12/1/2011	1/19/2012
业务建模	12/1/2011	12/21/2011
需求	12/1/2011	1/19/2012
配置管理	12/1/2011	1/11/2012
管理	12/1/2011	1/19/2012

续表

任 务 名 称	开始日期	结束日期
细化阶段	1/20/2012	3/2/2012
迭代 E1-开发构架原型	1/20/2012	3/2/2012
业务建模	1/20/2012	1/22/2012
需求	1/25/2012	1/29/2012
分析设计(构架和重大风险)	2/1/2012	2/12/2012
实施(构架和重大风险)	2/15/2012	2/19/2012
测试(构架和重大风险)	2/22/2012	3/2/2012
管理	1/20/2012	3/2/2012
构造阶段	3/3/2012	6/15/2012
迭代 C1-开发发布版 1.0 的 Beta 版本	3/3/2012	4/2/2012
实施(Beta)	3/3/2012	3/24/2012
测试(接口和集成功能)	3/25/2012	4/2/2012
管理	3/3/2012	4/2/2012
迭代 C2-开发发布版 1.0	4/5/2012	5/10/2012
分析设计(改进)	4/5/2012	4/12/2012
实施(有效生产)	4/13/2012	4/26/2012
测试(接口和集成功能)	4/27/2012	5/10/2012
管理	4/5/2012	5/10/2012
迭代 C3-开发发布版 2.0	5/11/2012	6/15/2012
分析设计(改进)	5/11/2012	5/18/2012
实施(有效生产)	5/19/2012	6/2/2012
测试(接口和集成功能)	6/3/2012	6/15/2012
管理	5/11/2012	6/15/2012
交付阶段	5/11/2012	6/24/2012
迭代 T1-发布版 1.0	5/11/2012	5/19/2012
部署	5/11/2012	5/19/2012
迭代 T2-发布版 2.0	6/16/2012	6/24/2012
部署	6/16/2012	6/24/2012
环境	12/1/2011	6/25/2012

6. 每一次迭代的目标

每一个阶段都由开发迭代组成,在这些迭代中将对系统的子集进行开发。一般说来,这些迭代将实现以下目标:

- 降低技术风险;
- 提供一个工作系统的早期版本;
- 在计划每一个发布版的功能时具有非常充分的灵活性;
- 在一个迭代周期之内,能够有效地处理范围变更。

下表说明各阶段中的迭代、相关的里程碑和所处理的风险。

阶　　段	迭　　代	说　　明	相关里程碑	风 险 处 理
初始阶段	初步迭代	确定业务模型、产品需求、项目计划和商业理由	商业理由复审	预先阐明用户需求。制订实际的项目计划和范围。从商业角度确定项目的可行性
细化阶段	E1迭代——开发构架原型	完成所有发布版1.0用例的分析设计。开发发布版1.0的构架原型。完成所有高风险发布版2.0用例的分析设计	构架原型	阐明了构架问题。降低技术风险。用户复审的早期原型
构造阶段	C1迭代——开发发布版1.0 Beta	实施和测试发布版1.0用例以提供发布版1.0 Beta版本	发布版1.0 Beta	在Beta版本中实施了所有从用户和构架角度提出的关键功能。早于发布版1.0的用户反馈
	C2迭代——开发发布版1.0	实施和测试余留的发布版1.0用例,修复Beta版中的缺陷,并结合从Beta版本中得到的反馈开发发布版1.0系统	发布版1.0软件	由用户群对发布版1.0进行充分复审。产品质量要高。缺陷减至最少。质量成本降低
	C3迭代——开发发布版2.0	设计、实施并测试发布版2.0用例。结合发布版1.0中的改进和缺陷开发发布版2.0系统	发布版2.0软件	迅速发行发布版2.0版本满足客户的需要。通过发布发布版2.0版本,在系统中提供所有关键的功能
交付阶段	T1迭代——发布版1.0	打包、发行并安装发布版1.0	发布版1.0发布	发布分为两个阶段进行可将缺陷降到最低,并且更方便用户过渡
	T2迭代——发布版2.0	打包、发行并安装发布版2.0	发布版2.0发布	发布分为两个阶段进行可将缺陷降到最低,并且更方便用户过渡

7. 发布版

本项目计划着重说明了课程注册系统最初的两个发布版。最初的两个发布版以前景文档中确定的关键功能为目标。第一个发布版(1.0)规划了与学生注册有关的所有关键功能。

发布版的计划内容应该随着项目的发展而变化。这可能与多个业务和技术因素有关。为了适应这些变化,利用 RequisitePro 管理产品需求并跟踪发布版内容的变化。特别地,利用优势、工作量和风险属性来确定产品需求的优先级,然后确定目标发布版本。

预计课程注册系统将通过发布 2～4 个发布版本来实现在××大学的全面使用。

发布版 1.0 必须至少包含如下所列的基本功能:

- 登录;
- 课程注册;
- 课程目录数据库的接口;
- 维护学生信息;
- 维护教授信息。

发布版 2.0 应该包括:

- 提交学生成绩;
- 查看成绩;
- 选择要开设的课程。

发布版 3.0 的功能还没有确定。预计这个发布版将增强现有的功能。

将在 2015 年发布的版本 4 的目标是替换遗留的收费系统和课程数据库系统。

除此之外,发布版 1.0 Beta 先于发布版 1.0 产品发布。

8．资源计划

1) 组织结构

项目组织图如下。

2) 人员配备计划

将在项目组织图中确定的 IT 雇员分配到项目中。直到在初始阶段结束时进行商业理由复审,并作出项目是否进行的决策之前,都将不配备其他的人力资源。

××大学 IT 部门拥有的开发人员和设计人员不足以满足项目的需要。××大学招聘办公室准备招聘两个具有 C++ 编程经验的开发人员和两个具有面向对象和 C++ 编程经验的设计人员。

3) 培训计划

在设计活动开始之前,为项目团队提供如下技能的培训:

- 面向对象的分析设计;
- Rational Unified Process 入门;
- 高级 C++ 功能。

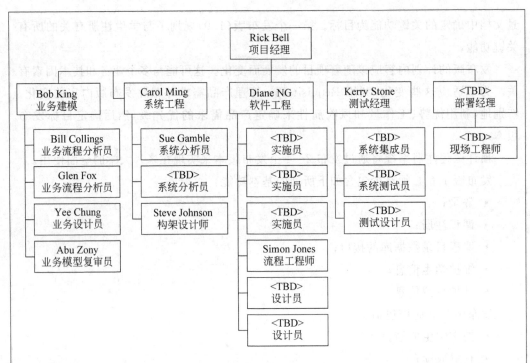

9. 费用

课程注册项目预算：发行版 1.0 和发行版 2.0		
人员开支		
活　　动	工作量/PD	成本/元
业务建模	45	31 500
需求	90	63 000
分析设计	130	91 000
实施	206	144 200
测试	140	98 000
管理	80	56 000
部署	50	35 000
环境	90	63 000
总工作量	831	
人员开支合计		581 700
非人员开支（附相关详细说明）		
差旅及住宿		0
运费及缴税		0

非人员开支（附相关详细说明）	
服务费	6000
材料费	32 000
其他直接支出	7500
非人员开支合计	45 500
总预算	627 200

参 考 文 献

[1] 原毅军. 软件服务外包与软件企业成长[M]. 北京:科学出版社,2009.

[2] 杭州市服务外包信息网. 关于推进我市服务外包发展的若干思考[EB/OL]. http://www.hzsourcing.gov.cn/modules/news/article.php? storyid=28.

[3] 梁良,张大维,邓文. 软件工程在软件外包中的应用[J].中国民航飞行学院学报,2006,16(3).

[4] 王梅源,鲁耀斌. 软件外包项目全过程管理分析[J].商场现代化,2006(1).

[5] http://tech.it168.com/a2009/0918/702/000000702196.shtml.

[6] http://wangshiying1971.blog.163.com/blog/static/230953842009928114738535/.

[7] 吴勇. 软件开发规范化和文档标准化[D]. 航天标准化,1997(1).

[8] Pierre,N,Robillard,Philippe,Kruchten,Patrick,d'Astous. 软件工程过程[M]. 北京:清华大学出版社,2003.

[9] IBM,Rational. Rational 统一过程[EB/OL]. http://www.ibm.com/developerworks/cn/rational/r-rupbp/.

[10] IBM. IBM Rational Unified Process(RUP)[EB/OL]. http://www-01.ibm.com/software/awdtools/rup/.

[11] Wikipedia. Unified Process[EB/OL]. http://en.wikipedia.org/wiki/Unified_Process.

[12] Philippe,Kruchten. The Rational Unified Process:An Introduction[M]. 3rd ed. Addison-Wesley Professional,2003.

[13] 马丁. 敏捷软件开发(原则模式与实践)[M]. 北京:清华大学出版社,2003.

[14] Roger,S,Pressman. 软件工程:实践者的研究方法[M]. 7 版. 北京:机械工业出版社,2011.

[15] Bruce,MacIsaac. An Overview of the RUP as a Process Engineering Platform[EB/OL]. http://www.open.org.au/Conferences/oopsla2003/PE_Papers/MacIsaac.pdf.

[16] Malmö,University. Rational Unified Process[EB/OL]. http://www.ts.mah.se/RUP/RationalUnifiedProcess/.

[17] CMMI Product Team. CMMI for Development V1.2. 2006.